INTRODUCTION
TO **MATHEMATICAL**
ANALYSIS

해석학 입문

류기문 | 고원률 | 임대성 | 김병기 지음

KYOWOOSA 교우사

For Geonwoo and Yeonju

For Geonwoo and Yeonju

Preface

자연 현상에서의 운동과 변화를 설명할 수 있는 수학적 도구이자 현대 수학의 꽃이라 할 수 있는 미분과 적분은 근대과학의 기초를 다진 라이프니츠(G. W. Leibniz)와 3대 수학자 중 한 사람인 뉴턴(I. Newton)에 의해 17세기 중반에 독립적으로 고안되었다. 이후 19세기에 극한의 정의가 도입되면서 볼차노(B. Bolzano), 코시(A. L. Cauchy) 그리고 리만(G. B. Riemann)등에 의해서 미분과 적분의 개념이 지금처럼 수학적으로 엄밀하게 정의되고 현대적으로 정립되게 되었다. 이때부터 미분과 적분은 물리학, 화학, 생물학, 공학뿐만 아니라 사회경제학 등 여러 응용분야에서 자연 현상과 사회 현상을 이해하고 연구하기 위하여 광범위하게 사용되고 있다.

이런 미분과 적분에서 가장 중요한 부분인 극한, 연속, 미분 그리고 적분의 개념은 고등학교에서 처음 접하게 되는데, 고등학교 교육과정에서는 구체적인 계산을 위하여 몇 가지 중요한 공식들을 증명 없이 직관적으로 다루게 된다. 그리고 대학교 1학년 과정에서는 일반적으로 미적분학이라는 과목에서 이 개념들을 좀 더 깊게 다루게 되는데, 고등학교 과정에서는 다루지 않았던 정의역을 실수의 집합으로 하는 실숫값 함수들의 미분과 적분에 대한 여러 가지 기본적인 정리와 이런 정리들의 간단명료한 증명들을 토대로 여러 학문 분야에서 직접 적용할 수 있도록 직관적인 관점에서 보다 많은 예제와 연습문제들을 다룬다. 이와 비교하여 사고와 논리의 대상을 다루는 학문인 수학이라는 전공분야에 있어서 해석학은 미적분학에서 다루었던 내용들뿐만 아니라 보다 다양하고 심화된 정리와 그 증명들을 논리적으로 엄밀하게 접근하는 기초적이면서 동시에 매우 중요한 과목이라고 할 수 있다.

이 책이 앞으로 수학을 전공하고 연구할 학생들에게 측도와 함수 공간이라는 또 다른 관점에서 함수들의 성질을 다루게 되는 실해석학 및 응용수학 분야의 입문서로서, 그리고 중등교사 임용고시를 준비하는 수험생들에게는 기초적인 참고서로서 조금이나마 도움이 되기를 기대하며, 다년간 필자들의 강의 경험과 'Manfred Stoll'의 저서 'Introduction to Real Analysis' (참고문헌 [16])를 토대로 하여 아래와 같이 구성하였다. 이외에도 이 책을 집필하면서 참고한 소중한 자료들을 참고문헌 목록에 나열하였다.

제 1장에서는 이 책의 근간이 되는 실수계의 여러 가지 성질들, 즉 증명 없이 자명한 것으로 받아들이는 연산법칙, 순서 성질 그리고 완비성 공리 등에 관하여 간단히 다루었다. 또한 이러한 실수들 사이에서 미분과 적분의 대상인 함수를 정의하고 몇 가지 성질들을 소개하였다.

머리말

제2장에서는 수열의 수렴, 즉 수열의 극한 개념과 이와 관련한 여러 가지 성질들에 관하여 다루었다. 이 수열의 극한은 다음 장에 소개되는 함수의 극한보다 일반화된 개념으로서 함수의 극한, 연속, 미분과 적분들의 개념을 이해하는 데에도 많은 도움이 된다.

제3장에서는 정의역을 실수의 집합으로 하는 실숫값 함수의 극한과 연속을 통한 미분과 적분을 살펴보기 위하여 실수계의 위상적 성질과 개념을 살펴보며, 제 4장에서는 이를 바탕으로 서로 밀접한 관계를 형성하고 있는 함수의 극한과 연속성에 관하여 소개하였다.

제5장과 제6장에서는 함수의 미분과 적분에 관한 여러 가지 중요한 정리와 성질들 그리고 미분과 적분의 상호관계 등에 관하여 다루었으며, 특히 제6장에서는 여러 공학 분야에서 자주 접하게 되는 리만-스틸체스 적분을 리만 적분과 비교하여 소개하였다.

제7장에서는 무한급수를, 그리고 제8장에서는 함수열과 함수항 급수들의 수렴성과 그 극한함수들의 연속성, 미분 가능성 그리고 적분 가능성 등을 자세하게 다루었으며, 마지막으로 멱급수에 대한 여러 가지 성질들을 소개하였다.

이 책을 펴내기까지 저자들 나름대로 많은 고심과 노력을 한다고 하였지만 독자들이 보기에 다소 미진한 부분이 있을 것이라 생각된다. 앞으로 독자들의 날카로운 지적과 조언을 기대하며 지금보다 더 나은 책이 될 수 있도록 지속적인 수정과 보완을 해 나갈 것을 약속드린다.(http://blog.naver.com/ryukm07) 우선 이 책의 초고를 작업해 주신 김민주 선생님께 진심으로 감사를 드리며, 이 책이 출간될 수 있도록 애써 주신 교우사 여러분들께 그리고 이 책이 완성되기까지 격려 해주신 모든 분들께 깊은 감사를 드린다. 끝으로 이 책으로 공부하는 모든 분들에게 조금이나마 도움이 되기를 희망한다.

2016년 03월 저자 일동

Contents

차례

Contents

1 실수계

이 장에서는 극한, 연속, 미분 그리고 적분 등과 같은 미적분학 및 해석학의 기본적인 개념을 이해하는 데 필수적인 실수의 집합 $\mathbb{R}$의 완비성 공리, 즉 상한(최소상계)의 성질을 살펴본다. 이를 위해 제1장에서는 집합과 유리수 및 1872년에 독립적으로 데데킨트(Richard Dedekind, 1831−1916)와 칸토어(Georg Cantor, 1845−1917)에 의해서 완벽하게 구성된 실수계의 기본적인 개념과 성질들을 충분히 이해하고 있다고 가정할 것이다.

1.1절에서는 집합과 그 연산에 관하여, 그리고 1.2절에서는 함수에 관하여 간단하게 살펴보기로 한다. 1.3절에서는 양의 정수 n을 포함하고 있는 어떤 명제, 등식 또는 부등식 등을 증명하는 데 유용한 수학적 귀납법에 관하여 다룬다. 1.4절에서는 유리수와 실수계의 대수적 성질과 순서 성질에 관하여 살펴보며, 또한 실수계의 완비성 공리를 간단하게 소개한다.

1.1 집합과 연산

집합은 수학에서 자주 접하게 되는 용어이다. 그러나 엄밀한 정의는 공리(axiom : 어떤 이론의 기초로서 자명하다고 가정한 명제)적으로 접근하여야 하기 때문에 여기서는 간단히 주어진 어떤 조건에 의하여 그 대상을 명확히 알 수 있는 것들의 모임을 **집합**(set, collection, family)이라고 이해하도록 한다. 그리고 집합을 이루는 대상 하나하나를 **원소**(element)라 한다. x가 어떤 집합 A의 원소이면 $x \in A$라 표시하고 그렇지 않으면 $x \notin A$라 표시한다. 어떤 원소도 포함하지 않은 집합을 **공집합**(empty set)이라 부르고 ϕ로 나타낸다.

이 교재를 통하여 자주 접하게 될 기본적인 집합들을 몇 가지 소개하면 다음과 같다.

(a) $\mathbb{N}$ =**자연수** 또는 **양의 정수**의 집합 $=\{1, 2, 3, \cdots\}$

(b) $\mathbb{Z}$ =**정수**의 집합 $=\{\cdots, -2, -1, 0, 1, 2, \cdots\}$

(c) $\mathbb{Q}$ =**유리수**의 집합 $=\left\{\frac{p}{q} \mid p, q \in \mathbb{Z}, q \neq 0\right\}$

(d) $\mathbb{R}$ =**실수**의 집합

정의 01

(1) 집합 A 의 모든 원소가 집합 B 의 원소이면, 즉 $x \in A$ 이면 반드시 $x \in B$ 일 때 A 를 B 의 **부분집합**(subset)이라 하고 $A \subset B$ 로 나타낸다.
(2) $A \subset B$ 이지만 A 의 원소가 아닌 B 의 원소가 존재하면, 집합 A 를 B 의 **진부분집합**(proper subset)이라 하고 $A \subsetneq B$ 로 나타낸다.
(3) $A \subset B$ 이고 동시에 $B \subset A$ 이면 두 집합 A 와 B 는 서로 **같다**(equal)고 하고 $A = B$ 로 나타낸다.

이제 합집합, 교집합, 차집합, 여집합이라 불리는 집합에서 수행되는 기본적인 집합연산에 관하여 정의한다.

정의 02 집합연산(Set operation)

A 와 B 를 어떤 고정된 집합, 즉 전체집합 X 의 부분집합이라 하자.
(1) $A \cup B = \{x \in X \mid x \in A$ 또는 $x \in B\}$ (**합집합** : union)
(2) $A \cap B = \{x \in X \mid x \in A$ 이고 $x \in B\}$ (**교집합** : intersection)
(3) $B \setminus A = \{x \in X \mid x \in B$ 이고 $x \notin A\}$ (**차집합** : difference)
(4) $A^c = \{x \in X \mid x \in X$ 이고 $x \notin A\}$ (**여집합** : complement)

참고 두 집합 A 와 B 에 대하여, $A \cap B = \phi$ 이면 A 와 B 는 **서로소**(disjoint)라고 한다. ◢

다음 정리에서 집합에 관한 기본적인 성질들 중에서 자주 접하게 되는 몇 가지를 소개한다. (이외의 여러 가지 성질들은 연습문제를 참고하라)

정리 01

세 집합 A, B, C에 대하여 다음이 성립한다.
(1) $A \cup B = B \cup A$, $A \cap B = B \cap A$ (**교환법칙 :** commutative law)
(2) $A \cap (B \cup C) = (A \cap B) \cup (A \cap C)$ (**배분법칙 :** distributive law)
(3) $C \setminus (A \cup B) = (C \setminus A) \cap (C \setminus B)$ (**드 모르간 법칙 :** De Morgan's law)

증명 여기서는 (2)만을 증명하고 나머지는 독자들에게 연습문제로 남긴다.

[주장1] $A \cap (B \cup C) \subset (A \cap B) \cup (A \cap C)$
$x \in A \cap (B \cup C)$ 라 하면 $x \in A$이고 $x \in B \cup C$이다. $x \in B \cup C$이므로 $x \in B$ 또는 $x \in C$이다. $x \in B$이면 $x \in A \cap B$ 이고, 따라서

$$x \in (A \cap B) \cup (A \cap C)$$

이다. 비슷하게, $x \in C$일 때도 $x \in A \cap C$이므로

$$x \in (A \cap B) \cup (A \cap C)$$

이다.

[주장2] $(A \cap B) \cup (A \cap C) \subset A \cap (B \cup C)$
$x \in (A \cap B) \cup (A \cap C)$이면 정의에 의해서 $x \in A \cap B$ 또는 $x \in A \cap C$이다.
$x \in A \cap B$이면 $x \in A$이고 $x \in B$이다 $x \in B$이므로 $x \in B \cup C$이고, 따라서

$$x \in A \cap (B \cup C)$$

이다. 비슷하게, $x \in A \cap C$ 이면 $x \in A \cap (B \cup C)$임을 보일 수 있다.

그러므로 주장1과 2로부터 $A \cap (B \cup C) = (A \cap B) \cup (A \cap C)$이다. ◢

정의 03

임의의 집합 A에 대하여 A의 모든 부분집합의 집합을 A의 **멱집합**(power set)이라 하고 $\wp(A)$로 나타낸다.

예제 1

(1) $A=\{1,\ 2\}$이면 $\wp(A)=\{\phi,\ \{1\},\ \{2\},\ \{1,\ 2\}\}$이다.

(2) A가 n 개의 원소를 갖는 집합이라면 A의 멱집합 $\wp(A)$는 2^n개의 원소를 갖는 집합이다.
(이유를 생각하여 보라) ◢

정의 04

공집합이 아닌 두 집합 A와 B에 대하여 첫 번째 성분 a를 A, 두 번째 성분 b를 B로부터 갖는 모든 순서쌍 $(a,\ b)$의 집합을 A와 B의 **곱집합**(Cartesian product)이라 하고 $A\times B$로 나타낸다. 즉,

$$A\times B=\{(a\,,b)\mid a\in A\,,\,b\in B\}$$

이다.

예제 2

$A=\{1,2\}$이고 $B=\{-1,2,4\}$이면

$$A\times B=\{(1,-1),(1,2),(1,4),(2,-1),(2,2),(2,4)\}$$

이다. ◢

1.1 연습문제

01 세 집합 A, B, C를 $A=\{x\in\mathbb{R} \mid -1\le x\le 5\}$, $B=\{x\in\mathbb{R} \mid 0\le x\le 3\}$, $C=\{x\in\mathbb{R} \mid 2\le x\le 4\}$라 하자.

(1) $A\cap B$, $A\cap\mathbb{Z}$, $B\cap C$, $A\cup B$, $B\cup C$를 구하시오.

(2) $A\times B$, $A\times C$, $(A\times B)\cup(A\times C)$를 구하시오.

(3) 집합 $(A\times B)\cup(A\times C)$와 $A\times(B\cup C)$를 좌표평면 위에 그림으로 나타내시오.

02 두 집합 A, B에 대하여 다음을 보이시오.

(1) $A\cap\phi=\phi$, $A\cup\phi=A$

(2) $A\cap A=A$, $A\cup A=A$

(3) $A\cup B=B\cup A$, $A\cap B=B\cap A$ (정리 1의 (1))

03 세 집합 A, B, C에 대하여 다음이 성립함을 보이시오.

(1) $A\cap(B\cap C)=(A\cap B)\cap C$, $A\cup(B\cup C)=(A\cup B)\cup C$ **(결합법칙)**

(2) $A\cup(B\cap C)=(A\cup B)\cap(A\cup C)$ **(배분법칙)**

(3) $C\setminus(A\cup B)=(C\setminus A)\cap(C\setminus B)$,
$C\setminus(A\cap B)=(C\setminus A)\cup(C\setminus B)$ **(드 모르간 법칙)**

04 $A\subset B$일 때 다음을 보이시오.

(1) $A\cap B=A$

(2) $A\cup B=B$

05 $A \subset X$ (X는 전체집합)일 때 다음을 보이시오.

(1) $A \cup A^c = X$

(2) $A \cap A^c = \phi$

(3) $(A^c)^c = A$

06 A와 B가 집합 X의 부분집합일 때 $A \setminus B = A \cap B^c$임을 보이시오.

07 A, B, C가 집합 X의 부분집합일 때 $A \times (B \cup C) = (A \times B) \cup (A \times C)$임을 보이시오.

08 집합 A, C가 X의 부분집합이고, 집합 B, D가 Y의 부분집합일 때

$$(A \times B) \cap (C \times D) = (A \cap C) \times (B \cap D)$$

임을 보이시오.

1.2 함수

이 절에서는 미분과 적분의 대상이 되는 함수에 관하여 정의하고 몇 가지 함수들의 성질을 살펴본다.

정의 01

두 집합 A, B에 대하여 A의 각 원소 x에 B의 원소 y를 정확히 하나씩 대응시키는 규칙 f를 A에서 B로의 **함수**(function) 또는 **사상**(mapping)이라 하고 기호로는

$$f : A \rightarrow B$$

로 나타낸다. 여기서 집합 A를 f의 **정의역**(domain)이라 하고 $domain(f)$로 나타내며, 집합

$$f(A) = \{ y \in B \mid y = f(x),\ x \in A \}$$

를 **치역**(range)이라 하고 $range(f)$로 나타낸다. 또한 곱집합 $A \times B$의 부분집합

$$G_f = \{ (x, f(x)) \mid x \in A \}$$

를 함수 f의 **그래프**(graph)라 한다.

예제 1

(1) $f : \mathbb{R} \rightarrow \mathbb{R}$를 각 $x \in \mathbb{R}$에 대하여 $f(x) = x^2 + 2$로 정의하면 f는 $\mathbb{R}$에서 $\mathbb{R}$로의 함수가 되며, 이 경우 정의역은

$$domain(f) = \mathbb{R}$$

이고, 치역은

$$range(f) = \{ y \in \mathbb{R} \mid y \geq 2 \}$$

이다.

(2) 공집합이 아닌 집합 A의 각 원소 x에 대하여 $i(x) = x$로 정의되는 함수

$$i : A \rightarrow A$$

를 A에서의 **항등함수**(identity function)라 한다

(3) 공집합이 아닌 두 집합 A, B의 곱집합 $A \times B$의 각 원소 (a, b)에 대하여 $P_A(a, b) = a$로 정의되는 함수

$$P_A : A \times B \to A$$

를 $A \times B$에서 A로의 **사영함수**(projection function)라 한다. 비슷하게, $A \times B$에서 B로의 사영함수 P_B도 정의할 수 있다. ◢

정의 02

f가 A에서 B로의 함수이다.

(1) $f(A) = B$이면 f를 A에서 B **위로의 함수**(onto function) 또는 **전사 함수**(surjective function)라 한다.

(2) $x_1 \neq x_2$인 임의의 $x_1, x_2 \in A$에 대하여 $f(x_1) \neq f(x_2)$이면 f를 **일대일 함수**(one to one function) 또는 **단사 함수**(injective function)라 한다.

(3) 함수 f가 A에서 B 위로의 함수이며 동시에 일대일 함수이면 f를 **일대일 대응**(one to one correspondence) 또는 **전단사 함수**(bijective function)라 한다.

예제 2

(1) 예제 1의 (1)에서 정의된 함수 $f(x) = x^2 + 2$는 $\mathbb{R}$에서 $\mathbb{R}$ 위로의 함수도 아니며 일대일 함수도 아니다. 그러나 f는 $\mathbb{R}$에서 치역

$$range(f) = \{y \in \mathbb{R} \mid y \geq 2\}$$

위로의 함수라 할 수 있다.

(2) 예제 1의 (2)에서 정의된 항등함수 $i(x) = x \, (x \in \mathbb{R})$는 일대일 대응이다. ◢

다음은 일대일 대응인 함수에 관한 정리로서 증명은 정의로부터 직접적으로 얻을 수 있으므로 생략하고 내용만 기술하기로 한다.

정리 01

함수 $f : A \to B$가 일대일 대응일 때 모든 $x \in B$에 대하여 방정식

$$f(g(x)) = x$$

를 만족시키는 f의 치역 B에서 정의되는 유일한 함수 $g : B \to A$가 존재한다.

정의 03

함수 $f: A \to B$가 일대일 대응일 때 모든 $x \in B$에 대하여 방정식

$$f(g(x)) = x$$

를 만족시키는 f의 치역 B에서 정의되는 함수 g를 f의 **역함수**(inverse function)라 하고 f^{-1}로 나타낸다.

예제 3

$f(x) = x^3$이 일대일 대응임을 보이고 역함수를 구하시오.

풀이 f가 $\mathbb{R}$에서 $\mathbb{R}$ 위로의 함수임은 자명하므로 f가 일대일 함수임을 보이자.

$f(x_1) = f(x_2)$라 하면

$$x_1^3 = x_2^3, \text{ 즉 } (x_1 - x_2)(x_1^2 + x_1x_2 + x_2^2) = 0$$

이다. 여기에서 $x_1^2 + x_1x_2 + x_2^2 \neq 0$이므로 $x_1 = x_2$이다. 따라서 f는 일대일 함수이므로 일대일 대응이다.

한편, 역함수를 구하기 위해서 $y = f^{-1}(x)$라 하면

$$f(y) = x, \text{ 즉 } y^3 = x$$

이므로

$$y = f^{-1}(x) = x^{\frac{1}{3}}$$

이다. ◢

정의 04

f가 A에서 B로의 함수이고 g가 B에서 C로의 함수라 할 때 모든 $x \in A$에 대하여

$$(g \circ f)(x) = g(f(x))$$

로 정의되는 함수

$$g \circ f: A \to C$$

를 f와 g의 **합성함수**(composition function)라 한다.

예제 4

(1) $f(x)=\sqrt{1+x}$ 와 $g(x)=x^2$의 정의역은 각각

$$domain(f)=\{x\in\mathbb{R} \mid x\geq -1\},\qquad domain(g)=\mathbb{R}$$

이다. 그러므로

$$(g\circ f)(x)=g(f(x))=(\sqrt{1+x})^2=1+x,$$

$$domain(g\circ f)=\{x\in\mathbb{R} \mid x\geq -1\}$$

이다. 한편,

$$(f\circ g)(x)=f(g(x))=\sqrt{1+x^2},$$

$$domain(f\circ g)=\mathbb{R}$$

이다.

(2) 위 예제 (1)에 주어진 함수 f의 역함수는

$$f^{-1}(y)=y^2-1$$

이고, 이때

$$domain(f^{-1})=range(f)=\{y\in\mathbb{R} \mid y\geq 0\}$$

이다. 그러므로 모든 $x\in domain(f)$에 대하여

$$(f^{-1}\circ f)(x)=f^{-1}(f(x))=(f(x))^2-1=(\sqrt{x+1})^2-1=x$$

이고, $y\geq 0$이면

$$(f\circ f^{-1})(y)=f(f^{-1}(y))=\sqrt{(y^2-1)+1}=y$$

이다. ◢

1.2 연습문제

01 $G_f = \{(x, y) \mid x \in \mathbb{R},\ y = x^3 + 1\}$이라 하자.

(1) $A = \{x \mid -1 \le x \le 2\}$에 대하여 $f(A)$와 $f^{-1}(A)$를 구하시오.
(여기서 $f^{-1}(A) = \{x \in domain(f) \mid f(x) \in A\}$이다)

(2) f가 $\mathbb{R}$에서 $\mathbb{R}$ 위로의 일대일 함수, 즉 일대일 대응임을 보이시오.

(3) f의 역함수를 구하시오.

02 다음 각 함수의 치역을 구하고 주어진 정의역에서 치역 위로의 일대일 대응인지를 조사하시오. f가 일대일 대응이면 역함수 f^{-1}와 그 정의역 $domain(f^{-1})$를 구하시오.

(1) $f(x) = 3x - 2$, $domain(f) = \mathbb{R}$

(2) $f(x) = \dfrac{1}{1-x}$, $domain(f) = \{x \in \mathbb{R} \mid 0 \le x < 1\}$

(3) $f(x) = \dfrac{1}{x^2+1}$, $domain(f) = \{x \in \mathbb{R} \mid -1 \le x \le 1\}$

(4) $f(x) = \sin x$, $domain(f) = \{x \in \mathbb{R} \mid 0 \le x \le \pi\}$

(5) $f(x, y) = x$, $domain(f) = \mathbb{R}^2$

03 $f : A \to B$이고 $F \subset A$이다.

(1) $f(A) \setminus f(F) \subset f(A \setminus F)$임을 보이시오.

(2) $f(A) \setminus f(F) \neq f(A \setminus F)$인 예를 드시오.

04 f가 A에서 B로의 일대일 대응이라 할 때 다음을 보이시오.

(1) 모든 $x \in A$에 대하여 $(f^{-1} \circ f)(x) = x$이다.

(2) 모든 $y \in range(f)$에 대하여 $(f \circ f^{-1})(y) = y$이다.

05 $f : A \to B$와 $g : B \to C$가 모두 일대일 함수일 때 $range(g \circ f)$에서 $(g \circ f)^{-1} = f^{-1} \circ g^{-1}$임을 보이시오.

1.3 수학적 귀납법

해석학 또는 미적분학을 공부하면서 자연수 n을 포함하는 어떤 명제, 등식 또는 부등식을 증명해야 하는 경우가 종종 발생한다. 예를 들면, 각각의 자연수 $n \in \mathbb{N}$에 대하여

$$1+2+3+\cdots+n=\frac{n(n+1)}{2}$$

임을 보여야 하는 경우가 그것이다. 이러한 등식을 증명하는 데 효과적인 것이 바로 **수학적 귀납법**(principle of mathematical induction)이다.

공리 01 수학적 귀납법(Principle of mathematical induction)

자연수 n에 관한 명제 $\mathrm{P}(n)$이 다음 두 조건을 만족한다고 하자.

(a) $\mathrm{P}(1)$이 참이다.

(b) $\mathrm{P}(k)$가 참이면 $\mathrm{P}(k+1)$이 참이다.

그러면 $\mathrm{P}(n)$은 모든 자연수 n에 대하여 참이다.

참고 (1) 공리 1에서 수학적 귀납법을 반드시 1로 시작할 필요는 없다. 예를 들어, $n \geq 3$인 모든 자연수에 대하여 어떤 명제를 증명하고자 한다면 $n=3$일 때 참임을 보이고, $n=k\,(k \geq 3)$일 때 참이라고 가정한 다음, $n=k+1$일 때 참이라는 것을 보이면 충분하다.

(2) 공리 1은 정리로 하여 귀류법을 이용하여 증명할 수도 있으나 여기서는 간단히 공리로 기술하였다.

예제 1

모든 $n \in \mathbb{N}$에 대하여

$$1+2+3+\cdots+n=\frac{n(n+1)}{2}$$

임을 보이시오.

풀이 각 $n \in \mathbb{N}$에 대하여 명제 $\mathrm{P}(n)$을

$$1+2+3+\cdots+n=\frac{n(n+1)}{2}$$

이라 하면

$$1=\frac{1(1+1)}{2}$$

이므로 $n=1$일 때 주어진 명제는 참이다. 다음으로 $\mathrm{P}(k)$가 참, 즉

$$1+2+3+\cdots+k=\frac{k(k+1)}{2}$$

이라 가정하면

$$\begin{aligned}1+2+\cdots+k+(k+1) &= [1+2+\cdots+k]+(k+1)\\ &= \frac{k(k+1)}{2}+(k+1)\\ &= \frac{k(k+1)+2(k+1)}{2}\\ &= \frac{(k+1)(k+2)}{2}\end{aligned}$$

이므로 $n=k+1$일 때 $\mathrm{P}(k+1)$이 참이다. 그러므로 수학적 귀납법에 의해서 모든 $n\in\mathbb{N}$에 대하여

$$1+2+3+\cdots+n=\frac{n(n+1)}{2}$$

이다. ◢

다음으로 공리 1과 동치인 **제2의 수학적 귀납법**(second principle of mathematical induction)을 소개한다. 증명은 독자들에게 연습문제로 남긴다.

정리 01 **제2의 수학적 귀납법 (Second principle of mathematical induction)**

자연수 n에 대한 명제 $\mathrm{P}(n)$이 다음 두 조건을 만족한다고 하자.

(a) $\mathrm{P}(1)$이 참이다.

(b) $k\ge 2$일 때 $j\le k$인 모든 자연수 j에 대하여 $\mathrm{P}(j)$가 참이면 $\mathrm{P}(k+1)$이 참이다.

그러면 $\mathrm{P}(n)$은 모든 자연수 n에 대하여 참이다.

예제 2

함수 $f:\mathbb{N}\to\mathbb{R}$를 다음과 같이 정의하자.

$$\begin{cases} f(1)=0,\ f(2)=\dfrac{1}{3} \\ f(n)=\dfrac{n-1}{n+1}f(n-2),\ \ n>2 \end{cases}$$

그러면

$$f(n)=\begin{cases} 0 & , \ n\text{이 홀수} \\ \dfrac{1}{n+1} & , \ n\text{이 짝수} \end{cases}$$

임을 보이시오.

풀이 $n=1, 2$이면 보이고자 하는 결과가 분명히 참이다. 다음으로 $k \geq 3$일 때 $j \leq k$인 모든 자연수 j에 대하여 결과가 참이라 가정하자. $(k+1)$이 홀수이면 $(k-1)$도 홀수이므로 가정에 의해서 $f(k-1)=0$이다. 따라서 $f(k+1)=0$이다.

한편, $(k+1)$이 짝수이면 $(k-1)$도 짝수이므로 귀납적 가정에 의해서 $f(k-1)=\dfrac{1}{k}$이다.

따라서

$$f(k+1)=\frac{k}{k+2}f(k-1)=\frac{k}{k+2}\cdot\frac{1}{k}=\frac{1}{k+2}$$

이고, 그러므로 제2의 수학적 귀납법에 의해서 모든 $n \in \mathbb{N}$에 대하여 원하는 결과를 얻는다. ◢

1.3 연습문제

01 모든 자연수 n에 대하여

$$r+r^2+\cdots+r^n=\frac{r-r^{n+1}}{1-r},\quad r\neq 1$$

이 성립함을 보이시오.(수학적 귀납법을 이용하지 않고 직접 증명할 수도 있다)

02 (베르누이 부등식, Bernoulli's inequality) $x>-1$일 때 모든 $n\in\mathbb{N}$에 대하여

$$(1+x)^n\ \geq\ 1+nx$$

임을 보이시오.

03 수학적 귀납법을 이용하여 모든 자연수 n에 대하여 다음 등식이 성립함을 보이시오.

(1) $1^2+2^2+\cdots+n^2=\dfrac{n(n+1)(2n+1)}{6}$

(2) $x^{n+1}-y^{n+1}=(x-y)(x^n+x^{n-1}y-\cdots+y^n),\ x,y\in\mathbb{R}$

04 수학적 귀납법을 이용하여 다음 명제가 참임을 보이시오.

(1) 모든 $n\in\mathbb{N}$에 대하여 $2^n>n$이다.

(2) 모든 $n\in\mathbb{N}$에 대하여 $n!\geq 2^{n-1}$이다

(3) $n\geq 4$인 모든 $n\in\mathbb{N}$에 대하여 $n!>2^n$이다.

(4) $n\geq 2$인 모든 $n\in\mathbb{N}$에 대하여 $1^3+2^3+\cdots+n^3<n^4$이다.

05 함수 $f : \mathbb{N} \to \mathbb{N}$을

$$\begin{cases} f(1) = 5 \ , \quad f(2) = 13 \\ f(n) = 2f(n-2) + f(n-1) \ , \quad n \geq 3 \end{cases}$$

이라 하자. 모든 $n \in \mathbb{N}$에 대하여 $f(n) = 3 \cdot 2^n + (-1)^n$임을 보이시오.

06 함수 $f : \mathbb{N} \to \mathbb{N}$이

$$\begin{cases} f(1) = 1 \ , \quad f(2) = 2 \\ f(n+2) = \dfrac{1}{2}(f(n+1) + f(n)) \ , \quad n \geq 1 \end{cases}$$

로 정의될 때 모든 $n \in \mathbb{N}$에 대하여 $1 \leq f(n) \leq 2$임을 보이시오.

07 **(산술-기하 평균)** 모든 자연수 n과 음이 아닌 실수 $a_1, a_2, \cdots, a_n$에 대하여

$$a_1 a_2 \cdots a_n \leq \left(\frac{a_1 + a_2 + \cdots + a_n}{n} \right)^n$$

이 성립함을 보이시오.

08 연습문제 7의 산술-기하 평균 부등식을 이용하여 임의의 자연수 n에 대하여 다음 부등식이 성립함을 보이시오.

$$\left(1 + \frac{1}{n}\right)^n \leq \left(1 + \frac{1}{n+1}\right)^{n+1}$$

09 **(코시-슈바르츠 부등식, Cauchy-Schwarz inequality)** 임의의 실수 $a_1, \cdots, a_n$과 $b_1, \cdots, b_n$에 대하여

$$(a_1 b_1 + \cdots + a_n b_n)^2 \leq (a_1^2 + \cdots + a_n^2)(b_1^2 + \cdots + b_n^2)$$

이 성립함을 보이시오.

1.4 완비성 공리

이 절에서는 다른 수들의 집합 ($\mathbb{N}$, $\mathbb{Z}$, $\mathbb{Q}$ 등)과 구별되는 실수의 집합 $\mathbb{R}$ 의 완비 순서체(complete ordered field)라 불리는 성질에 관하여 살펴본다. 특히 실수의 집합 $\mathbb{R}$ 에 관한 완비성 공리(completeness axiom)와 그와 관련된 몇 가지 정리들을 소개한다.

우선 이러한 새로운 개념의 소개에 앞서 유리수의 집합 $\mathbb{Q}$ 와 실수의 집합 $\mathbb{R}$ 의 대수적 성질(algebraic property)과 순서 성질(order property)에 관하여 간단히 살펴보기로 한다.

유리수의 집합 $\mathbb{Q}$ 와 실수의 집합 $\mathbb{R}$ 는 **체**(field)라고 잘 알려진 대수적 체계이다.

일반적으로 다음 공리를 만족시키는 **덧셈**(+ ; addition)과 **곱셈**(· ; multiplication)의 두 가지 연산이 잘 정의된(well-defined) 집합 F 를 **체**(field)라 한다.

(1) $a,\ b \in F$ 이면 $a+b \in F$ 이고 $a \cdot b \in F$ 이다.
(2) **(교환법칙)** 모든 $a,\ b \in F$ 에 대하여 $a+b=b+a$ 이고 $a \cdot b = b \cdot a$ 이다.
(3) **(결합법칙)** 모든 $a,\ b,\ c \in F$ 에 대하여 $a+(b+c)=(a+b)+c$ 이고
$a \cdot (b \cdot c) = (a \cdot b) \cdot c$ 이다.
(4) **(덧셈에 관한 항등원)** 모든 $a \in F$ 에 대하여 적당한 원소 $0 \in F$ 가 존재하여
$a+0=0+a=a$ 이다.
(5) **(덧셈에 관한 역원)** 모든 $a \in F$ 에 대하여 덧셈에 관한 역원이 존재한다.
즉, 적당한 원소 $-a \in F$ 가 존재하여 $a+(-a)=(-a)+a=0$ 이다.
(6) **(곱셈에 관한 항등원)** 모든 $a \in F$ 에 대하여 0 이 아닌 원소 $1 \in F$ 이 존재하여
$a \cdot 1 = 1 \cdot a = a$ 이다.
(7) **(곱셈에 관한 역원)** $a \neq 0$ 인 모든 $a \in F$ 에 대하여 곱셈에 관한 역원이 존재한다.
즉, 적당한 원소 $a^{-1} \in F$ 가 존재하여 $a \cdot a^{-1} = a^{-1} \cdot a = 1$ 이다.
(8) **(덧셈에 관한 곱셈의 배분법칙)** 모든 $a,\ b,\ c \in F$ 에 대하여 $a \cdot (b+c) = a \cdot b + a \cdot c$ 이다.

원소 0 을 F 의 **영원**(zero)이라 하고 원소 1 을 F 의 **단위원**(unit)이라 부른다. $a \neq 0$ 에 대하여 원소 a^{-1} 은 관습적으로 $\dfrac{1}{a}$ 또는 $1/a$ 로 표기한다. 비슷하게, $a+(-b)$ 대신에 $a-b$, $a \cdot b$ 대신에 ab, 그리고 $a \cdot b^{-1}$ 대신에 a/b 또는 $\dfrac{a}{b}$ 를 사용한다.

실수의 집합 $\mathbb{R}$ 는 다음 두 성질을 만족시키는 **양의 실수**(positive real numbers)라 불리는 부분집합 $\mathbb{P}$ 를 포함한다.

(O1) $a, b \in \mathbb{P}$ 이면 $a+b \in \mathbb{P}$ 이고 $a \cdot b \in \mathbb{P}$ 이다.

(O2) $a \in \mathbb{R}$ 이면 다음 중 반드시 하나만 성립한다.

$$a \in \mathbb{P}\,, \quad -a \in \mathbb{P}\,, \quad a = 0$$

위 성질 (O1)과 (O2)를 $\mathbb{R}$ 의 **순서성질**(order properties)이라 부르고, (O1)과 (O2)를 만족시키는 공집합이 아닌 부분집합을 갖는 임의의 체 F를 **순서체**(ordered field)라 한다. 유리수의 집합 $\mathbb{Q}$ 의 경우에는

$$\mathbb{P} \cap \mathbb{Q} = \left\{ \frac{p}{q} \;\middle|\; p\,,\ q \in \mathbb{Z}\,,\ q \neq 0\,,\ pq \in \mathbb{Z} \right\}$$

가 **양의 유리수**(positive rational numbers)의 집합이다.

$a, b \in \mathbb{R}$ 일 때 $a-b$가 양수, 즉 $a-b \in \mathbb{P}$ 이면 $a > b$ 또는 $b < a$ 라 표기한다. 특히 $a > 0$ 또는 $0 < a$ 는 a가 양수임을 의미한다. 또한 $a > b$ 또는 $a = b$ 이면, $a \leq b$ 또는 $b \geq a$ 로 나타낸다.

다음은 순서 성질 그리고 덧셈과 곱셈에 관한 공리의 직접적인 결과이다.

정리 01

$a, b, c \in \mathbb{R}$ 일 때 다음이 성립한다.

(1) $a > b$ 이면 $a + c > b + c$ 이다.

(2) $a > b$ 이고 $c > 0$ 이면 $ac > bc$ 이다.

(3) $a > b$ 이고 $c < 0$ 이면 $ac < bc$ 이다.

(4) $a \neq 0$ 이면 $a^2 > 0$ 이다.

(5) $a > 0$ 이면 $\frac{1}{a} > 0$ 이고, $a < 0$ 이면 $\frac{1}{a} < 0$ 이다.

증명 여기서는 (2)만을 증명하고 나머지는 독자들에게 연습문제로 남긴다. $a > b$, 즉 $a-b$가 양수라 가정하자. c 가 양수이면 (O1)에 의해서 $(a-b)c$가 양수이고, 따라서 배분법칙에 의해서

$$(a-b)c = ac - bc$$

이다. 그러므로 $ac - bc$는 양수, 즉 $ac > bc$이다. ◢

이제 실수의 집합 $\mathbb{R}$ 의 **완비성 공리**(completeness axiom), 즉 **상한(최소상계)의 성질**(the least upper bound property)을 살펴보도록 하자. 이 성질은 유리수의 집합 $\mathbb{Q}$ 에서는 성립하지 않는 실수의 집합 $\mathbb{R}$ 의 성질임에 주의하자.(예제 3 참고)

정의 01

E가 실수의 집합 $\mathbb{R}$의 부분집합이다.

(1) 모든 $x \in E$에 대하여 $x \le u$인 적당한 $u \in \mathbb{R}$가 존재하면 E가 **위로 유계**(bounded above)이다 라고 하며, u를 E의 **상계**(upper bound)라 한다.

(2) 모든 $x \in E$에 대하여 $x \ge l$인 적당한 $l \in \mathbb{R}$이 존재하면 E가 **아래로 유계**(bounded below)이다 라고 하며, l을 E의 **하계**(lower bound)라 한다.

(3) E가 위로 유계인 동시에 아래로 유계이면 E가 **유계**(bounded)이다 라고 한다.

예제 1

(1) 집합 $E_1 = [0, 2)$는 모든 $x \in E_1$에 대하여 $x \ge 0$인 동시에 $x \le 2$이므로 유계이다. 이 경우 $u \ge 2$인 모든 실수 u는 E_1의 상계이고, $l \le 0$인 모든 실수 l은 E_1의 하계이다.

(2) 집합 $E_2 = \left\{ \frac{1}{n} \mid n = 1, 2, \cdots \right\}$는 $u \ge 1$인 임의의 실수 u에 의해서 위로 유계인 동시에 $l \le 0$인 임의의 실수 l에 의해서 아래로 유계이다. 따라서 E_2는 유계이다.

(3) 자연수의 집합 $\mathbb{N}$은 $l \le 1$인 임의의 실수 l을 하계로 갖는 아래로 유계인 집합이다. 그러나 위로 유계는 아니다.(이유를 생각하여 보시오) ◢

정의 02

E가 위로 유계인 공집합이 아닌 $\mathbb{R}$의 부분집합일 때 다음 두 조건을 만족하는 실수 M을 E의 **상한**(supremum) 또는 **최소상계**(least upper bound)라 하고 $M = \sup E$로 나타낸다.

(a) M이 E의 상계이다. 즉, 모든 $x \in E$에 대하여 $x \le M$이다.

(b) $M' < M$인 $M' \in \mathbb{R}$이 존재하면 M'은 E의 상계가 아니다.

비슷하게, 다음 두 조건을 만족하는 실수 m을 아래로 유계인 집합 E의 **하한**(infimum) 또는 **최대하계**(greatest lower bound)라 하고 $m = \inf E$로 나타낸다.

(c) m이 E의 하계이다. 즉, 모든 $x \in E$에 대하여 $x \ge m$이다.

(d) $m' > m$인 $m' \in \mathbb{R}$이 존재하면 m'은 E의 하계가 아니다.

위의 정의 2로부터 다음 결과를 직접적으로 얻을 수 있다.

정리 02

E가 $\mathbb{R}$의 부분집합이다.

(1) $\sup E = M\ (M \in \mathbb{R})$일 필요충분조건은 M이 E의 상계이고 모든 $\epsilon > 0$에 대하여

$$M - \epsilon < x_0 \leq M$$

인 $x_0 \in E$이 존재하는 것이다.

(2) $\inf E = m\ (m \in \mathbb{R})$일 필요충분조건은 m이 E의 하계이고 모든 $\epsilon > 0$에 대하여

$$m \leq x_1 < m + \epsilon$$

인 $x_1 \in E$이 존재하는 것이다.

예제 2 (Revisited)

(1) 집합 $E_1 = [0, 2)$일 때 $\sup E_1 = 2$이고 $\inf E_1 = 0$이다.

(2) 집합 $E_2 = \left\{ \frac{1}{n} \,\middle|\, n = 1, 2, \cdots \right\}$일 때 $\sup E_2 = 1$이고 $\inf E_2 = 0$이다.

(3) 자연수의 집합 $\mathbb{N}$에 대하여 $\sup \mathbb{N}$은 존재하지 않지만 $\inf \mathbb{N} = 1$이다. ◢

공리 01 $\mathbb{R}$의 완비성 공리(Completeness axiom)

위로 유계인 공집합이 아닌 모든 $\mathbb{R}$의 부분집합은 $\mathbb{R}$에서 상한, 즉 최소상계를 갖는다.

참고 실수의 집합 $\mathbb{R}$에 관한 완비성 공리(공리 1)를 $\mathbb{R}$의 **상한의 성질** 또는 **최소상계의 성질**이라 부르기도 한다. ◢

위의 공리 1로부터 다음과 같은 $\mathbb{R}$의 하한(최소하계)의 성질을 얻을 수 있다.

정리 03 $\mathbb{R}$의 하한(최소하계)의 성질

아래로 유계인 공집합이 아닌 모든 $\mathbb{R}$의 부분집합은 $\mathbb{R}$에서 하한, 즉 최대하계를 갖는다.

$\mathbb{R}$의 완비성의 결과로 앞으로 자주 접하게 되는 아르키메데스의 성질이라 불리는 다음의 정리와 이와 관련된 몇 가지 정리들을 살펴본다.

정리 04 아르키메데스의 성질(Archimedean property)

$x, y \in \mathbb{R}$이고 $x > 0$이면 $nx > y$인 자연수 n이 존재한다.

증명 $y \le 0$이면 자명하므로 $y > 0$이라 하자. 결론을 부정하여 모든 $n \in \mathbb{N}$에 대하여 $nx \le y$라 가정하면 집합

$$A = \{nx \mid n \in \mathbb{N}\}$$

은 위로 유계이므로 완비성 공리에 의해서 상한이 존재한다. 이때 $\sup A = M$이라 하자. 정리 2에 의해서 $M - x < M$이므로

$$M - x < n_0 x \le M,\ \text{즉}\ M < (1 + n_0)x$$

가 성립하는 $n_0 x \in A$가 존재한다. 그러나 이는 M이 A의 상한이라는 사실에 모순이다. 그러므로 $nx > y$인 자연수 n이 존재한다. ◢

따름정리 01

모든 $\epsilon > 0$에 대하여 $n \cdot \epsilon > 1$이 성립하는 적당한 $n \in \mathbb{N}$이 존재한다.

증명 정리 4에서 $x = \epsilon$, $y = 1$로 택하면 원하는 결과를 얻는다. ◢

정리 05 **유리수의 조밀성(Density property of $\mathbb{Q}$)**

$x,\ y \in \mathbb{R}$이고 $x < y$이면 $x < r < y$를 만족하는 $r \in \mathbb{Q}$가 존재한다.

증명 세 가지 경우로 나누어 증명하도록 한다.

[경우 1] $x \ge 0$
$y - x > 0$이므로 아르키메데스의 성질에 의해서

$$n(y - x) > 1,\ \text{즉}\ ny > 1 + nx$$

가 성립하는 $n \in \mathbb{N}$이 존재하고, 또한 $\{k \in \mathbb{N} \mid k > nx\} \ne \varnothing$이다. 따라서 자연수의 정렬성(well-ordering principle)에 의해서

$$m - 1 \le nx < m$$

을 만족시키는 $m \in \mathbb{N}$이 존재한다. 그러므로

$$nx < m \le 1 + nx < ny,\ \text{즉}\ x < \frac{m}{n} < y$$

가 성립한다.

[경우 2] $x < 0 < y$
$r = 0$으로 택하면 원하는 결과를 얻는다.

[경우 3] $x < y < 0$
경우1에 의해서 $-y < r < -x$, 즉 $x < -r < y$가 성립하는 $r \in \mathbb{Q}$가 존재한다. ◢

참고 **자연수의 정렬성(Well-ordering principle for $\mathbb{N}$)**
공집합이 아닌 자연수의 집합 $\mathbb{N}$의 모든 부분집합 A는 최소원소를 갖는다. 즉, 모든 $a \in A$에 대하여 $n \leq a$인 $n \in A$가 존재한다. ◢

예제 3

$E = \{r \in \mathbb{Q} \mid r > 0, r^2 < 2\}$일 때 $\sup E \notin \mathbb{Q}$, 즉 유리수의 집합 $\mathbb{Q}$는 완비성 공리를 만족하지 않음을 보이시오.

풀이 $\mathbb{R}$의 완비성 공리에 의해서 $\sup E$가 존재하고 $\sup E = M$이라 하면 $M \in \mathbb{R}$이다. 이제 $M \in \mathbb{Q}$라 가정하면 다음의 세 가지 경우를 갖는다.

[경우 1] $M^2 = 2$

M이 유리수이므로 $q \neq 0$인 동시에 서로소인 두 정수 p, q가 존재하여 $M = \frac{p}{q}$이다. 그러면 $p^2 = 2q^2$이고, 따라서 p^2은 짝수이다. 그러므로 p도 짝수이다. 적당한 정수 r에 대하여 $p = 2r$라 하면 $2q^2 = 4r^2$이 되고, q도 역시 짝수임을 알 수 있다. 이는 p와 q가 서로소라는 가정에 모순이다.

[경우 2] $M^2 > 2$
아르키메데스의 성질에 의해서 $M^2 - 2 > 0$이므로

$$n \cdot \frac{M^2 - 2}{2M} > 1, \text{ 따라서 } \frac{2M}{n} - \frac{1}{n^2} < M^2 - 2$$

가 성립하는 자연수 n이 존재한다. 그러면

$$\left(M - \frac{1}{n}\right)^2 > 2$$

가 되고, 이는 M이 상한이라는 사실에 모순이다.

[경우 3] $M^2 < 2$
이 경우도 아르키메데스의 성질을 이용하면

$$\left(M + \frac{1}{n}\right)^2 < 2$$

가 성립하는 자연수 n을 택할 수 있고(이유를 생각하여 보라), 따라서 M이 상한이라는 사실에 모순을 얻게 된다.

그러므로 경우 1, 경우 2, 경우 3에 의해서 $M \notin \mathbb{Q}$이다. 즉, $\mathbb{Q}$는 완비성 공리를 만족하지 않는다. ◢

정의 03

E가 $\mathbb{R}$의 공집합이 아닌 부분집합이다.
(1) E가 위로 유계가 아니면 $\sup E = \infty$ 이다.
(2) E가 아래로 유계가 아니면 $\inf E = -\infty$ 이다.

이 절을 마치기 전에 앞으로 자주 접하게 될 **구간**(interval)이라 불리는 $\mathbb{R}$의 부분집합을 순서 성질을 이용하여 정의하자.

정의 04

$a, b \in \mathbb{R}$ 이고 $a < b$ 이다.
(1) $(a, b) = \{ x \in \mathbb{R} \mid a < x < b \}$ (**열린 구간**, open interval)
(2) $[a, b] = \{ x \in \mathbb{R} \mid a \le x \le b \}$ (**닫힌 구간**, closed interval)
(3) $[a, b) = \{ x \in \mathbb{R} \mid a \le x < b \}$
(4) $(a, b] = \{ x \in \mathbb{R} \mid a < x \le b \}$
(5) $(a, \infty) = \{ x \in \mathbb{R} \mid a < x < \infty \}$
(6) $[a, \infty) = \{ x \in \mathbb{R} \mid a \le x < \infty \}$
(7) $(-\infty, b) = \{ x \in \mathbb{R} \mid -\infty < x < b \}$
(8) $(-\infty, b] = \{ x \in \mathbb{R} \mid -\infty < x \le b \}$
(9) $(-\infty, \infty) = \mathbb{R}$

일반적으로 '열린(open)' 또는 '닫힌(closed)'이라는 용어를 사용하지 않고 다음과 같이 구간을 정의할 수도 있다.

정의 05

$I \subset \mathbb{R}$, $x < y$이고 $x, y \in I$이다. $x < t < y$를 만족시키는 모든 t가 $t \in I$이면 I를 **구간**(interval)이라 한다.

1.4 연습문제

01 다음 집합의 상한과 하한을 구하시오.

(1) $A=\left\{ \dfrac{1}{2^{n-1}} \mid n \in \mathbb{N} \right\}$

(2) $B=\{ x \in \mathbb{R} \mid x^2 < 4 \}$

(3) $C=\{ x \in \mathbb{R} \mid |x-1| < 2 \}$

(4) $D=\{ n\cos n\pi \mid n \in \mathbb{N} \}$

(5) $E=\left\{ \dfrac{2+n}{n} \mid n \in \mathbb{N} \right\}$

(6) $F=\{ (1-(-1)^n)^n \mid n \in \mathbb{N} \}$

02 E가 위로 유계인 공집합이 아닌 $\mathbb{R}$의 부분집합이고 E의 상계들의 집합을 U라 할 때 $\sup E = \inf U$임을 보이시오.

03 A가 $\mathbb{R}$의 공집합이 아닌 부분집합이고 $-A=\{-x \mid x \in A\}$라 할 때 $\inf A = -\sup(-A)$임을 보이시오.

04 A, B가 $\mathbb{R}$의 공집합이 아닌 부분집합이고 위로 유계일 때

$$\sup(A \cup B) = \max\{\sup A,\ \sup B\}$$

임을 보이시오.

05 A , B 가 공집합이 아니고 $A \subset B$인 $\mathbb{R}$ 의 브분집합일 때

$$\inf B \le \inf A \le \sup A \le \sup B$$

임을 보이시오.

06 $\mathbb{R}$ 의 부분집합 A , B에 대하여 $A+B=\{ a+b \mid a \in A , b \in B \}$이고 $A \cdot B = \{ ab \mid a \in A , b \in B \}$라 정의하자.

(1) A , B 가 공집합이 아니고 위로 유계이면

$$\sup(A+B) = \sup A + \sup B$$

가 성립함을 보이시오.

(2) A , B 가 공집합이 아닌 위로 유계인 양의 실수의 부분집합일 때

$$\sup(A \cdot B) = (\sup A)(\sup B)$$

임을 보이시오.

(3) A , B 가 공집합이 아닌 유계인 집합이면 $\sup(A \cdot B) = (\sup A)(\sup B)$ 가 항상 성립하는가?

07 $X \subset \mathbb{R}$ 이고 함수 $f, g : X \to \mathbb{R}$ 의 치역 $range(f)$와 $range(g)$가 유계일 때 다음을 증명하시오.

(1) $\sup\{ f(x) + g(x) \mid x \in X \} \le \sup\{ f(x) \mid x \in X \} + \sup\{ g(x) \mid x \in X \}$

(2) $\inf\{ f(x) \mid x \in X \} + \inf\{ g(x) \mid x \in X \} \le \inf\{ f(x) + g(x) \mid x \in X \}$

(3) 모든 $x \in X$에 대하여 $f(x) \le g(x)$이면

$$\sup\{ f(x) \mid x \in X \} \le \sup\{ g(x) \mid x \in X \}$$

이다.

08 **(무리수의 조밀성)** 임의의 두 실수 사이에 적당한 무리수가 존재함을 보이시오.

09 $E=\{r\in\mathbb{Q} \mid r>0,\ r^2<2\}$이고 $M=\sup E$라 할 때 $M^2=2$임을 보이시오.

10 실수 $\alpha\geq 0$과 $n\in\mathbb{N}$에 대하여 $\beta^n=\alpha$가 되는 실수 $\beta\geq 0$을 $\beta=\alpha^{\frac{1}{n}}$이라 정의하자. 또한 0이 아닌 임의의 실수 α와 $n\in\mathbb{N}$에 대하여 $\alpha^{-n}=\dfrac{1}{\alpha^n}$이다. $a>1$일 때 다음을 보이시오.

(1) m, n, p, q가 $n>0$, $q>0$이고 $\dfrac{m}{n}=\dfrac{p}{q}$인 정수일 때 $(a^m)^{\frac{1}{n}}=(a^p)^{\frac{1}{q}}$임을 보이시오. 즉, r가 유리수일 때 a^r가 잘 정의됨을 보이시오.

(2) r와 s가 유리수일 때 $a^{r+s}=a^r a^s$임을 보이시오.

(3) 실수 x에 대하여 $A(x)=\{a^t \mid t\in\mathbb{Q},\ t\leq x\}$라 정의하자.
$r\in\mathbb{Q}$일 때 $a^r=\sup A(r)$임을 보이시오.

(4) t가 유리수이고, x, y가 $t<x+y$인 실수일 때 $r<x$, $s<y$, $t<r+s$를 만족시키는 유리수 r와 s가 존재함을 보이시오.

(5) 모든 실수 x, y에 대하여 $a^{x+y}=a^x a^y$임을 보이시오.

2 수열

이 장에서는 이 교재의 뒷부분에 소개되는 무한급수, 함수열 및 함수항 급수를 포함한 해석학의 여러 가지 이론에서 중요한 역할을 하며, 또한 함수의 극한, 연속, 미분과 적분 등의 개념을 이해하는 데에도 많은 도움이 되는 수열과 그 극한의 성질에 관하여 다룬다.

2.1절과 2.2절에서는 수열의 수렴성과 여러 가지 기본적인 극한정리들을 살펴보고, 2.3절에서는 $\mathbb{R}$ 의 완비성 공리를 이용하여 모든 유계인 단조수열들이 수렴한다는 단조수렴정리를 증명한다. 그리고 부분수열과 그 수렴성에 관하여 2.4절에서 살펴본다. 특히 2.4절에서는 모든 유계인 수열이 수렴하는 부분수열을 갖는다는 볼차노-바이어슈트라스 정리를 증명한다. 2.5절에서는 상극한과 하극한의 개념을 간단히 살펴보고, 2.6절에서는 코시 수열과 이와 관련된 이론에 관하여 소개한다.

2.1 수렴하는 수열

우선 수열에 관하여 살펴보기에 앞서 실수의 절댓값(absolute value)에 관하여 소개하도록 한다.

정의 01

모든 실수 x 에 대하여 다음과 같이 정의된 함수 $|x|$를 x 의 **절댓값**(absolute value)이라 한다.

$$|x| = \begin{cases} x, & x \geq 0 \\ -x, & x < 0 \end{cases}$$

위의 정의로부터 모든 $x \in \mathbb{R}$ 에 대하여 $|x| \geq 0$ 이고, 또한 $|x| = 0$ 일 필요충분조건이 $x = 0$ 임을 쉽게 알 수 있다. 이외에도 절댓값의 잘 알려진 성질을 살펴보면 다음과 같다.(증명은 독자들에게 연습문제(연습문제 1)로 남긴다)

정리 01

임의의 실수 x, y 와 양의 실수 r 에 대하여 다음이 성립한다.

(1) $|-x|=|x|$

(2) $|xy|=|x||y|$

(3) $|x|=\sqrt{x^2}$

(4) $|x|<r$ 일 필요충분조건은 $-r<x<r$ 이다.

(5) $-|x|\le x\le|x|$

다음은 이 교재에서 자주 사용하게 될 매우 중요한 부등식이다.

정리 02 삼각부등식(Triangle inequality)

임의의 실수 x, y 에 대하여

$$|x+y|\le|x|+|y|$$

가 성립한다.

증명 모든 실수 x, y 에 대하여

$$\begin{aligned}0\le(x+y)^2&=x^2+2xy+y^2\\&\le|x|^2+2|x||y|+|y|^2\\&=(|x|+|y|)^2\end{aligned}$$

이므로 정리 1의 (3)에 의해서

$$|x+y|=\sqrt{(x+y)^2}\le\sqrt{(|x|+|y|)^2}=|x|+|y|$$

이다. ◢

따름정리 01

모든 x, y, $z\in\mathbb{R}$ 에 대하여 다음이 성립한다.

(1) $|x-y|\le|x-z|+|z-y|$

(2) $||x|-|y||\le|x-y|$

증명 (1) 삼각부등식에 의해서

$$|x-y|=|(x-z)+(z-y)|\le|x-z|+|z-y|$$

이다.

(2) 삼각부등식과 정리 1의 (1)에 의해서

$$|x| = |(x-y)+y| \leq |x-y| + |y|$$

이고

$$|y| = |(y-x)+x| \leq |y-x| + |x| = |x-y| + |x|$$

이다. 그러므로

$$-|x-y| \leq |x| - |y| \leq |x-y|$$

즉

$$||x| - |y|| \leq |x-y|$$

이다. ◢

이제 수열의 정의에 관하여 살펴보자. 고등학교 과정에서는 수열을 어떤 규칙에 따라 차례로 나열한 수의 열이라 정의하였다. 그러나 여기서는 함수의 개념을 도입하여 보다 엄밀하게 수열을 정의하도록 한다.

정의 02

정의역을 자연수의 집합 $\mathbb{N}$ 으로 하는 실숫값 함수(real-valued function)

$$f : \mathbb{N} \rightarrow \mathbb{R}$$

를 **실수열**(sequence of real numbers) 또는 간단히 **수열**(sequence)이라 한다. 각 $n \in \mathbb{N}$ 에 대하여

$$a_n = f(n)$$

을 수열 f 의 **일반항**(general term) 또는 **제 n 항**(n-th term)이라 하고 수열 f 를 간단히 $\{a_n\}$ 으로 나타낸다.

고등학교 과정에서는 수학적으로 엄밀하게 정의하지 않고 직관적으로 수열 $\{a_n\}$ 에 관하여 n 이 한없이 커질 때, 제 n 항 a_n 이 어떤 일정한 실수의 값 l 에 한없이 가까워지면 수열 $\{a_n\}$ 은 l 에 **수렴**(converge)한다고 하고, l 을 수열 $\{a_n\}$ 의 **극한**(limit)이라 하였다. 한편, 수렴하지 않는 수열은 발산(diverge)한다고 하였다.

예를 들면, 제 n 항이 $a_n = \dfrac{1}{n}$ 인 수열은 n 이 무한히 커짐에 따라 0에 가까워짐을 알 수 있고, 따라서 수열 $\{a_n\}$ 이 0으로 수렴한다고 하였다.

이러한 극한의 개념을 엄밀하게 정의하면 다음과 같다.

정의 03

임의의 $\epsilon > 0$에 대하여 적당한 $N \in \mathbb{N}$ 이 존재하여 $n \geq N$ 인 모든 자연수 n 에 대하여

$$|a_n - l| < \epsilon$$

을 만족하면, 수열 $\{a_n\}$은 l에 **수렴한다**(converge)고 하고 l을 수열 $\{a_n\}$의 **극한**(limit)이라고 하며, 이것을 간단히 기호로는

$$\lim_{n \to \infty} a_n = l$$

또는

$$n \to \infty \text{ 일 때 } a_n \to l$$

로 나타낸다. 한편, $\{a_n\}$이 수렴하지 않으면 수열 $\{a_n\}$은 **발산한다**(diverge)고 한다.

예제 1

$\lim_{n \to \infty} \frac{1}{n} = 0$ 임을 보이시오.

풀이 $\epsilon > 0$이라 하면 아르키메데스의 성질에 의해서 $N \cdot \epsilon > 1$, 즉 $\frac{1}{N} < \epsilon$ 이 성립하는 자연수 N이 존재한다. 따라서 $n \geq N$인 모든 자연수 n에 대하여

$$\left| \frac{1}{n} - 0 \right| = \frac{1}{n} < \epsilon$$

이다. 그러므로 $\lim_{n \to \infty} \frac{1}{n} = 0$ 이다. ◢

예제 2

$\lim_{n \to \infty} \frac{1}{10^n} = 0$ 임을 보이시오.

풀이 $\epsilon > 0$이라 하자. 베르누이의 부등식(연습문제 1.3의 2)에 의해서

$$10^n = (1+9)^n \geq 1 + 9n$$

이므로

$$\left|\frac{1}{10^n}-0\right| = \frac{1}{10^n} \le \frac{1}{1+9n} < \frac{1}{9n}$$

이다. 아르키메데스의 성질을 이용하여 $9N \cdot \epsilon > 1$, 즉 $\frac{1}{9N} < \epsilon$ 인 자연수 N을 택하면 $n \ge N$인 모든 자연수 n에 대하여

$$\left|\frac{1}{10^n}-0\right| < \frac{1}{9n} \le \frac{1}{9N} < \epsilon$$

이 성립한다. 그러므로 $\lim_{n\to\infty}\frac{1}{10^n} = 0$ 이다 ◢

참고 위 예제 2의 풀이에서 아르키메데스의 성질을 이용하여

$$N > \log_{10}\left(\frac{1}{\epsilon}\right),\ 즉\ \frac{1}{10^N} < \epsilon$$

인 자연수 N을 택하여도 된다. ◢

예제 3

제n항이 $a_n = 0.\overbrace{333\cdots3}^{n개}$일 때 $\lim_{n\to\infty} a_n = \frac{1}{3}$ 임을 보이시오.

풀이 $\left|a_n - \frac{1}{3}\right| = \left|0.\overbrace{333\cdots3}^{n개} - \frac{1}{3}\right| = \left|\frac{0.\overbrace{999\cdots9}^{n개}-1}{3}\right| = \frac{1}{3}\cdot\frac{1}{10^n} < \frac{1}{10^n}$ 이다. 예제 2에 의해서 임의의 $\epsilon > 0$에 대하여 $\frac{1}{10^N} < \epsilon$ 인 자연수 N을 택할 수 있다.(정확한 이유를 생각하여 보라) 따라서 $n \ge N$이면

$$\left|a_n - \frac{1}{3}\right| < \frac{1}{10^n} \le \frac{1}{10^N} < \epsilon$$

이고, 그러므로 $\lim_{n\to\infty} a_n = \frac{1}{3}$ 이다. ◢

예제 4

$\lim_{n\to\infty}\frac{2\sqrt{n}}{\sqrt{n}+1} = 2$ 임을 보이시오.

풀이 $\epsilon > 0$이라 하자. 그러면

$$\left|\frac{2\sqrt{n}}{\sqrt{n}+1} - 2\right| = \left|\frac{-2}{\sqrt{n}+1}\right| = \frac{2}{\sqrt{n}+1} < \frac{2}{\sqrt{n}}$$

이므로, 아르키메데스의 성질에 의해서

$$\frac{n \cdot \epsilon^2}{4} > 1\,,\ \text{즉}\ \frac{2}{\sqrt{N}} < \epsilon$$

인 $N \in \mathbb{N}$ 이 존재한다. 따라서 $n \geq N$인 모든 자연수 n에 대하여

$$\left| \frac{2\sqrt{n}}{\sqrt{n}+1} - 2 \right| < \frac{2}{\sqrt{n}} \leq \frac{2}{\sqrt{N}} < \epsilon$$

이다. 그러므로 $\lim_{n\to\infty} \frac{2\sqrt{n}}{\sqrt{n}+1} = 2$ 이다. ◢

예제 5

$a_n = 1+(-1)^n$, $n \geq 1$인 수열 $\{a_n\}$은 발산함을 보이시오.

풀이 우선 모든 $n \in \mathbb{N}$ 에 대하여 $|a_n - a_{n+1}| = 2$ 임에 주목하자. 결론을 부정하여 적당한 $l \in \mathbb{R}$ 에 대하여 $\lim_{n\to\infty} a_n = l$ 이라 가정하고 $0 < \epsilon < 1$ 이라 하자. 그러면 정의에 의해서 적당한 $N \in \mathbb{N}$ 이 존재하여 $n \geq N$이면

$$|a_n - l| < \epsilon$$

이 성립한다. 그러나 $n \geq N$이면

$$2 = |a_n - a_{n+1}| \leq |a_n - l| + |l - a_{n+1}| < 2\epsilon < 2$$

이므로 모순이다. 그러므로 $\{a_n\}$은 발산한다. ◢

정리 03 **극한의 유일성 (Uniqueness of limits)**

수열 $\{a_n\}$이 수렴하면 그 극한은 유일하다. 즉, $\lim_{n\to\infty} a_n = l_1$ 이고 $\lim_{n\to\infty} a_n = l_2$ 이면 $l_1 = l_2$ 이다.

증명 결론을 부정하여 $l_1 \neq l_2$ 라 가정하고 $\epsilon = |l_1 - l_2|$라 하면 $\epsilon > 0$ 이다. $\lim_{n\to\infty} a_n = l_1$이므로 적당한 $N_1 \in \mathbb{N}$ 이 존재하여 $n \geq N_1$ 이면

$$|a_n - l_1| < \frac{\epsilon}{2}$$

이고, 또한 $\lim_{n\to\infty} a_n = l_2$ 이므로 적당한 $N_2 \in \mathbb{N}$ 가 존재하여 $n \geq N_2$ 이면

$$|a_n - l_2| < \frac{\epsilon}{2}$$

이 성립한다. 이제 $n \geq \max\{N_1, N_2\}$이면 삼각부등식(정리 2)에 의해서

$$\epsilon = |l_1 - a_n + a_n - l_2| \leq |l_1 - a_n| + |a_n - l_2| < \frac{\epsilon}{2} + \frac{\epsilon}{2} = \epsilon$$

이 되어 모순이다. 그러므로 $l_1 = l_2$이다. ◢

정의 04

모든 $n \in \mathbb{N}$에 대하여 적당한 $M > 0$이 존재하여 $|a_n| \leq M$이면 수열 $\{a_n\}$은 **유계**(bounded)이다 라고 한다.

정리 04

수렴하는 수열은 유계이다.

증명 $\lim_{n \to \infty} a_n = l$이라 하면 $\epsilon = 1$에 대하여 적당한 $N \in \mathbb{N}$이 존재하여 $n \geq N$인 모든 자연수 n에 대하여

$$|a_n - l| < 1$$

이 성립한다. 따라서 삼각부등식(따름정리 1의 (2))에 의해서 $n \geq N$이면 $|a_n| - |l| \leq |a_n - l|$이므로

$$|a_n| < |l| + 1$$

이다. 이제

$$M = \max\{|a_1|, \cdots, |a_{N-1}|, |l| + 1\}$$

이라 하면 모든 $n \in \mathbb{N}$에 대하여 $|a_n| \leq M$이다. 그러므로 $\{a_n\}$은 유계이다. ◢

예제 6

(1) 예제 5에서 소개된 수열 $\{1 + (-1)^n\}$은 유계이지만 수렴하지 않는 수열이다. 따라서 정리 4의 역은 일반적으로 성립하지 않는다.

(2) $a_n = (-1)^n n \ (n \geq 1)$이라 하면 수열 $\{a_n\}$은 유계가 아니므로 정리 4에 의해서 수렴하지 않는다. ◢

2.1 연습문제

01 정리 1을 증명하시오.

02 **(일반화된 삼각부등식)** 임의의 실수 $a_1, a_2, \cdots, a_n$ 에 대하여

$$|a_1 + a_2 + \cdots + a_n| \le |a_1| + |a_2| + \cdots + |a_n|$$

이 성립함을 보이시오.

03 다음을 증명하시오.

(1) $\lim_{n\to\infty} \frac{3n-5}{2n+7} = \frac{3}{2}$

(2) $\lim_{n\to\infty} \frac{n^2+1}{2n^2-1} = \frac{1}{2}$

(3) $\lim_{n\to\infty} \left(1 - \frac{(-1)^n}{n}\right) = 1$

(4) $\lim_{n\to\infty} \frac{\sin n}{n} = 0$

04 제n항이 다음과 같이 정의된 수열 $\{a_n\}$이 발산함을 보이시오.

(1) $a_n = n\left(1 + (-1)^n\right)$

(2) $a_n = n \sin\frac{n\pi}{2}$

05 (1) $\lim_{n\to\infty} a_n = l$ 일 필요충분조건은 $\lim_{n\to\infty} a_n^3 = l^3$ 임을 보이시오.

(2) $\lim_{n\to\infty} a_n = l$ 일 필요충분조건이 $\lim_{n\to\infty} a_n^2 = l^2$ 인지 조사하시오.

06 수열 $\{a_n\}$이 수렴하기 위한 필요충분조건은 $k \in \mathbb{N}$에 대하여 수열 $\{a_{n+k}\}$가 수렴하는 것임을 보이시오.

07 모든 $n \in \mathbb{N}$ 에 대하여 $a_n \geq 0$ 이고 $\lim_{n \to \infty} a_n = l$ 이면 $\lim_{n \to \infty} \sqrt{a_n} = \sqrt{l}$ 임을 보이시오.

08 수열 $\{a_n\}$이 l 로 수렴하면 수열 $\{|a_n|\}$은 $|l|$로 수렴함을 보이시오. 그리고 역은 참인지 조사하시오.

09 적당한 $c > 0$ 와 모든 $n \in \mathbb{N}$ 에 대하여 $|a_n - a_{n+1}| \geq c$ 를 만족시키는 수열 $\{a_n\}$은 발산함을 보이시오.

10 $\lim_{n \to \infty} a_n = 0$ 이고 $\{b_n\}$이 유계이면 $\lim_{n \to \infty} a_n b_n = 0$ 임을 보이시오.

11 수렴하는 수열 $\{a_n\}$과 발산하는 수열 $\{b_n\}$에 대하여 수열 $\{a_n + b_n\}$은 발산함을 보이시오.

12 $\lim_{n \to \infty} a_n = l$ 이면 $\lim_{n \to \infty} \dfrac{a_1 + a_2 + \cdots + a_n}{n} = l$ 임을 보이시오. 그렇지만 역은 참이 아님을 반례를 들어 설명하시오.

13 다음 각 명제가 참이면 증명하고 거짓이면 반례를 들어 설명하시오.

(1) $\{a_n{}^2\}$이 수렴하면 $\{a_n\}$이 수렴한다.

(2) $\{a_n{}^2\}$이 수렴하고 모든 $n \in \mathbb{N}$ 에 대하여 $a_n > 0$ 이면 $\{a_n\}$은 수렴한다.

(3) $b_n = a_n a_{n+1}$ 인 수열 $\{b_n\}$이 수렴하면 $\{a_n\}$은 수렴한다.

2.2 극한정리

이 절에서는 수열의 중요한 몇 가지 극한 성질들을 소개하고 해석학의 이론에서 자주 접하게 되는 여러 가지 기본적인 수열의 극한에 관하여 살펴본다.

정리 01 극한정리(Limit theorem)

$\lim_{n\to\infty} a_n = a$ 이고 $\lim_{n\to\infty} b_n = b$ 이면 다음이 성립한다.

(1) $\lim_{n\to\infty} (a_n + b_n) = a + b$

(2) $\lim_{n\to\infty} a_n\, b_n = a\, b$

(3) $a \neq 0$ 이고 모든 $n \in \mathbb{N}$ 에 대하여 $a_n \neq 0$ 이면 $\lim_{n\to\infty} \dfrac{b_n}{a_n} = \dfrac{b}{a}$ 이다.

증명 (1) $\epsilon > 0$ 이라 하면 $\lim_{n\to\infty} a_n = a$ 이므로 적당한 $N_1 \in \mathbb{N}$ 이 존재하여 $n \geq N_1$ 인 모든 자연수 n 에 대하여

$$|a_n - a| < \frac{\epsilon}{2}$$

이다. 또한 $\lim_{n\to\infty} b_n = b$ 이므로 적당한 $N_2 \in \mathbb{N}$ 가 존재하여 $n \geq N_2$ 이면

$$|b_n - b| < \frac{\epsilon}{2}$$

이 성립한다. 따라서 $n \geq \max\{N_1, N_2\}$ 이면

$$|(a_n - b_n) - (a+b)| \leq |a_n - a| + |b_n - b| < \frac{\epsilon}{2} + \frac{\epsilon}{2} = \epsilon$$

이므로 $\lim_{n\to\infty} (a_n + b_n) = a + b$ 이다.

(2) $\{a_n\}$이 수렴하므로 2.1절 정리 4에 의해서 $\{a_n\}$이 유계이고, 따라서 모든 $n \in \mathbb{N}$ 에 대하여

$$|a_n| \leq M$$

인 상수 $M > 0$ 이 존재한다. 그러므로

$$\begin{aligned} |a_n b_n - ab| &\leq |a_n b_n - a_n b| + |a_n b - ab| \\ &\leq M|b_n - b| + |b|\,|a_n - a| \end{aligned}$$

이다. $\epsilon > 0$ 이라 하면 $\lim_{n\to\infty} a_n = a$ 이므로 적당한 자연수 N_1이 존재하여 $n \geq N_1$이면

$$|a_n - a < \frac{\epsilon}{2(|b|+1)}$$

이 성립한다. 또한 $\lim_{n\to\infty} b_n = b$ 이드로 적당한 자연수 N_2 가 존재하여 $n \geq N_2$이면

$$|b_n - b| < \frac{\epsilon}{2M}$$

을 만족한다. 따라서 $n \geq \max\{N_1, N_2\}$이던

$$|a_n b_n - ab| < M\frac{\epsilon}{2M} + |b|\frac{\epsilon}{2(|b|+1)} < \epsilon$$

이다. 그러므로 $\lim_{n\to\infty} a_n b_n = ab$ 0 다.

(3) $\frac{b_n}{a_n} = b_n \cdot \frac{1}{a_n}$ 이므로 (2)에 의해서 $\lim_{n\to\infty} \frac{1}{a_n} = \frac{1}{a}$ 임을 증명하면 충분하다. $a \neq 0$이고 $\lim_{n\to\infty} a_n = a$ 이므로 적당한 자연수 N_1 이 존재하여 $n \geq N_1$ 이면

$$|a_n - c| < \frac{1}{2}|a|$$

가 성립한다. 삼각부등식(2.1절의 따름정리 1의 (2))에 의해서 $n \geq N_1$ 이면

$$|a| - |a_n| \leq |a - a_n| < \frac{1}{2}|a|$$

이므로 $n \geq N_1$ 인 모든 자연수 n 어 대하여

$$|a_n| > \frac{|a|}{2}$$

이다. 그러므로 $n \geq N_1$ 이면

$$\left|\frac{1}{a_n} - \frac{1}{c}\right| = \frac{|a_n - a|}{|a_n||a|} < \frac{2}{|a|^2}|a_n - a|$$

이다. 이제 $\epsilon > 0$이라 하면 $\lim_{n\to\infty} a_n = a$ 이므로 $n \geq N$ 인 모든 자연수 n 에 대하여

$$|a_n - a| < \epsilon\frac{|a|^2}{2}$$

이 성립하는 $N \geq N_1$ 인 자연수 N 이 존재한다. $n \geq N$ 이면

$$\left| \frac{1}{a_n} - \frac{1}{a} \right| < \epsilon$$

이고, 그러므로 $\lim_{n \to \infty} \frac{1}{a_n} = \frac{1}{a}$ 이다. ◢

따름정리 01

$\lim_{n \to \infty} a_n = a$ 이면 임의의 실수 α 에 대하여 $\lim_{n \to \infty} \alpha\, a_n = \alpha\, a$ 이다.

증명 정리 1의 (2)에서 $b_n = \alpha$ 로 정의하면 원하는 결과를 얻는다. ◢

정리 02

수열 $\{a_n\}$에 대하여 다음 세 가지는 서로 동치이다.

(1) $\lim_{n \to \infty} a_n = l$

(2) $\lim_{n \to \infty} (a_n - l) = 0$

(3) $\lim_{n \to \infty} |a_n - l| = 0$

증명 정의로부터 쉽게 보일 수 있으므로 독자들에게 연습문제(연습문제 1)로 남긴다. ◢

정리 03 조임정리(Squeeze theorem)

적당한 자연수 N 이 존재하여 $n \geq N$ 인 모든 자연수 n 에 대하여

$$a_n \leq b_n \leq c_n$$

이다. 만약 $\lim_{n \to \infty} a_n = \lim_{n \to \infty} c_n = l$ 이면 수열 $\{b_n\}$도 수렴하고

$$\lim_{n \to \infty} b_n = l$$

이다.

증명 $\epsilon > 0$이라 하면 $\lim_{n \to \infty} a_n = l$ 이고 $\lim_{n \to \infty} c_n = l$ 이므로 적당한 자연수 N_1 과 N_2 가 존재하여

$n \geq N_1$ 이면

$$|a_n - l| < \epsilon \text{, 즉 } l - \epsilon < a_n < l + \epsilon$$

이고, $n \geq N_2$ 이면

$$|c_n - l| < \epsilon \text{, 즉 } l - \epsilon < c_n < l + \epsilon$$

이 성립한다. 이제 $n \geq \max\{N_1, N_2, N\}$이면

$$l - \epsilon < a_n \leq b_n \leq c_n < l + \epsilon$$

이고, 따라서

$$|b_n - l| < \epsilon$$

이다. 그러므로 $\lim_{n\to\infty} b_n = l$ 이다. ◢

따름정리 02

적당한 $M > 0$과 $\lim_{n\to\infty} b_n = 0$인 음이 아닌 실수로 정의된 수열 $\{b_n\}$이 존재하여 모든 $n \in \mathbb{N}$ 에 대하여

$$|a_n - a| \leq M b_n$$

을 만족시키면 $\lim_{n\to\infty} a_n = a$ 이다.

증명 조임정리(정리 3)에 의해서 $\lim_{n\to\infty} |a_n - a| = 0$이고, 따라서 정리 2에 의해서 $\lim_{n\to\infty} (a_n - a) = 0$이다. 그러므로 $\lim_{n\to\infty} a_n = a$이다. ◢

다음으로 해석학에서 자주 접하게 되는 0으로 수렴하는 여러 가지 형태의 특수한 수열을 살펴보자. 이를 위해서 다음의 이항정리가 필요하다.

정리 04 이항정리(Binomial theorem)

실수 a 와 자연수 n 에 대하여

$$(1+a)^n = \sum_{k=0}^{n} \binom{n}{k} a^k = \binom{n}{0} + \binom{n}{1} a + \binom{n}{2} a^2 + \cdots + \binom{n}{n} a^n$$

이 성립한다. 여기서 $\binom{n}{k} = \dfrac{n!}{k!\,(n-k)!}$ 이다.

증명 연습문제 7. ◢

정리 05

(1) $p>0$ 이면 $\lim_{n\to\infty}\frac{1}{n^p}=0$ 이다.

(2) $p>0$ 이면 $\lim_{n\to\infty}p^{\frac{1}{n}}=\lim_{n\to\infty}\sqrt[n]{p}=1$ 이다.

(3) $\lim_{n\to\infty}n^{\frac{1}{n}}=\lim_{n\to\infty}\sqrt[n]{n}=1$ 이다.

(4) $p>1$ 이고 $\alpha\in\mathbb{R}$ 이면 $\lim_{n\to\infty}\frac{n^\alpha}{p^n}=0$ 이다.

(5) $|p|<1$ 이면 $\lim_{n\to\infty}p^n=0$ 이다.

(6) 모든 $p\in\mathbb{R}$ 에 대하여 $\lim_{n\to\infty}\frac{p^n}{n!}=0$ 이다.

증명 (1)과 (2)의 증명은 독자들에게 연습문제(연습문제 2)로 남긴다.

(3) $x_n=\sqrt[n]{n}-1$ 이라 하면 x_n 이 양수이므로 이항정리에 의해서 $n\geq 2$ 인 모든 자연수 n 에 대하여

$$n=(1+x_n)^n\geq\binom{n}{2}x_n^2=\frac{n(n-1)}{2}x_n^2$$

이다. 따라서 모든 $n\geq 2$ 에 대하여 $x_n^2\leq\frac{2}{n-1}$ 이고, 결과적으로

$$0\leq x_n\leq\sqrt{\frac{2}{n-1}}$$

가 성립한다. 그러므로 조임정리에 의해서 $\lim_{n\to\infty}x_n=0$, 즉 $\lim_{n\to\infty}\sqrt[n]{n}=1$ 이다.

(4) k 가 $k>\alpha$ 를 만족하는 양의 정수라 하자. $p>1$ 이므로 $q=p-1$ 이라 하면 $q>0$ 이다. 이항정리에 의해서 $n>2k$ 이면

$$p^n=(1+q)^n>\binom{n}{k}q^k=\frac{n(n-1)\cdots(n-k+1)}{k!}q^k$$

이다. $k<\frac{n}{2}$ 이므로 $n-k+1>\frac{n}{2}+1>\frac{n}{2}$ 이다. 따라서

$$\frac{n(n-1)\cdots(n-k+1)}{k!}>\frac{n^k}{2^k k!}$$

이고, 결과적으로

$$0 \le \frac{n^{\alpha}}{p^{n}} \le \left(\frac{2^{k}k!}{q^{k}}\right)\frac{1}{n^{k-\alpha}}$$

이 성립한다. 마지막으로 (1)의 결과와 조임정리를 이용하면 원하는 결과를 얻는다.

(5) $p = \pm \dfrac{1}{q}$ $(q > 1)$이라 하면

$$|p^{n}| = |p|^{n} = \frac{1}{q^{n}}$$

이므로 (4)의 결과에 의해서

$$\lim_{n\to\infty}\frac{1}{q^{n}} = \lim_{n\to\infty}|p^{n}| = 0$$

이다. 따라서 정리 2에 의해서 $\lim_{n\to\infty} p^{n} = 0$ 이다.

(6) $k > |p|$ 인 자연수 k 를 택하자. $n > k+1$ 이면

$$\left[\frac{k}{k+1}\,\frac{k}{k+2}\cdots\frac{k}{n-1}\right] < 1$$

이므로

$$\frac{k^{n}}{n!} = \left(\frac{k^{k}}{k!}\right)\left[\frac{k}{k+1}\,\frac{k}{k+2}\cdots\frac{k}{n-1}\right]\left(\frac{k}{n}\right) < \left(\frac{k^{k+1}}{k!}\right)\left(\frac{1}{n}\right)$$

이다. 그런데 $k > |p|$ 이므로

$$0 < \frac{|p|^{n}}{n!} < \frac{k^{n}}{n!} < \left(\frac{k^{k+1}}{k!}\right)\left(\frac{1}{n}\right)$$

이다. 또한 $\lim_{n\to\infty}\left[\left(\dfrac{k^{k+1}}{k!}\right)\left(\dfrac{1}{n}\right)\right] = \dfrac{k^{k+1}}{k!}\lim_{n\to\infty}\dfrac{1}{n} = 0$ 이므로 조임정리와 극한의 성질(정리 2)에 의해서 $\lim_{n\to\infty}\dfrac{p^{n}}{n!} = 0$ 이다. ◢

지금까지 소개한 정리들을 이용하면 수열의 극한을 구체적으로 계산하는 데 매우 유용하다. 다음 몇 가지 예를 통하여 살펴보자.

예제 1

다음 극한을 계산하시오.

(1) $\lim_{n\to\infty}\dfrac{3n^{4}-2n^{2}+1}{n^{5}-3n^{3}}$

(2) $\lim_{n\to\infty}\dfrac{1-4n^{7}}{n^{7}+12n}$

풀이 (1) 주어진 식의 분자, 분모를 최고차인 n^5 으로 나누면

$$\frac{3n^4-2n^2+1}{n^5-3n^3}=\frac{\frac{3}{n}-\frac{2}{n^3}+\frac{1}{n^5}}{1-\frac{3}{n^2}}$$

이다. 정리 5의 (1)과 정리 1의 (1)과 (2)에 의해서

$$\lim_{n\to\infty}\left(\frac{3}{n}-\frac{2}{n^3}+\frac{1}{n^5}\right)=0 \text{ 이고 } \lim_{n\to\infty}\left(1-\frac{3}{n^2}\right)=1$$

이다. 마지막으로 정리 1의 (3)을 적용하면 $\lim_{n\to\infty}\frac{3n^4-2n^2+1}{n^5-3n^3}=0$ 이다.

(2) $\lim_{n\to\infty}\frac{1-4n^7}{n^7+12n}=\lim_{n\to\infty}\frac{\frac{1}{n^7}-4}{1+\frac{12}{n^6}}=-4$ ◢

예제 2

$\lim_{n\to\infty}\frac{(-1)^n}{2\sqrt{n}+7}=0$ 임을 보이시오.

풀이 $0\le\left|\frac{(-1)^n}{2\sqrt{n}+7}\right|\le\frac{1}{2}\cdot\frac{1}{\sqrt{n}}$ 이므로 조임정리와 정리 5의 (1)에 의해서 $\lim_{n\to\infty}\left|\frac{(-1)^n}{2\sqrt{n}+7}\right|=0$

이다. 그러므로 극한의 성질(정리 2)에 의해서 $\lim_{n\to\infty}\frac{(-1)^n}{2\sqrt{n}+7}=0$ 이다. ◢

예제 3

$\lim_{n\to\infty}\frac{2^n+n^3}{3^n+n^2}=0$ 임을 보이시오.

풀이 주어진 식을 다음과 같이 변형하자.

$$\frac{2^n+n^3}{3^n+n^2}=\frac{2^n\left(1+\frac{n^3}{2^n}\right)}{3^n\left(1+\frac{n^2}{3^n}\right)}=\left(\frac{2}{3}\right)^n\cdot\frac{1+\frac{n^3}{2^n}}{1+\frac{n^2}{3^n}}$$

정리 1과 정리 5의 (4)에 의해서 $\lim_{n\to\infty}\frac{1+\frac{n^3}{2^n}}{1+\frac{n^2}{3^n}}=1$이다. 또한 정리 5의 (5)에 의해서

$\lim_{n\to\infty}\left(\frac{2}{3}\right)^n=0$ 이므로 $\lim_{n\to\infty}\frac{2^n+n^3}{3^n+n^2}=0$ 이다. ◢

2.2 연습문제

01 정리 2를 보이시오.

02 정리 5의 (1)과 (2)를 보이시오.

03 따름정리 2를 극한의 정의를 이용하여 보이시오.

04 다음 수열의 극한을 구하시오.

(1) $\left\{\dfrac{3n^2+2n+1}{5n^2-2n+3}\right\}$

(2) $\left\{n\left(\left(1+\dfrac{1}{n}\right)^{-2}-1\right)\right\}$

(3) $\left\{\sqrt{n^2+n}-n\right\}$

(4) $\left\{(2^n+3^n)^{\frac{1}{n}}\right\}$

(5) $\left\{\dfrac{\sin n}{n^2+1}\right\}$

(6) $\left\{\dfrac{\tan^{-1}(2n)}{n+1+\sin n}\right\}$

(7) $\left\{\dfrac{n^{10}-2^n}{2^n+n^{100}}\right\}$

(8) $\left\{\dfrac{5n!+5^n}{2^n+n!}\right\}$

(9) $\left\{\dfrac{1+an}{(1+a)^n}\right\},\ a>0$

(10) $\left\{\dfrac{c^n}{n^p}\right\},\ |c|\le 1,\ p\in\mathbb{N}$

05 모든 $n\in\mathbb{N}$에 대하여 $a_n\neq 0$이고 $\lim\limits_{n\to\infty}a_n=0$이면 $\lim\limits_{n\to\infty}a_n\sin\dfrac{1}{a_n}=0$임을 보이시오.

06 (1) $\alpha > 0$일 때 $\lim_{n\to\infty} \frac{n^\alpha}{n!} = 0$임을 보이시오.

(2) $\lim_{n\to\infty} \frac{2n^2 + 10^n}{n! + 3n^3}$ 의 극한을 구하시오.

07 (1) $1 \le k \le n$ ($n \in \mathbb{N}$)일 때

$$\binom{n}{k} + \binom{n}{k-1} = \binom{n+1}{k}$$

임을 보이시오.

(2) 수학적 귀납법을 이용하여 이항정리(정리 4)를 보이시오.

08 $\lim_{n\to\infty} \frac{a_n - 1}{a_n + 1} = 0$ 일 때 $\lim_{n\to\infty} a_n = 1$ 임을 보이시오.

09 (1) 모든 $n \in \mathbb{N}$ 에 대하여 $a_n \ge 0$이고 $\lim_{n\to\infty} a_n = l$ 이면 $l \ge 0$ 임을 보이시오.

(2) 모든 $n \in \mathbb{N}$ 에 대하여 $a_n \le b_n$이다. 이 경우 수열 $\{a_n\}$과 $\{b_n\}$이 수렴하면 $\lim_{n\to\infty} a_n \le \lim_{n\to\infty} b_n$ 임을 보이시오.

10 모든 $n \in \mathbb{N}$ 에 대하여 $a_n \ne 0$ 이다. 수열 $\{a_n\}$ 에 대하여 다음이 성립함을 보이시오.

(1) $\lim_{n\to\infty} \left| \frac{a_{n+1}}{a_n} \right| = l$이고 $0 \le l < 1$이면 $\lim_{n\to\infty} a_n = 0$이다.

(2) $\lim_{n\to\infty} \sqrt[n]{|a_n|} = l$ 이고 $0 \le l < 1$이면 $\lim_{n\to\infty} a_n = 0$ 이다.

11 모든 $n \in \mathbb{N}$ 에 대하여 $a \le a_n \le b$ 이고 $\lim_{n\to\infty} a_n = l$ 이면 $a \le l \le b$ 임을 보이시오.

2.3 단조수열

이 절에서는 단조수열(monotone sequence), 즉 아래에 정의되는 증가수열(increasing sequence), 순증가수열(strictly increasing sequence), 감소수열(decreasing sequence), 순감소수열(strictly decreasing sequence)의 수렴성에 관하여 간단하게 살펴보도록 한다.

정의 01

(1) 모든 $n \in \mathbb{N}$에 대하여 $a_n \leq a_{n-1}$(또는 $a_n < a_{n+1}$)이면 수열 $\{a_n\}$이 **증가**(또는 **순증가**)**한다**고 하고, $\{a_n\}$을 **증가수열**(또는 **순증가수열**)이라 한다.

(2) 모든 $n \in \mathbb{N}$에 대하여 $a_n \geq a_{n-1}$(또는 $a_n > a_{n+1}$)이면 수열 $\{a_n\}$이 **감소**(또는 **순감소**)**한다**고 하고, $\{a_n\}$을 **감소수열**(또는 **순감소수열**)이라 한다.

일반적으로 유계인 수열이 항상 수렴하는 것은 아니다.(2.1절의 예제 6의 (1) 참고) 그렇지만 단조수열의 경우에는 다음의 정리가 성립한다.

정리 01 단조수렴정리 (Monotone convergence theorem)

유계인 단조수열 $\{a_n\}$은 반드시 수렴한다. 특히

(1) $\{a_n\}$이 증가수열이면 $\lim_{n\to\infty} a_n = \sup\{a_n \mid n \in \mathbb{N}\}$이고,

(2) $\{a_n\}$이 감소수열이면 $\lim_{n\to\infty} a_n = \inf\{a_n \mid n \in \mathbb{N}\}$이다.

증명 여기서는 (1)만을 증명하도록 하고, (2)는 비슷하게 보일 수 있으므로 독자들에게 연습문제(연습문제 1)로 남긴다. $\{a_n\}$을 증가수열이라 가정하고 집합

$$E = \{a_n \mid n \in \mathbb{N}\}$$

이라 정의하면, $E \neq \varnothing$이고 위로 유계이다. 그러므로 $\mathbb{R}$의 완비성 공리에 의해서 E의 상한이 존재한다. 이제 $a = \sup E$라 하고 $\epsilon > 0$이라 하자. 1.4절 정리 2의 (1)에 의해서

$$a - \epsilon < a_N \leq a$$

가 성립하는 $a_N \in E$이 존재한다. 가정에 의해서 $\{a_n\}$이 증가수열이므로 $n \geq N$이면

$$a - \epsilon < a_N \leq a_n \leq a < a + \epsilon, \text{ 즉 } |a_n - a| < \epsilon$$

이다. 그러므로 $\lim_{n\to\infty} a_n = a$이다. ◢

단조수렴정리의 중요한 한 가지 응용으로 다음의 축소구간 성질(nested intervals property)이 있다. 이 정리는 유계인 수열이 수렴하는 부분수열을 갖는다는 볼차노－바이어슈트라스 정리의 증명에 이용된다. 여기서 **축소구간**(nested interval)이란 용어는 모든 $n \in \mathbb{N}$ 에 대하여 $I_n \supset I_{n+1}$ 을 만족시키는 구간들의 열(sequence of intervals) $\{I_n\}$에서 유래된다.

따름정리 01 **축소구간 성질(Nested intervals property)**

$\{I_n\}$을 제 n 항이

$$I_n = [\,a_n\,,\ b_n\,],\ \ a_n, b_n \in \mathbb{R}\ ,\ \ a_n \le b_n$$

인 **축소구간 열**, 즉 모든 $n \in \mathbb{N}$ 에 대하여 $I_n \supset I_{n+1}$ 을 만족시키는 유계인 닫힌 구간열
(a sequence of closed and bounded intervals)이라 하면

$$\bigcap_{n=1}^{\infty} I_n \neq \varnothing$$

이다.

증명 모든 $m \ge 0$ 에 대하여 $I_n \supset I_{n+m}$ 이므로 모든 $n, m \in \mathbb{N}$ 에 대하여

$$a_n \le a_{n+m} \le b_{n+m} \le b_m$$

이다. 따라서 $\{a_n\}$은 모든 $b_m (m \in \mathbb{N})$에 의해서 위로 유계인 증가수열이므로 단조수렴정리에 의해서 수렴한다. 또한 $\lim_{n\to\infty} a_n = a$ 라 하면 모든 $m \in \mathbb{N}$ 에 대하여 $a \le b_m$ 이다. 그러므로 모든 $m \in \mathbb{N}$ 에 대하여 $a \in I_m$ 이고, 따라서

$$a \in \bigcap_{m=1}^{\infty} I_m$$

이다. ◢

이제 몇 가지 예를 통하여 점화식(recursion formulas)형태로 정의된 수열의 수렴성을 단조수렴정리를 이용하여 살펴보도록 하자. 단조수렴정리를 이용하기 위해서는 주어진 수열이 유계이고 동시에 단조수열임을 보여야 한다. 수열 $\{a_n\}$이 증가수열임을 보이는 방법을 요약하면 다음과 같다.

(a) 모든 $n \in \mathrm{N}$ 에 대하여 $a_{n+1} - a_n \geq 0$ 인지 조사한다.

(b) 모든 $n \in \mathrm{N}$ 에 대하여 $\dfrac{a_{n+1}}{a_n} \geq 1$ 인지 조사한다.(단, $a_n > 0$)

(c) 수학적 귀납법을 이용한다.

(d) $f(x) = a_x$ 라 하고 제5장에서 다루게 되는 미분을 이용한다. 즉, $x \geq 1$ 이면 $f'(x) \geq 0$ 임을 보인다.

예제 1

다음과 같이 정의된 수열 $\{a_n\}$이 유계인 증가수열임을 보이고 극한 $\lim_{n\to\infty} a_n$ 을 구하시오.

$$\begin{cases} a_1 = 3, \\ a_{n+1}^3 = 6a_n^2 - 8a_n, \quad n \geq 1 \end{cases}$$

풀이 [단계 1] $\{a_n\}$은 유계수열이다.

모든 자연수 n 에 대하여 $3 \leq a_n \leq 4$ 임을 수학적 귀납법을 이용하여 보이자.(왜 이렇게 예측할 수 있는지 생각하여 보라) $n = 1$ 이면 명백하게 성립하므로 자연수 k 에 대하여 $3 \leq a_k \leq 4$ 이 성립한다고 가정하자. 그러면

$$6a_k^2 - 8a_k = 6\left(a_k - \frac{2}{3}\right)^2 - \frac{8}{3}$$

이므로 $3 \leq a_k \leq 4$ 일 때 $30 \leq 6a_k^2 - 8a_k \leq 64$ 이다. 따라서

$$3 < \sqrt[3]{30} \leq a_{k+1} = \sqrt[3]{6a_k^2 - 8a_k} \leq \sqrt[3]{64} = 4$$

이므로 수학적 귀납법에 의해서 원하는 결과를 얻는다. 그러므로 $\{a_n\}$은 유계수열이다.

[단계 2] $\{a_n\}$은 증가수열이다.

모든 $n \in \mathrm{N}$ 에 대하여 $3 \leq a_n \leq 4$ 일 때

$$a_n^3 - a_{n+1}^3 = a_n^3 - 6a_n^2 + 8a_n = a_n(a_n - 2)(a_n - 4) \leq 0$$

이므로

$$a_n^3 \leq a_{n+1}^3 \quad \text{즉} \quad a_n \leq a_{n+1}$$

이다. 따라서 $\{a_n\}$은 증가수열이다.

[단계 3] $\{a_n\}$은 수렴하고 $\lim_{n\to\infty} a_n = 4$ 이다.

$\{a_n\}$은 위로 유계인 증가수열이므로 단조수렴정리에 의해서 수렴한다. 극한을 구하기 위해서 $\lim_{n\to\infty} a_n = a$ 라 하면

$$a^3 = \lim_{n\to\infty} a_{n+1}^3 = \lim_{n\to\infty} (6a_n^2 - 8a_n) = 6a^2 - 8a$$

이므로 a 에 관해서 방정식을 풀면 $a = 0, 2, 4$ 를 얻는다. 그런데 $a_1 = 3$ 이고 수열 $\{a_n\}$은 증가수열이므로 $a = \lim_{n\to\infty} a_n = 4$ 이다. ◢

예제 2

단조수렴정리를 이용하여 $a_n = \dfrac{2^n}{n!}$, $n \geq 1$인 수열 $\{a_n\}$이 수렴함을 보이시오.

풀이 $n \geq 1$ 인 자연수 n에 대하여

$$\frac{a_{n+1}}{a_n} = \frac{2^{n+1}}{(n+1)!} \cdot \frac{n!}{2^n} = \frac{2}{n+1} \leq 1$$

이므로 수열 $\{a_n\}$은 감소수열이다. 뿐만 아니라, 모든 $n \in \mathbb{N}$ 에 대하여

$$0 \leq a_n \leq a_1 = 2$$

이므로, 즉 $\{a_n\}$이 유계수열이므로 단조수렴정리에 의해서 $\{a_n\}$은 수렴한다. ◢

참고 위 예제 2에서 $\{a_n\}$이 감소수열임을 모든 $n \in \mathbb{N}$ 에 대하여 다음이 성립함을 보임으로써 증명할 수도 있다.

$$a_{n+1} - a_n = \frac{2^{n+1}}{(n+1)!} - \frac{2^n}{n!} = \frac{2^n(1-n)}{(n+1)!} \leq 0$$

◢

예제 3

단조수렴정리를 이용하여 $a_n = \dfrac{n}{e^n}$, $n \geq 1$인 수열 $\{a_n\}$이 수렴함을 보이시오.

풀이 $f(x)=\dfrac{x}{e^x}$ 라 하면 $x>1$ 에 대하여

$$f'(x) = \frac{e^x - xe^x}{e^{2x}} = \frac{1-x}{e^x} < 0$$

이므로 $f(x)$는 $[1, \infty]$ 에서 감소한다. $a_n = f(n)$ 이므로 $\{a_n\}$은 감소수열이다. 또한 모든 $n \in \mathbb{N}$ 에 대하여

$$0 \le a_n \le a_1 = \frac{1}{e}$$

이므로 $\{a_n\}$은 유계이고, 그러므로 단조수렴정리에 의해서 수열 $\{a_n\}$은 수렴한다. ◢

예제 4 **(오일러 상수, Euler's constant)**
각 자연수 $n \in \mathbb{N}$ 에 대하여

$$t_n = \left(1+\frac{1}{n}\right)^n$$

이라 하면, $\{t_n\}$은 위로 유계인 증가수열, 즉 단조수렴정리에 의해서 수렴하는 수열임을 보이시오. 이 경우 수열 $\{t_n\}$의 극한을 e 로 표기하고 **오일러상수**라 한다. 즉,

$$e = \lim_{n\to\infty}\left(1+\frac{1}{n}\right)^n$$

이다.

풀이 [단계 1] $\{t_n\}$은 증가수열이다.

이항정리(2.2절 정리 4)에 의해서

$$\begin{aligned} t_n &= \left(1+\frac{1}{n}\right)^n \\ &= 1 + n\cdot\frac{1}{n} + \cdots + \frac{n(n-1)\cdots(n-k+1)}{k!}\cdot\left(\frac{1}{n}\right)^k \\ &\quad + \cdots + \frac{n(n-1)\cdots 1}{n!}\cdot\left(\frac{1}{n}\right)^n \end{aligned} \qquad \cdots\cdots (2.1)$$

이다. $1 \le k \le n$ 에 대하여 우변의 제 $(k+1)$ 번째 항을 A_{k+1} 이라 하면

$$A_{k+1} = \frac{n(n-1)\cdots(n-k+1)}{k!}\cdot\frac{1}{n^k} = \frac{1}{k!}\left(1-\frac{1}{n}\right)\left(1-\frac{2}{n}\right)\cdots\left(1-\frac{k-1}{n}\right)$$

이다. 같은 방법으로 t_{n+1}을 전개하면 모두 $(n+2)$개의 항이 생기고, 그 중 $1 \le k \le n$에 대하여 $(k+1)$번째 항을 B_{k+1}이라 하면

$$B_{k+1} = \frac{1}{k!}\left(1-\frac{1}{n+1}\right)\left(1-\frac{2}{n+1}\right)\cdots\left(1-\frac{k-1}{n+1}\right)$$

을 얻는다. $1 \le k \le n$에 대하여 $A_{k+1} < B_{k+1}$이므로 모든 $n \in \mathbb{N}$에 대하여 $t_n < t_{n+1}$이다. 즉, $\{t_n\}$은 증가수열이다.

[단계 2] 수열 $\{t_n\}$은 유계이고, 따라서 수렴한다.

$1 \le k \le n$에 대하여 $A_{k+1} \le \dfrac{1}{k!}$이고, 연습문제 1.3의 4(2)에 의해서 $k! \ge 2^{k-1}$이므로 식 (2.1)로부터

$$\begin{aligned} t_n &\le 1+1+\frac{1}{2!}+\frac{1}{3!}+\cdots+\frac{1}{n!} \\ &\le 1+1+\frac{1}{2}+\frac{1}{2^2}+\cdots+\frac{1}{2^{n-1}} \\ &= 1+\frac{1-\left(\frac{1}{2}\right)^n}{1-\frac{1}{2}} \\ &< 1+\frac{1}{1-\frac{1}{2}} = 3 \end{aligned}$$

이다. 따라서 수열 $\{t_n\}$은 3에 의해서 위로 유계이다. 그러므로 단조수렴정리에 의해서 수열 $\{t_n\}$은 수렴한다. ◢

이 절을 마치기 전에 무한대, 즉 ∞ 또는 $-\infty$로 발산하는 수열에 관하여 간단히 소개한다.

정의 02 무한극한(Infinite limits)

임의의 실수 $M > 0$에 대하여 적당한 $N \in \mathbb{N}$이 존재하여 $n \ge N$인 모든 자연수 n에 대하여

$$a_n > M \text{ (또는 } a_n < -M)$$

을 만족시키면, 수열 $\{a_n\}$은 ∞ (또는 $-\infty$)로 **발산한다(diverge)**고 하고

$$\lim_{n\to\infty} a_n = \infty \text{ (또는 } \lim_{n\to\infty} a_n = -\infty \text{)}$$

로 나타낸다.

무한극한에 관한 다음 두 정리의 증명은 정의를 이용하여 쉽게 보일 수 있으므로 독자들에게 연습문제(연습문제 4, 5)로 남긴다.

정리 02

$\{a_n\}$이 위로 유계가 아닌 증가수열이면 $\lim_{n\to\infty} a_n = \infty$ 이다

정리 03

(1) 모든 $n \in \mathbb{N}$ 에 대하여 $a_n > 0$이고 $\lim_{n\to\infty} \frac{1}{a_n} = 0$ 이면 $\lim_{n\to\infty} a_n = \infty$ 이다.

(2) 모든 $n \in \mathbb{N}$ 에 대하여 $a_n \neq 0$이고 $\lim_{n\to\infty} a_n = \infty$ 이면 $\lim_{n\to\infty} \frac{1}{a_n} = 0$ 이다.

예제 5

$a_n = n(2+(-1)^n)$, $n \geq 1$인 수열 $\{a_n\}$은 단조수열은 아니지만 ∞로 발산하는 수열임을 보이시오.

풀이 $a_n = \begin{cases} 3n, & n \text{ 이 짝수} \\ n, & n \text{ 이 홀수} \end{cases}$ 이므로 모든 $n \in \mathbb{N}$ 에 대하여

$$a_n \geq n$$

이다. 그러므로 $\lim_{n\to\infty} a_n = \infty$ 이다. ◢

예제 6

$\lim_{n\to\infty} (n! - 10^n) = \infty$ 임을 보이시오.

풀이 모든 $n \in \mathbb{N}$에 대하여 $n! - 10^n = n!\left(1 - \frac{10^n}{n!}\right)$이다. 2.2절 정리 5의 (6)에 의해서

$\lim_{n\to\infty} \frac{10^n}{n!} = 0$이므로 적당한 $N \in \mathbb{N}$ 이 존재하여 $n \geq N$이면

$$\frac{10^n}{n!} < 1 \text{ , 즉 } n! - 10^n > 0$$

이다. 또한

$$\lim_{n\to\infty} \frac{1}{n! - 10^n} = \lim_{n\to\infty} \frac{\frac{1}{n!}}{1 - \frac{10^n}{n!}} = \frac{0}{1-0} = 0$$

이므로 정리 3의 (1)에 의해서 $\lim_{n\to\infty} (n! - 10^n) = \infty$ 이다. ◢

2.3 연습문제

01 정리 1의 (2)를 증명하시오.

02 모든 $n \in \mathbb{N}$에 대하여 유계인 닫힌 구간 $I_n = [a_n, b_n]$이 $I_n \supset I_{n+1}$을 만족시킨다고 하자. 이 경우 다음을 보이시오.

(1) $a = \sup\{a_n \mid n \in \mathbb{N}\}$이고 $b = \inf\{b_n \mid n \in \mathbb{N}\}$이라 하면 $\bigcap_{n=1}^{\infty} I_n = [a, b]$이다.

(2) $\lim_{n \to \infty} (b_n - a_n) = 0$ 이면 $\bigcap_{n=1}^{\infty} I_n$은 한 원소 집합이다.

03 축소구간 성질(따름정리 1)에서 구간 I_n이 유계가 아니거나 닫힌 구간이 아니면 결과가 성립하지 않음을 예를 들어서 보이시오.

04 정리 2를 증명하시오.

05 정리 3을 증명하시오.

06 다음 각 수열이 단조수열임을 보이시오.

(1) $\{ n^{\frac{1}{n}} \}, \quad n \geq 3$

(2) $\left\{ \dfrac{n^n}{n!} \right\}, \quad n \geq 1$

07 $\{a_n\}$ 이 단조증가수열이고 $\lim_{n\to\infty} a_n = l$ 이면 모든 $n \in \mathbb{N}$ 에 대하여 $a_n \le l$ 임을 보이시오.

08 $a_1 = \sqrt{2}$ 이고 $a_{n+1} = \sqrt{2 + a_n}$ $(n \in \mathbb{N})$인 수열 $\{a_n\}$에 대하여 다음을 보이고 극한을 구하시오.

(1) 모든 $n \in \mathbb{N}$ 에 대하여 $a_n \le 2$이다.

(2) 수열 $\{a_n\}$은 증가수열이다.

09 $a_1 = 1$이고 $a_{n+1} = \dfrac{a_n + \dfrac{3}{a_n}}{2}$ $(n \equiv \mathbb{N})$인 수열 $\{a_n\}$에 대하여 다음을 보이고 극한을 구하시오.

(1) $n \ge 2$ 인 모든 자연수 n에 대하여 $a_n^2 \ge 3$ 이다.

(2) $n \ge 2$ 인 모든 자연수 n에 대하여 $a_n \ge a_{n+1}$ 이다.

10 $a_1 > 1$ 이고 모든 $n \in \mathbb{N}$ 에 대하여 $a_{n+1} = 2 - \dfrac{1}{a_n}$ 로 정의된 수열 $\{a_n\}$은 유계인 감소수열임을 보이고 극한을 구하시오.

11 $-1 < a_1 < 0$이고 $a_{n+1} = \sqrt{a_n + 1} - 1$ $(n \equiv \mathbb{N})$일 때 수열 $\{a_n\}$은 단조증가수열임을 보이고 극한을 구하시오. 그리고 $-1 \le a_1 \le 0$이면 어떻게 되는지 조사하시오.

12 $0 \le a_1 < 1$ 이고 $a_{n+1} = 1 - \sqrt{1 - a_n}$ $(n \in \mathbb{N})$일 때 수열 $\{a_n\}$ 은 단조감소수열이고 $\lim_{n\to\infty} a_n = 0$ 이며 $\lim_{n\to\infty} \frac{a_{n+1}}{a_n} = \frac{1}{2}$임을 보이시오.

13 다음과 같이 점화식으로 정의된 수열 $\{a_n\}$이 수렴함을 보이고 극한을 구하시오.

(1) $a_1 = 2$, $a_{n+1} = \frac{1}{4}\left(a_n^2 + 3\right)$

(2) $a_1 = 1$, $a_{n+1} = \sqrt{2a_n}$

(3) $a_1 = 1$, $a_{n+1} = \frac{1}{6}\left(2a_n + 5\right)$

(4) $a_1 = 4$, $a_{n+1} = \sqrt{3a_n - 2}$

14 $l > 0$이고 $a_1 > \sqrt{l}$일 때 모든 $n \in \mathbb{N}$에 대하여 $a_{n+1} = \frac{1}{2}\left(a_n + \frac{l^2}{a_n}\right)$이라 하자.

(1) 수열 $\{a_n\}$이 유계인 감소수열임을 보이시오.

(2) $\lim_{n\to\infty} a_n$ 을 구하시오.

15 $l > 0$일 때 $a_1 = \frac{l}{2}$ 이고 $a_{n+1} = \frac{1}{2}(l + a_n^2)$ $(n \in \mathbb{N})$인 수열 $\{a_n\}$ 이 수렴하기 위한 필요충분조건을 l 에 관한 부등식으로 나타내시오.

16 다음 수열의 극한을 구하시오.

(1) $\left\{\left(1 + \frac{1}{n}\right)^{2n}\right\}$

(2) $\left\{\left(1 - \frac{1}{n}\right)^{n}\right\}$

(3) $\left\{\left(\frac{n}{n+1}\right)^{n}\right\}$

(4) $\left\{\left(1 + \frac{2}{3n}\right)^{4n}\right\}$

(5) $\left\{\frac{n!}{n^3}\right\}$

(6) $\{n! - n^3 - 3^n\}$

17 각 $n \in \mathbb{N}$ 에 대하여

$$a_n = 1 + \frac{1}{2} + \cdots + \frac{1}{n}$$

일 때 $\{a_n\}$은 증가수열이지만 위로 유계가 아닌 수열, 즉 ∞ 로 발산하는 수열임을 보이시오.
(도움말 : 모든 $n \in \mathbb{N}$ 에 대하여 $a_{2^n} \geq 1 + \frac{n}{2}$임을 보이시오)

18 각 $n \in \mathbb{N}$ 에 대하여

$$a_n = 1 + \frac{1}{2^2} + \cdots + \frac{1}{n^2}$$

일 때 $\{a_n\}$은 2에 의해서 위로 유계인 증가수열, 즉 수렴하는 수열임을 보이시오.
(도움말 : $n \geq 2$일 때 $\frac{1}{n^2} \leq \frac{1}{n(n-1)} = \frac{1}{n-1} - \frac{1}{n}$임을 이용하시오)

19 $a_1 > a_2 > 0$ 이고 $n \geq 2$ 에 대하여 $a_{n+1} = \frac{1}{2}(a_n + a_{n-1})$이라 할 때 다음을 보이시오.

(1) $\{a_{2k-1}\}$은 감소수열이다.

(2) $\{a_{2k}\}$는 증가수열이다.

(3) $\{a_n\}$은 수렴한다.

20 축소구간 성질을 이용하여 단위 닫힌 구간 $[0, 1]$이 셀 수 없는 집합(uncountable set)임을 보이시오.

2.4 부분수열과 볼차노-바이어슈트라스 정리

이 절에서는 부분수열과 그 극한에 관하여 살펴본다. 특히 해석학의 기본적인 정리 중 하나인, 볼차노(Bernhard Bolzano, 1781－1848)에 의해서 처음으로 증명되고 1860년대에 바이어슈트라스(Karl Weierstrass, 1818-1897)에 의해서 약간 수정된, 볼차노-바이어슈트라스 정리를 소개하고 증명한다.

정의 01

$\{a_n\}$이 수열이고 $\{n_k\}$가 순증가 자연수열(a sequence of natural numbers), 즉

$$n_1 < n_2 < n_3 < \cdots$$

인 자연수로 정의된 수열일 때 수열 $\{a_{n_k}\}$를 $\{a_n\}$의 **부분수열**(subsequence)이라 한다.

정의 02

수열 $\{a_n\}$의 적당한 부분수열이 수렴하면 그 극한을 수열 $\{a_n\}$의 **부분수열극한**(subsequential limit)이라 한다.

예제 1

수열 $\left\{(-1)^n + \frac{1}{n}\right\}$의 부분수열극한의 집합을 S라 하면 $S = \{-1, 1\}$임을 보이시오.

풀이 $a_n = (-1)^n + \frac{1}{n}$이라 하면

$$\lim_{k\to\infty} a_{2k} = \lim_{k\to\infty}\left(1+\frac{1}{2k}\right) = 1$$

이고

$$\lim_{k\to\infty} a_{2k-1} = \lim_{k\to\infty}\left(-1+\frac{1}{2k-1}\right) = -1$$

이므로 $1, -1 \in S$, 즉 1과 -1은 수열 $\{a_n\}$의 부분수열극한이다.

이제 수열 $\{a_n\}$의 부분수열극한이 1과 -1 뿐임을 보이기 위해 $\{a_{n_k}\}$를 $\{a_n\}$의 임의의 부분수열이라 가정하자. 수열 $\{n_k\}$가 무한히 많은 짝수와 홀수를 포함한다면 $\{a_{n_k}\}$는 수렴할 수 없다.(이유는?) 반면, $\{n_k\}$가 유한개의 홀수만을 포함하면 $\lim_{k\to\infty} a_{n_k} = 1$이다. 비슷하게 $\{n_k\}$가 유한개의 짝수만을 포함하면 $\lim_{k\to\infty} a_{n_k} = -1$이다. 그러므로 $S = \{-1, 1\}$이다. ◢

정리 01

수열 $\{a_n\}$이 a 로 수렴하면 $\{a_n\}$의 임의의 부분수열 $\{a_{n_k}\}$도 a 로 수렴한다.

증명 $\epsilon > 0$ 이라 하면 $\lim_{n\to\infty} a_n = a$ 이므로 적당한 $N \in \mathbb{N}$ 이 존재하여 $n \ge N$인 모든 자연수 n 에 대하여

$$|a_n - a| < \epsilon$$

이다. $\{n_k\}$가 순증가 자연수열이므로 모든 $k \ge N$ 에 대하여 $n_k \ge N$ 이다. 따라서 $k \ge N$ 인 모든 자연수 k 에 대하여

$$|a_{n_k} - a| < \epsilon$$

이다. 그러므로 $\lim_{k\to\infty} a_{n_k} = a$ 이다. ◢

정리 1과 2.1절 정리 3을 이용하면 어떤 수열 $\{a_n\}$이 발산함을 보이는 데 효과적일 수 있다.

예제 2

(1) $a_n = (-1)^n$ 으로 정의된 수열 $\{a_n\}$의 두 부분수열 $\{a_{2k}\}$와 $\{a_{2k-1}\}$은 각각 1 과 -1 로 수렴한다. 따라서 정리 1과 극한의 유일성(2.1절 정리 3)에 의해서 $\{a_n\}$은 발산한다.

(2) $a_n = n(1+(-1)^n)$ 이라 하면

$$\lim_{k\to\infty} a_{2k} = \lim_{k\to\infty} 4k = \infty$$

이므로 정리 1에 의해서 수열 $\{a_n\}$은 발산한다.(이 경우 $\{a_n\}$이 ∞ 로 발산함을 의미하는 것이 아니라는 것에 주의하라) ◢

한편, 정리 1은 수열 $\{a_n\}$의 극한을 구하는 데도 유용하게 사용될 수 있다.

예제 3

정리 1을 이용하여 $0 < p < 1$ 일 때 $\lim_{n\to\infty} p^n = 0$ 임을 보이시오.

풀이 수열 $\{p^n\}$은 $0 < p < 1$ 일 때 아래로 유계이고 감소하므로(이유는?) 단조수렴정리에 의해서 수렴한다.

$$a = \lim_{n\to\infty} p^n$$

이라 하면, 정리 1에 의해서 부분수열 $\{p^{2n}\}$도 a로 수렴하므로

$$a = \lim_{n\to\infty} p^{2n} = \lim_{n\to\infty} (p^n)^2 = a^2$$

이고, 따라서 $a^2 = a$ 이다. 그런데 $0 \le a < 1$ 이므로 $a = 0$ 이다. ◢

볼차노-바이어슈트라스 정리를 소개하기 위해 **근방**(neighborhood)과 **극한점**(limit point)이라는 해석학의 기본적인 개념을 먼저 정의하도록 하자.

정의 03

$x_0 \in \mathbb{R}$ 와 $\epsilon > 0$ 에 대하여 집합

$$N_\epsilon(x_0) = \{\, x \in \mathbb{R} \mid |x - x_0| < \epsilon \,\}$$

을 점 x_0 의 ϵ**–근방**(ϵ – neighborhood)이라 한다.

정의 04

E가 실수의 집합 $\mathbb{R}$ 의 부분집합이다.

(1) 점 $x_0 \in \mathbb{R}$ 의 임의의 ϵ–근방 $N_\epsilon(x_0)$에 대하여

$$N_\epsilon(x_0) \cap (E - \{x_0\}) \ne \varnothing$$

이면 x_0를 E의 **극한점**(limit point) 또는 **집적점**(accumulation point)이라 한다.

(2) E의 극한점이 아닌 E에 속하는 점을 **고립점**(isolated point)이라 한다.

참고 극한점의 정의에서 x_0가 E에 속하는 점일 필요는 없다. 또한 적당한 x_0 의 ϵ–근방 $N_\epsilon(x_0)$에 대하여 $N_\epsilon(x_0) \cap E = \{x_0\}$ 이면 점 $x_0 \in E$는 E의 고립점임을 알 수 있다. ◢

정리 02

E가 실수의 집합 $\mathbb{R}$ 의 부분집합이고 x_0가 E의 극한점일 때 다음이 성립한다.

(1) 점 x_0의 모든 근방은 E의 무한히 많은 점들을 포함한다.

(2) 모든 $n \in \mathbb{N}$ 에 대하여 $a_n \ne x_0$ 이면서 x_0 로 수렴하는, 즉

$$\lim_{n\to\infty} a_n = x_0$$

인 E에서 정의되는 수열 $\{a_n\}$이 존재한다.

증명 (1) 점 x_0의 적당한 δ-근방 $N_\delta(x_0)$가 x_0가 아닌 단지 m개의 서로 다른 E의 점 $x_1, x_2, \cdots, x_m$을 포함한다고 가정하자.

$$\epsilon = \min\{|x_1 - x_0|, |x_2 - x_0|, \cdots, |x_m - x_0|\}$$

라 하면 $N_\epsilon(x_0) \cap E$는 기껏해야 점 x_0을 포함한다. 따라서 x_0은 E의 극한점이 아니다.

(2) 다음과 같이 집합 E에서 수열 $\{a_n\}$을 만들자. x_0가 E의 극한점이므로, 극한점의 정의에 의해서 각 $n \in \mathbb{N}$에 대하여

$$|a_n - x_0| < \frac{1}{n}$$

을 만족시키는 $a_n \neq x_0$인 $a_n \in E$가 존재한다. 그러면 이렇게 정의된 수열 $\{a_n\}$은 명백하게 $\lim_{n\to\infty} a_n = x_0$을 만족시킨다. ◢

따름정리 01

유한집합은 극한점을 갖지 않는다.

증명 연습문제 11. ◢

정리 03 집합에 대한 볼차노-바이어슈트라스 정리 (Bolzano-Weierstrass theorem for sets)

모든 $\mathbb{R}$의 유계인 무한 부분집합은 극한점을 갖는다.

증명 S를 $\mathbb{R}$의 유계인 무한 부분집합이라 하자. S가 유계이므로 $a < b$인 적당한 실수 $a, b \in \mathbb{R}$에 대하여 $S \subset I_1 = [a, b]$이다. 닫힌 구간 I_1을 그간의 길이가 $\frac{b-a}{2}$가 되도록 다음 두 개의 닫힌 구간으로 등분하자.

$$\left[a, \frac{a+b}{2}\right], \left[\frac{a+b}{2}, b\right]$$

위 두 개의 부분구간(subinterval) 중 적어도 한 개는 S의 무한히 많은 점들을 포함하게 되고(이유는?) 이를 I_2라 하자. 이러한 과정을 반복하면 다음 세 가지 조건을 만족시키는 유계인 닫힌 구간들의 열 $\{I_n\}$을 얻게 된다.

(a) $[a, b] = I_1 \supset I_2 \supset \cdots \supset I_n \supset \cdots$;

(b) 구간 I_n의 길이는 $\frac{b-a}{2^{n-1}}$이다;

(c) 각 $n \in \mathbb{N}$에 대하여 $I_n \cap S$는 무한집합이다.

축소구간 성질(2.3절 따름정리 1)에 의해서 $\bigcap_{n=1}^{\infty} I_n \neq \varnothing$ 이므로 $x \in \bigcap_{n=1}^{\infty} I_n$ 이라 하자.

이제 $\epsilon > 0$ 이라 하고 $\frac{b-a}{2^{n-1}} < \epsilon$ 인 $n \in \mathbb{N}$ 을 택하자. $y \in I_n$ 이면

$$|y-x| \leq I_n \text{의 길이} < \epsilon$$

이므로 $y \in N_\epsilon(x)$ 이고, 따라서 $I_n \subset N_\epsilon(x)$ 이다. $I_n \cap S$가 무한집합이므로 $y \neq x$ 인 $y \in S \cap N_\epsilon(x)$ 가 존재한다. 그러므로 x는 S의 극한점이다. ◢

정리 04 **수열에 대한 볼차노-바이어슈트라스 정리 (Bolzano-Weierstrass theorem for sequences)**

모든 $\mathbb{R}$ 의 유계인 수열은 수렴하는 부분수열을 갖는다.

증명 $\{a_n\}$을 $\mathbb{R}$ 의 유계인 수열이라 하고 $S = \{a_n \mid n \in \mathbb{N}\}$ 이라 하자.

[경우 1] S가 유한집합이다.

이 경우 적당한 점 $a \in S$와 $n_1 < n_2 < \cdots$ 인 자연수열 $\{n_k\}$가 존재하여

$$a_{n_1} = a_{n_2} = \cdots = a$$

를 만족시킨다. 즉, 부분수열 $\{a_{n_k}\}$는 a 로 수렴한다.

[경우 2] S가 무한집합이다.

집합에 대한 볼차노-바이어슈트라스 정리(정리 3)에 의해서 S는 극한점 $a \in \mathbb{R}$ 를 갖는다. $|a_{n_1} - a| < 1$ 인 자연수 n_1 을 택하고, 귀납적으로 이미 선택된 $n_1, \cdots, n_{k-1}$ 에 대하여

$$|a_{n_k} - a| < \frac{1}{k}$$

을 만족시키는 $n_k > n_{k-1}$ 인 자연수 n_k 를 택하자.(점 a 의 모든 근방은 S의 무한히 많은 점들을 포함하므로 이런 n_k 는 존재한다) 그러면 이렇게 만들어진 $\{a_n\}$의 부분수열 $\{a_{n_k}\}$는 a 로 수렴한다. ◢

2.4 연습문제

01 수열 $\{1-(-1)^n\}$의 부분수열극한은 0 과 2 뿐임을 보이시오.

02 수열 $\{n(1+(-1)^n)\}$의 부분수열극한은 0 뿐임을 보이시오.

03 다음 각 수열의 모든 부분수열극한을 구하시오.

(1) $\left\{\sin\frac{n\pi}{4}\right\}$

(2) $\left\{(-1)^n+\sin\frac{n\pi}{2}\right\}$

(3) $\left\{n\sin\frac{n\pi}{4}\right\}$

(4) $\left\{1-\frac{(-1)^n}{n}\right\}$

(5) $\left\{\left(\cos\frac{n\pi}{4}\right)^{(-1)^n}\right\}$

(6) $\{n!\}$

04 정리 1을 이용하여 다음을 보이시오.

(1) θ 가 $0<\theta<1$ 인 유리수일 대 수열 $\{\sin n\theta\pi\}$는 발산한다.(도움말 : $b\geq 2$ 인 자연수 a, b 에 대하여 $\theta=\frac{a}{b}$ 라 하라)

(2) $p>1$ 일 때 $\lim_{n\to\infty}\sqrt[n]{p}=1$ 이다.

05 수열 $\{a_n\}$이 수렴하기 위한 필요충분조건은 수열 $\{a_{2n}\}$과 수열 $\{a_{2n-1}\}$이 같은 값으로 수렴하는 것임을 보이시오.

06 $a_n = n^{\frac{1}{n}}$ $(n \in \mathbb{N})$이라 하자.

(1) $n \geq 3$ 이면 $1 < a_{n+1} < a_n$ 임을 보이시오.

(2) 정리 1을 이용하여 수열 $\{a_n\}$의 극한을 구하시오.

07 다음 각 집합 E의 극한점과 고립점을 구하시오.

(1) $E = (0, 1)$

(2) $E = \left\{ \frac{1}{n} \mid n \in \mathbb{N} \right\}$

(3) $E = \mathbb{Q} \cap [0, 1)$

(4) $E = (0, 1) \cup \{2\}$

(5) $E = \left\{ (-1)^n + \frac{1}{n} \mid n \in \mathbb{N} \right\}$

(6) $E = \mathbb{N}$

08 (1) $\sqrt{2}$ 가 $\mathbb{Q}$ 의 극한점임을 보이시오.

(2) $\sqrt{2}$ 로 수렴하는 유리수열 $\{r_n\}$이 존재함을 보이시오.

09 $\mathbb{R}$ 의 모든 점들이 $\mathbb{Q}$ 의 극한점임을 보이시오.

10 정리 1의 역도 참임을 보이시오.

11 따름정리 1을 증명하시오.

12 수열 $\{a_n\}$에 대하여 점 a가 집합 $\{a_n \mid n \in \mathbb{N}\}$의 극한점이면 점 a가 수열 $\{a_n\}$의 부분수열극한임을 보이시오. 그렇지만 역은 성립하지 않음을 예를 들어 설명하시오.

13 A가 $\mathbb{R}$의 위로 유계인 부분집합이고 $\sup A = \alpha$라 하자. $\alpha \notin A$이면 α가 집합 A의 극한점임을 보이시오.

14 모든 $\mathbb{R}$에서의 수열은 단조인 부분수열을 갖는다는 것을 보이시오.

15 **(피보나치 수열,** Fibonacci sequence) $a_0 = 1$, $a_1 = 1$이고 $n \geq 1$일 때

$$a_{n+1} = a_n + a_{n-1}$$

인 수열 $\{a_n\}$을 **피보나치 수열**(Fibonacci sequence)이라 한다. 피보나치 수열의 항들의 비율, 즉 제n항이

$$r_n = \frac{a_n}{a_{n-1}} \quad (n \geq 1)$$

으로 정의된 수열 $\{r_n\}$에 대하여 다음을 보이시오.

(1) $\{r_{2k}\}$는 아래로 유계인 감소수열이다.

(2) $\{r_{2k-1}\}$은 위로 유계인 증가수열이다.

(3) 수열 $\{r_n\}$은 **황금비**(Golden ratio)라 불리는 수 $\dfrac{1+\sqrt{5}}{2}$로 수렴한다.

2.5 상극한과 하극한

이 절에서는 실수의 무한급수와 멱급수의 이론 전개에서 중요한 수열의 상극한과 하극한을 정의한다. 수열의 극한과 다르게 상극한과 하극한은 확장된 의미로 항상 존재하기 때문에 중요한 개념들이다.

수열 $\{a_n\}$에 대하여, 각 $k \in \mathbb{N}$ 에 대하여 A_k 와 B_k 를

$$A_k = \inf\{\, a_n \mid n \geq k \}$$
$$B_k = \sup\{\, a_n \mid n \geq k \}$$

라 정의하자. 완비성 공리에 의해서 $\mathbb{R}$ 의 공집합이 아닌 부분집합 E가 위로 유계이면 상한 $\sup E$는 실수가 되고, 즉 $-\infty < \sup E < \infty$ 이고, 그렇지 않으면 상한은 ∞ 임을 기억하자.

정의로부터 모든 $k \in \mathbb{N}$ 에 대하여 $A_k \leq B_k$ 이고, 수열 $\{A_k\}$와 $\{B_k\}$는 모든 자연수 k 에 대하여

$$A_k \leq A_{k+1} \text{ 이고 } B_k \geq B_{k+1} \quad \cdots\cdots (2.2)$$

이다. 위 식 (2.2)가 성립함을 보이기 위해

$$E_k = \{\, a_n \mid n \geq k \}$$

라 하면 $E_{k+1} \subset E_k$ 이다. 따라서 모든 $n \geq k$ 에 대하여 $a_n \leq B_k$

이다. 특히 모든 $n \geq k+1$에 대하여

$$a_n \leq B_k$$

이다. 그러므로 $B_{k+1} = \sup E_{k+1} \leq B_k$ 이다. 비슷하게, 수열 $\{A_k\}$가 증가수열임을 보일 수 있다.

식 (2.2)의 결과, 수열 $\{A_k\}$는 증가수열이고 수열 $\{B_k\}$는 감소수열이다. 그러므로 단조수렴정리(2.3절 정리 1)와 2.3절 정리 2에 의해서 두 수열 $\{A_k\}$와 $\{B_k\}$는 항상 $\mathbb{R} \cup \{-\infty, \infty\}$에서 극한을 갖는다.

정의 01

수열 $\{a_n\}$에 대하여 $\{a_n\}$의 **상극한**(limit superior)을 다음과 같이 수열$\{B_k\}$의 극한으로 정의하고 $\overline{\lim_{n\to\infty}}\, a_n$ 로 나타낸다.

$$\lim_{k\to\infty} B_k = \lim_{n\to\infty} \sup\{a_n \mid n \ge k\} = \inf_{k\in N} \sup\{a_n \mid n \ge k\}$$

그리고 $A_k = \inf\{a_n \mid n \ge k\}$인 수열 $\{A_k\}$에 대하여 극한

$$\lim_{k\to\infty} A_k = \sup_{k\in N} \inf\{a_n \mid n \ge k\}$$

를 $\{a_n\}$의 **하극한**(limit inferior)이라 정의하고 $\underline{\lim_{n\to\infty}}\, a_n$ 로 나타낸다.

예제 1

수열 $\{1+(-1)^n\}$의 상극한과 하극한을 구하시오.

풀이 $a_n = 1+(-1)^n$ 이라 하면

$$a_n = \begin{cases} 2, & n \text{ 이 짝수} \\ 0, & n \text{ 이 홀수} \end{cases}$$

이다. 따라서 모든 k 에 대하여

$$A_k = \inf\{a_n \mid n \ge k\} = 0,$$
$$B_k = \sup\{a_n \mid n \ge k\} = 2$$

이다. 그러므로

$$\overline{\lim_{n\to\infty}}\, a_n = 2 \text{ 이고 } \underline{\lim_{n\to\infty}}\, a_n = 0$$

이다. ◢

예제 2

수열 $\left\{(-1)^n + \frac{1}{n}\right\}$의 상극한과 하극한을 구하시오.

풀이 $a_n = (-1)^n + \frac{1}{n}$이라 하면

$$a_n = \begin{cases} -1 + \frac{1}{n}, & n \text{ 이 짝수} \\ 1+\frac{1}{n}, & n \text{ 이 홀수} \end{cases}$$

이다. 상극한과 하극한을 구하기 위해 $E_k = \{ a_n \mid n \ge k \}$ 라 하자. k 가 짝수이면

$$E_k = \left\{ 1 + \frac{1}{k},\ -1 + \frac{1}{k+1},\ 1 + \frac{1}{k+2},\ \cdots \right\}$$

이므로

$$B_k = \sup E_k = 1 + \frac{1}{k} \text{ 이고 } A_k = \inf E_k = -1$$

이다. 비슷하게, k 가 홀수이면

$$B_k = \sup E_k = 1 + \frac{1}{k+1} \text{ 이고 } A_k = \inf E_k = -1$$

임을 알 수 있다. 결과적으로, 모든 $k \in \mathbb{N}$ 에 대하여

$$A_k = -1 \text{ 이고 } B_k = \begin{cases} 1 + \frac{1}{k}, & k \text{ 가 짝수} \\ 1 + \frac{1}{k+1}, & k \text{ 가 홀수} \end{cases}$$

이다. 그러므로

$$\overline{\lim_{n \to \infty}}\, a_n = 1 \text{ 이고 } \underline{\lim_{n \to \infty}}\, a_n = -1$$

이다. ◢

정리 01

$\{a_n\}$ 이 수열이다.

(1) $\overline{\lim_{n \to \infty}}\, a_n = \beta \in \mathbb{R}$ 일 필요충분조건은 모든 $\epsilon > 0$ 에 대하여 다음 두 조건이 성립하는 것이다.

(a) 적당한 $N \in \mathbb{N}$ 이 존재하여 $n \ge N$ 이면 $a_n < \beta + \epsilon$ 이다.

(b) 임의의 $m \in \mathbb{N}$ 에 대하여 $k \ge m$ 인 적당한 자연수 k 가 존재하여 $a_k > \beta - \epsilon$ 이다.

(2) $\overline{\lim_{n \to \infty}}\, a_n = \infty$ 일 필요충분조건은 임의의 M 과 $n \in \mathbb{N}$ 에 대하여 $N \ge n$ 인 적당한 $N \in \mathbb{N}$ 이 존재하여 $a_N \ge M$ 이 성립하는 것이다.

(3) $\overline{\lim_{n \to \infty}}\, a_n = -\infty$ 일 필요충분조건은 $\lim_{n \to \infty} a_n = -\infty$ 이다.

증명 (2)와 (3)의 증명은 독자들에게 연습문제(연습문제 3)로 남기고 여기서는 (1)만을 증명하도록 하자.

충분성 : $k \in \mathbb{N}$ 에 대하여 $B_k = \sup\{a_n \mid n \geq k\}$라 하자.

(a) $\epsilon > 0$ 이라 하자.

$$\beta = \overline{\lim_{n\to\infty}}\, a_n = \lim_{k\to\infty} B_k = \inf\{B_k \mid k \in \mathbb{N}\}$$

이므로 1.4절 정리 2의 (2)에 의해서

$$\beta \leq B_N < \beta + \epsilon$$

인 적당한 자연수 N이 존재한다. $B_N = \sup\{a_n \mid n \geq N\}$이므로 $n \geq N$이면

$$a_n < \beta + \epsilon$$

이다.

(b) $m \in \mathbb{N}$ 이라 하자. $\lim\limits_{k\to\infty} B_k = \beta$ 이고 $\{B_k\}$가 감소수열이드로 모든 k에 대하여 $B_k \geq \beta$이고, 따라서 $B_m \geq \beta$이다. 정의에 의해서 $B_m = \sup\{a_n \mid n \geq m\}$이므로 1.4절 정리 2의 (1)에 의해서 임의의 $\epsilon > 0$ 에 대하여 $k \geq m$ 인 적당한 $k \in \mathbb{N}$ 가 존재하여

$$a_k > B_m - \epsilon \geq \beta - \epsilon$$

이다.

필요성 : $\epsilon > 0$ 이라 하면 (a)에 의해서 적당한 $N \in \mathbb{N}$ 이 존재하여 $n \geq N$이면 $a_n < \beta + \frac{\epsilon}{2}$이다. 따라서

$$B_N = \sup\{a_n \mid n \geq N\} \leq \beta + \frac{\epsilon}{2}$$

이다. $\{B_k\}$가 감소수열이므로 $k \geq N$인 모든 자연수 k에 대하여

$$B_k \leq \beta + \frac{\epsilon}{2}$$

이고, 따라서

$$\overline{\lim_{n\to\infty}}\, a_n \leq \beta + \frac{\epsilon}{2} < \beta + \epsilon$$

이다. 그런데 ϵ 이 임의의 양수이므로

$$\overline{\lim_{n\to\infty}}\, a_n \leq \beta \quad \cdots\cdots \text{(2.3)}$$

이다.

한편, (b)로부터 모든 $m \in \mathbb{N}$ 에 대하여 $k \geq m$인 적당한 $k \in \mathbb{N}$ 가 존재하여 $a_k > \beta - \frac{\epsilon}{2}$ 이므로

$$B_m = \sup\{a_n \mid n \geq m\} \geq \beta - \frac{\epsilon}{2}$$

이고, 따라서

$$\overline{\lim_{n\to\infty}}\, a_n \geq \beta - \frac{\epsilon}{2} > \beta - \epsilon$$

이다. $\epsilon > 0$ 이 임의의 상수이므로

$$\overline{\lim_{n\to\infty}}\, a_n \geq \beta \quad \cdots\cdots (2.4)$$

가 성립한다. 그러므로 식 (2.3)과 (2.4)로부터

$$\overline{\lim_{n\to\infty}}\, a_n = \beta$$

이다. ◢

정리 1과 비슷하게 다음 정리를 보일 수 있다. 자세한 증명은 독자들에게 연습문제 (연습문제 4)로 남긴다.

정리 02

$\{a_n\}$이 수열이다.

(1) $\underline{\lim_{n\to\infty}}\, a_n = \alpha \in \mathbb{R}$ 일 필요충분조건은 모든 $\epsilon > 0$에 대하여 다음 두 조건이 성립하는 것이다.

(a) 적당한 $N \in \mathbb{N}$ 이 존재하여 $n \geq N$ 이면 $a_n > \alpha - \epsilon$ 이다.

(b) 임의의 $m \in \mathbb{N}$ 에 대하여 $k \geq m$ 인 적당한 자연수 k가 존재하여 $a_k < \alpha + \epsilon$ 이다.

(2) $\underline{\lim_{n\to\infty}}\, a_n = -\infty$ 일 필요충분조건은 임의의 M 과 $n \in \mathbb{N}$ 에 대하여 $N \geq n$ 인 적당한 $N \in \mathbb{N}$ 이 존재하여 $a_N \leq M$ 이 성립하는 것이다.

(3) $\underline{\lim_{n\to\infty}}\, a_n = \infty$ 일 필요충분조건은 $\lim_{n\to\infty} a_n = \infty$ 이다.

따름정리 01

수열 $\{a_n\}$에 대하여 $\overline{\lim_{n\to\infty}}\, a_n = \underline{\lim_{n\to\infty}}\, a_n$ 일 필요충분조건은 극한 $\lim_{n\to\infty} a_n$ 이 $\mathbb{R} \cup \{-\infty, \infty\}$ 에서 존재하는 것이다.

증명 **충분성** : $\overline{\lim_{n\to\infty}} a_n = \underline{\lim_{n\to\infty}} a_n = \alpha \in \mathbb{R}$ 라 가정하고 $\epsilon > 0$ 이라 하자. 정리 1과 정리 2에 의해서 적당한 자연수 N_1 과 N_2 가 존재하여

$$n \geq N_1 \text{ 이면 } a_n < \alpha + \epsilon,$$
$$n \geq N_2 \text{ 이면 } a_n > \alpha - \epsilon$$

이다. 따라서 $n \geq \max\{N_1, N_2\}$ 이면

$$\alpha - \epsilon < a_n < \alpha + \epsilon, \text{ 즉 } \lim_{n\to\infty} a_n = \alpha$$

이다. 비슷하게, $\alpha = \infty$ 또는 $\alpha = -\infty$ 인 경우도 증명할 수 있다.

필요성 : $\lim_{n\to\infty} a_n = \alpha \in \mathbb{R}$ 라 하면, 임의의 $\epsilon > 0$ 에 대하여 적당한 $N \in \mathbb{N}$ 이 존재하여 $n \geq N$ 이면

$$|a_n - \alpha| < \epsilon, \text{ 즉 } \alpha - \epsilon < a_n < \alpha + \epsilon$$

이다. 따라서 $n \geq N$ 이면

$$\alpha - \epsilon \leq \underline{\lim_{n\to\infty}} a_n \leq \overline{\lim_{n\to\infty}} a_n \leq \alpha + \epsilon$$

이다. 그런데 $\epsilon > 0$ 이 임의의 상수이므로

$$\overline{\lim_{n\to\infty}} a_n = \underline{\lim_{n\to\infty}} a_n = \alpha$$

이다. $\alpha = \infty$ 또는 $\alpha = -\infty$ 인 경우도 쉽게 보일 수 있으므로 여기서 증명은 생략한다. ◢

다음은 수열의 부분수열극한과 상극한(또는 하극한) 사이의 관계를 나타내어 주는 정리로서 실제로 상극한과 하극한을 구하는 데 대우 유용한 결과이다.

정리 03

수열 $\{a_n\}$에 대하여 $\mathbb{R} \cup \{-\infty, \infty\}$ 에서 $\{a_n\}$의 부분수열극한의 집합을 S 라 하면 $\overline{\lim_{n\to\infty}} a_n$ 과 $\underline{\lim_{n\to\infty}} a_n$ 이 S 에 속하며,

(1) $\overline{\lim_{n\to\infty}} a_n = \sup S$ 이고,

(2) $\underline{\lim_{n\to\infty}} a_n = \inf S$ 이다.

증명 연습문제 7. ◢

참고 정리 3에서는 **확장된 실수체계**(extended real number system) $\mathbb{R} \cup \{-\infty, \infty\}$를 생각하므로 ∞(또는 $-\infty$)로 발산하는 $\{a_n\}$의 적당한 부분수열이 존재하면 ∞(또는 $-\infty$)가 $\{a_n\}$의 부분수열극한이 된다는 사실, 즉 $\infty \in S$(또는 $-\infty \in S$)라는 사실에 유의하라. ◢

예제 3 (Revisited)

$a_n = (-1)^n + \frac{1}{n}$ 인 수열 $\{a_n\}$의 상극한과 하극한을 구하시오.

풀이 2.4절의 예제 1에 의해서 수열 $\{a_n\}$의 부분수열극한의 집합이 $S = \{-1, 1\}$이므로 정리 3에 의해서

$$\overline{\lim_{n\to\infty}}\, a_n = 1 \text{ 이고 } \underline{\lim_{n\to\infty}}\, a_n = -1$$

이다.(예제 2와 비교하여 보라) ◢

예제 4

$a_n = \sin\frac{n\pi}{2}$ 일 때 수열 $\{a_n\}$의 상극한과 하극한을 구하시오.

풀이 n 이 짝수, 즉 $n = 2k$ 이면

$$a_{2k} = 0$$

이다. 한편, n 이 홀수, 즉 $n = 2k+1$ 이면

$$a_{2k+1} = \sin\frac{(2k+1)\pi}{2} = (-1)^k$$

이다. 따라서 수열 $\{a_n\}$의 부분수열극한의 집합은 $S = \{-1, 0, 1\}$이다.(2.4절의 예제 1과 같이 증명하여 보라) 그러므로 정리 3에 의해서

$$\overline{\lim_{n\to\infty}}\, a_n = 1 \text{ 이고 } \underline{\lim_{n\to\infty}}\, a_n = -1$$

이다. ◢

2.5 연습문제

01 다음 각 수열의 상극한과 하극한을 구하시오.

(1) $\{n(1+(-1)^n)\}$

(2) $\left\{(1-(-1)^n)\sin\frac{n\pi}{4}\right\}$

(3) $\left\{n\sin\frac{n\pi}{4}\right\}$

(4) $\left\{\frac{1+(-1)^n n}{n+1}\right\}$

(5) $\left\{\frac{1}{n}+n(1+\cos n\pi)\right\}$

(6) $\left\{\frac{n-n^2}{1+n^2}\right\}$

02 수열 $\{a_n\}$에 대하여 $\overline{\lim_{n\to\infty}}\,|a_n|=0$ 이면 $\lim_{n\to\infty} a_n=0$ 임을 보이시오.

03 정리 1의 (2)와 (3)을 보이시오.

04 정리 2를 보이시오.

05 유계인 두 수열 $\{a_n\}$과 $\{b_n\}$에 대하여 다음을 보이시오.

(1) $\underline{\lim_{n\to\infty}}\,a_n+\underline{\lim_{n\to\infty}}\,b_n \le \underline{\lim_{n\to\infty}}\,(a_n-b_n) \le \overline{\lim_{n\to\infty}}\,(a_n+b_n) \le \overline{\lim_{n\to\infty}}\,a_n+\overline{\lim_{n\to\infty}}\,b_n$

(2) $\underline{\lim_{n\to\infty}}\,(-a_n)=-\overline{\lim_{n\to\infty}}\,a_n$

06 모든 $n \in \mathbb{N}$에 대하여 a_n , $b_n > 0$이고 $\left(\overline{\lim_{n\to\infty}} a_n\right)\left(\overline{\lim_{n\to\infty}} b_n\right)$의 곱이 $0 \cdot \infty$형태가 아니면

$$\overline{\lim_{n\to\infty}}\,(a_n b_n) \le \left(\overline{\lim_{n\to\infty}}\,a_n\right)\left(\overline{\lim_{n\to\infty}}\,b_n\right)$$

이 성립함을 보이시오.

07 정리 3을 보이시오.

08 유계수열 $\{a_n\}$의 수렴하는 모든 부분수열의 극한이 같으면 수열 $\{a_n\}$은 수렴함을 보이시오.

09 $a_1 = 0$이고, $n \ge 1$이면

$$a_{2n} = \frac{a_{2n-1}}{2}\,, \quad a_{2n+1} = \frac{1}{2} + a_{2n}$$

일 때 수열 $\{a_n\}$의 상극한과 하극한을 구하시오.

10 모든 $n \in \mathbb{N}$에 대하여 $a_n, b_n \ge 0$인 두 수열 $\{a_n\}$과 $\{b_n\}$이 $\overline{\lim_{n\to\infty}} a_n = a\,(0 \le a \le \infty)$이고 $\lim_{n\to\infty} b_n = b\ (0 < b < \infty)$이다. 이 경우 $\overline{\lim_{n\to\infty}} a_n b_n = ab$임을 보이시오.

2.6 코시 수열

수열 $\{a_n\}$이 수렴함을 보이기 위해서 지금까지는 극한의 정의 또는 단조수렴정리를 이용하였다. 그러나 극한의 정의를 이용하기 위해서는 $\{a_n\}$의 극한을 알아야만 하고, 단조수렴정리를 이용하기 위해서는 수열 $\{a_n\}$이 반드시 단조수열이어야만 한다.

이 절에서는 수열의 수렴성을 보일 수 있는 또 다른 판정법을 소개한다.

정의 01

모든 $\epsilon > 0$에 대하여 적당한 자연수 N이 존재하여 $n, m \geq N$이면

$$|a_n - a_m| < \epsilon$$

일 때 수열 $\{a_n\}$을 **코시 수열**(Cauchy sequence)이라 한다.

참고 정의 1에서 코시 수열 $\{a_n\}$의 정의는 다음과 동치이다.

> 임의의 $\epsilon > 0$과 모든 $k \in \mathbb{N}$에 대하여 ϵ에만 의존하는 자연수 $N = N(\epsilon)$이 존재하여 $n \geq N$이면 $|a_{n+k} - a_n| < \epsilon$이다.

그러므로 $\{a_n\}$이 코시 수열이면 모든 $k \in \mathbb{N}$에 대하여

$$\lim_{n\to\infty} |a_{n-k} - a_n| = 0$$

이다. 그러나 그 역은 참이 아니다. 즉, 수열 $\{a_n\}$이 고정된 각 자연수 k에 대하여 $\lim_{n\to\infty} |a_{n+k} - a_n| = 0$을 만족시키더라도 $\{a_n\}$은 코시 수열이 아닐 수 있다.(연습문제 2 참고) ◢

정리 01

모든 코시 수열은 유계이다.

증명 $\{a_n\}$을 코시 수열이라 하고 $\epsilon = 1$로 택하자. 코시 수열의 정의에 의해서 적당한 $N \in \mathbb{N}$이 존재하여 $n, m \geq N$이면

$$|a_n - a_m| < 1$$

이다. 따라서 삼각부등식에 의해서 $n \geq N$이면

$$|a_n| = |a_n - a_N + a_N| \leq |a_n - a_N| + |a_N| < 1 + |a_N|$$

이다. 이제

$$M = \max\{1 + |a_N|,\ |a_1|,\ \cdots,\ |a_{N-1}|\}$$

이라 하면 모든 $n \in \mathbb{N}$ 에 대하여 $|a_n| \le M$ 이다. 그러므로 $\{a_n\}$은 유계이다. ◢

정리 02 **코시 수렴 판정법(Cauchy convergence criterion)**

수열 $\{a_n\}$이 수렴할 필요충분조건은 수열 $\{a_n\}$이 코시 수열인 것이다.

증명 **충분성** : $\lim_{n\to\infty} a_n = a$ 라 하면 모든 $\epsilon > 0$ 에 대하여 적당한 $N \in \mathbb{N}$ 이 존재하여 $n \ge N$인 모든 자연수 n 에 대하여

$$|a_n - a| < \frac{\epsilon}{2}$$

이다. 따라서 $n, m \ge N$ 이면 삼각부등식에 의해서

$$|a_n - a_m| \le |a_n - a| + |a - a_m| < \frac{\epsilon}{2} + \frac{\epsilon}{2} = \epsilon$$

이다. 그러므로 $\{a_n\}$은 코시 수열이다.

필요성 : 정리 1에 의해서 수열 $\{a_n\}$은 유계이고, 따라서 수열에 대한 볼차노-바이어슈트라스 정리(정리 4)에 의해서 적당한 $a \in \mathbb{R}$ 에 대하여

$$\lim_{k\to\infty} a_{n_k} = a$$

인 $\{a_n\}$의 부분수열 $\{a_{n_k}\}$가 존재한다. $\epsilon > 0$ 이라 하자. $\{a_n\}$이 코시 수열이므로 적당한 $N_1 \in \mathbb{N}$ 이 존재하여 $n, m \ge N_1$ 이면

$$|a_n - a_m| < \frac{\epsilon}{2}$$

이다. 그리고 $\lim_{k\to\infty} a_{n_k} = a$ 이므로 $k \ge N_2$ 인 모든 자연수 k 에 대하여

$$|a_{n_k} - a| < \frac{\epsilon}{2}$$

인 자연수 N_2 가 존재한다.

$$N = \max\{N_1,\ N_2\}$$

라 하고 $k \ge N$인 자연수 n_k를 택하면 $n_k \ge N_2$ 이다. 이제 $n \ge N$이면 삼각부등식에 의해서

$$|a_n - a| \le |a_n - a_{n_k}| + |a_{n_k} - a| < \frac{\epsilon}{2} + \frac{\epsilon}{2} = \epsilon$$

이다. 그러므로 $\lim_{n\to\infty} a_n = a$ 이다. ◢

예제 1

모든 $n \in \mathrm{N}$ 에 대하여

$$a_n = 1 + \frac{1}{2^2} + \cdots + \frac{1}{n^2}$$

인 수열 $\{a_n\}$은 코시 수열임을 보이시오.

풀이 $k \in \mathrm{N}$ 에 대하여

$$\begin{aligned} |a_{n+k} - a_n| &= \frac{1}{(n+1)^2} + \cdots + \frac{1}{(n+k)^2} \\ &\le \left[\left(\frac{1}{n} - \frac{1}{n+1}\right)\right] + \cdots + \left(\frac{1}{n+k-1} - \frac{1}{n+k}\right)\right] \\ &= \frac{1}{n} - \frac{1}{n+k} \end{aligned}$$

이다. 수열 $\left\{\frac{1}{n}\right\}$은 수렴하므로 코시 수열이고, 따라서 모든 $\epsilon > 0$과 $k \in \mathrm{N}$ 에 대하여 $n \ge N$이면

$$\left|\frac{1}{n} - \frac{1}{n+k}\right| < \epsilon$$

인 자연수 N이 존재한다. 따라서 모든 $n \ge N$인 자연수 n과 $k \in \mathrm{N}$ 에 대하여

$$|a_{n-k} - a_n| < \epsilon$$

이다. 그러므로 수열 $\{a_n\}$은 코시 수열이다. ◢

예제 2

$0 < a_1 < 1$이고 $n \ge 1$ 에 대하여

$$a_{n+1} = \frac{1}{3}\left(a_n^2 + 1\right)$$

인 수열 $\{a_n\}$이 수렴함을 보이고, 그 극한을 구하시오.

풀이 $0 < a_1 < 1$이므로 $0 < a_2 < 1$이고, 귀납적으로 모든 $n \in \mathrm{N}$에 대하여 $0 < a_n < 1$이다. (수학적 귀납법을 이용하여 증명하여 보라) 따라서 $n \ge 2$이면 삼각부등식에 의해서

$$\begin{aligned}|a_{n+1}-a_n| &= \left|\frac{1}{3}(a_n^2+1)-\frac{1}{3}(a_{n-1}^2+1)\right| \\ &= \frac{1}{3}|(a_n-a_{n-1})(a_n+a_{n-1})| \\ &\le \frac{1}{3}|a_n-a_{n-1}|(|a_n|+|a_{n-1}|) \\ &\le \frac{2}{3}|a_n-a_{n-1}| \\ &\vdots \\ &\le \left(\frac{2}{3}\right)^{n-1}\cdot|a_2-a_1|\end{aligned}$$

이다. 그러므로 임의의 자연수 k에 대하여

$$\begin{aligned}|a_{n+k}-a_n| &\le |a_{n+k}-a_{n+k-1}|+|a_{n+k-1}-a_{n+k-2}|+\cdots+|a_{n+1}-a_n| \\ &\le \left(\left(\frac{2}{3}\right)^{n+k-2}+\left(\frac{2}{3}\right)^{n+k-3}+\cdots+\left(\frac{2}{3}\right)^{n-1}\right)\cdot|a_2-a_1| \\ &= \left(\frac{2}{3}\right)^{n-1}\cdot\left(\left(\frac{2}{3}\right)^{k-1}+\left(\frac{2}{3}\right)^{k-2}+\cdots+1\right)\cdot|a_2-a_1| \\ &= \left(\frac{2}{3}\right)^{n-1}\cdot\frac{1-\left(\frac{2}{3}\right)^k}{1-\frac{2}{3}}\cdot|a_2-a_1| \\ &\le \left(\frac{2}{3}\right)^{n-1}\cdot 3|a_2-a_1|\end{aligned}$$

이다. $\epsilon>0$이라 하면 $3|a_2-a_1|\cdot\lim_{n\to\infty}\left(\frac{2}{3}\right)^{n-1}=0$ 이므로 $n\ge N$이면

$$3|a_2-a_1|\left(\frac{2}{3}\right)^{n-1}<\epsilon$$

인 ϵ에만 의존하는 자연수 N이 존재한다.(여기서 N은 k에 의존하지 않는다) 결과적으로, 모든 $k\in\mathbb{N}$와 $n\ge N$인 자연수 n에 대하여

$$|a_{n+k}-a_n|<\epsilon$$

이다. 그러므로 $\{a_n\}$은 코시 수열이고, 따라서 수렴한다.

마지막으로, 극한을 구하기 위해 $\lim_{n\to\infty}a_n=a$ 라 하면 $\lim_{n\to\infty}a_{n+1}=a$ 이므로

$$a=\lim_{n\to\infty}a_{n+1}=\lim_{n\to\infty}\frac{1}{3}(a_n^2+1)=\frac{1}{3}(a^2+1)$$

이 성립한다. 모든 $n\in\mathbb{N}$에 대하여 $0<a_n<1$이므로 $0\le a\le 1$이고, 그러므로 $a=\dfrac{3-\sqrt{5}}{2}$이다.

◢

이 절을 마치기 전에 수열 $\{a_n\}$이 코시 수열, 따라서 수렴하는 수열임을 보일 때 자주 접하게 되는 위 예제 2에 소개된 내용을 일반화한 축약수열(contractive sequence)에 관하여 살펴보자.

정의 02 **축약수열(contractive sequence)**

모든 $n \geq 2$ 인 자연수 n 에 대하여

$$|a_{n+1} - a_n| \leq r|a_n - a_{n-1}|$$

인 실수 $0 < r < 1$ 이 존재하면 수열 $\{a_n\}$을 **축약수열**이라 한다.

정리 03

모든 축약수열은 코시 수열, 즉 수렴하는 수열이다. 또한 $\{a_n\}$이 축약수열이고 $\lim_{n\to\infty} a_n = a$ 이면 다음이 성립한다.

(1) $|a_n - a| \leq \dfrac{r^{n-1}}{1-r}|a_2 - a_1|$

(2) $|a_n - a| \leq \dfrac{r}{1-r}|a_n - a_{n-1}|$

여기서 $0 < r < 1$ 은 정의 2에서 정의된 상수이다.

증명 연습문제 3.

2.6 연습문제

01 $n \in \mathrm{N}$ 에 대하여

$$a_n = 1 + \frac{1}{2!} + \frac{1}{3!} + \cdots + \frac{1}{n!}$$

인 수열 $\{a_n\}$은 코시 수열임을 보이시오.

02 $n \in \mathrm{N}$ 에 대하여

$$a_n = 1 + \frac{1}{2} + \cdots + \frac{1}{n}$$

이라 하자.

(1) $\{a_n\}$이 코시 수열이 아님을, 즉 발산함을 보이시오.

(2) 고정된 각 $k \in \mathrm{N}$ 에 대하여 $\lim_{n \to \infty} |a_{n+k} - a_n| = 0$ 임을 보이시오.

03 정리 3을 보이시오.

04 $a_1 > 0$ 이고 $n \geq 2$ 이면

$$a_n = \frac{1}{2 + a_{n-1}}$$

인 수열 $\{a_n\}$은 축약수열임을 보이고, 그 극한을 구하시오.

05 a_1 , a_2 는 $a_1 \neq a_2$ 인 임의의 실수이고 $0 < b < 1$이다. $n \geq 3$ 에 대하여

$$a_n = b\,a_{n-1} + (1-b)\,a_{n-2}$$

라 하면 수열 $\{a_n\}$은 수렴함을 보이고, 그 극한을 구하시오.

06 $0 < a_1 < 1$이고 $n \in \mathbb{N}$ 에 대하여

$$a_{n+1} = \frac{1}{5}\left(a_n^2 + 2\right)$$

인 수열 $\{a_n\}$에 대하여 다음 물음에 답하시오.

(1) $\{a_n\}$이 축약수열임을 보이시오.

(2) $a_1 = \dfrac{1}{2}$일 때 $\{a_n\}$의 극한 a를 구하고, 정리 3의 (2)를 이용하여 $|a_n - a| < 10^{-4}$가 되는 n 의 값을 구하시오.

3 점집합의 구조

이 장에서는 위상(topology)이라 알려진 함수의 극한과 연속의 이론에 기본이 되는 몇 가지 개념들과 실수의 집합 $\mathbb{R}$ 에서 점집합들(point sets)의 구조에 대하여 소개한다.

3.1절에서는 실수의 집합 $\mathbb{R}$ 의 임의의 부분집합에 대한 열린 집합(open set)과 닫힌 집합(closed set)을 정의하고, 3.2절에서는 콤팩트 집합(compact set)의 개념을 소개하고 $\mathbb{R}$ 의 콤팩트 부분집합(compact subset)의 특징을 살펴본다.

3.1 열린 집합과 닫힌 집합

이 절에서는 앞선 두 장에서 이미 소개한 실수의 집합 $\mathbb{R}$ 에서 정의되는 열린 구간과 닫힌 구간의 개념을 포함하는 $\mathbb{R}$ 의 임의의 부분집합에 대한 열린 집합(open set)과 닫힌 집합(closed set)을 정의하고 그 특징에 관하여 살펴본다. 우선 어떤 집합의 내점(interior point), 내부(interior), 경계(boundary)의 개념을 정의한다.

정의 01

$E \subset \mathbb{R}$ 일 때 점 $a \in E$ 의 적당한 ϵ −근방 $N_\epsilon(a)$가 존재하여 $N_\epsilon(a) \subset E$를 만족하면 점 a를 E의 **내점**(interior point)이라 한다. 그리고 E의 모든 내점들의 집합을 E의 **내부**(interior)라 하고 $\mathrm{Int}(E)$로 나타낸다.

예제 1

$a < b$이고 $E = [a, b)$일 때 E의 내부 $\mathrm{Int}(E)$를 구하시오.

풀이 $a < x < b$인 모든 점 x는 E의 내점이다. 왜냐하면

$$0 < \epsilon < \min\{|x-a|, |b-x|\}$$

인 ϵ을 택하면 $N_\epsilon(x) \subset E$이기 때문이다.

그러나 임의의 $\epsilon > 0$에 대하여 $N_\epsilon(a) = (a-\epsilon, a+\epsilon)$과 $N_\epsilon(b) = (b-\epsilon, b+\epsilon)$은 항상 E에 속하지 않는 점들을 포함하므로 a와 b는 E의 내점이 될 수 없다. 그러므로

$$\mathrm{Int}(E) = (a, b)$$

이다. ◢

정의 02

$E \subset \mathbb{R}$일 때 점 $a \in \mathbb{R}$의 임의의 ϵ-근방 $N_\epsilon(a)$가 집합 E와 E^c의 점들을 동시에 포함하면 점 a를 E의 **경계점**(boundary point)이라 하고, E의 모든 경계점들의 집합을 E의 **경계**(boundary)라 한다.

예제 2

예제 1에서 정의된 집합 $E = [a, b)$, $a < b$의 경계점은 a와 b 밖에 없다. 따라서 E의 경계는 $\{a, b\}$이다. ◢

정의 03 열린 집합과 닫힌 집합(Open and closed sets)

$O, F \subset \mathbb{R}$이다.

(1) 집합 O의 모든 점들이 O의 내점이면 집합 O를 **열린 집합**(open set)이라 한다.

(2) 집합 $F^c = \mathbb{R} / F$가 열린 집합이면 집합 F를 **닫힌 집합**(closed set)이라 한다.

참고 위 정의에 의해서 집합 $O \subset \mathbb{R}$가 열린 집합일 필요충분조건은 임의의 점 $a \in O$에 대하여 $N_\epsilon(a) \subset O$인 적당한 점 a의 ϵ-근방이 존재하는 것이다. ◢

예제 3

(1) 임의의 점 $a \in \mathbb{R}$와 $\epsilon > 0$에 대하여 $N_\epsilon(a) \subset \mathbb{R}$이므로 $\mathbb{R}$는 열린 집합이다.

따라서 $\varnothing = \mathbb{R}^c$는 닫힌 집합이다. 그러나 공집합 $\varnothing$는 어떤 점도 포함하고 있지 않으므로 정의 2의 (1)은 허무하게 참(vacuously true)이 된다. 그러므로 $\varnothing$는 열린 집합이고, 따라서 $\mathbb{R}$는 닫힌 집합도 된다.

(2) 점 $a \in \mathbb{R}$의 임의의 ϵ-근방 $N_\epsilon(a)$는 열린 집합이다. 이를 보이기 위해 $b \in N_\epsilon(a)$라 하면 $|a-b| < \epsilon$이다. 이제 $0 < \delta \le \epsilon - |a-b|$인 적당한 δ를 택하자. $x \in N_\delta(b)$이면

$$\begin{aligned} |x-a| &\le |a-b| + |x-b| \\ &< |a-b| + \delta \\ &\le |a-b| + \epsilon - |a-b| = \epsilon \end{aligned}$$

이므로 $N_\delta(b) \subset N_\epsilon(a)$이다. 따라서 b는 $N_\epsilon(a)$의 내점이다. $b \in N_\epsilon(a)$가 임의의 점이므로 $N_\epsilon(a)$는 열린 집합이다. ◢

정리 01

$\mathbb{R}$ 에서 정의되는 모든 열린 구간은 $\mathbb{R}$ 의 열린 부분집합(open subset)이다.

증명 연습문제 2. ◢

정리 02

(1) $\mathbb{R}$ 의 열린 부분 집합들의 임의의 집합 $\{O_\alpha \mid \alpha \in A\}$에 대하여 $\bigcup_{\alpha \in A} O_\alpha$는 열린 집합이다.

(2) $\mathbb{R}$ 의 열린 부분 집합들의 임의의 유한집합 $\{O_1, \cdots, O_n\}$에 대하여 $\bigcap_{i=1}^{n} O_i$는 열린 집합이다.

증명 (1)의 증명은 연습문제(연습문제 6)로 남기고 여기서는 (2)만을 보이도록 한다.

만약 $\bigcap_{i=1}^{n} O_i = \varnothing$이면 자명하므로

$$a \in O = \bigcap_{i=1}^{n} O_i$$

라 가정하자. 그러면 모든 $1 \le i \le n$에 대하여 $a \in O_i$이다. O_i가 열린 집합이므로 적당한 $\epsilon_i > 0$가 존재하여

$$N_{\epsilon_i}(a) \subset O_i$$

이다. 이제 $\epsilon = \min\{\epsilon_1, \cdots, \epsilon_n\}$이라 하자. 그러면 $\epsilon > 0$이고 모든 $1 \le i \le n$에 대하여 $N_\epsilon(a) \subset O_i$이다. 따라서 $N_\epsilon(a) \subset O$이다. $a \in O$가 임의의 점이므로 O는 열린 집합이다. ◢

$\mathbb{R}$ 의 닫힌 부분 집합에 대하여 위 결과와 비슷한 다음의 정리를 얻을 수 있다. 증명은 드 모르간(De Morgan) 법칙을 이용하면 쉽게 보일 수 있으므로 생략한다.

정리 03

(1) $\mathbb{R}$ 의 닫힌 부분집합들의 임의의 집합 $\{F_\alpha \mid \alpha \in A\}$에 대하여 $\bigcap_{\alpha \in A} F_\alpha$는 닫힌 집합이다.

(2) $\mathbb{R}$ 의 닫힌 부분집합들의 임의의 유한 집합 $\{F_1, \cdots, F_n\}$에 대하여 $\bigcup_{i=1}^{n} F_i$ 는 닫힌 집합이다.

다음 예제를 통하여 $\mathbb{R}$ 의 열린 부분집합들의 무한 교집합은 일반적으로 열린 집합이 아님을 알 수 있다.(정리 2의 (2)와 비교하여 보라)

예제 4

(1) 각 자연수 n에 대하여 $O_n = \left(-\frac{1}{n}, \frac{1}{n}\right)$이라 하면 각 O_n은 열린 집합이지만

$$O = \bigcap_{n=1}^{\infty} O_n = \{0\}$$

이므로 O는 열린 집합이 아니다.(이유는?)

(2) 각 $n \in \mathbb{N}$ 에 대하여 $G_n = \left(0, 1 + \frac{1}{n}\right)$이라 하면 각 G_n은 열린 집합이지만

$$\hat{O} = \bigcap_{n=1}^{\infty} O_n = (0, 1]$$

이므로 $\hat{O}$은 열린 집합도 닫힌 집합도 아니다. ◢

다음 정리는 $\mathbb{R}$ 의 닫힌 부분집합의 특징을 나타내어 준다.

정리 04

$\mathbb{R}$ 의 부분집합 F가 닫힌 집합일 필요충분조건은 F가 자신의 모든 극한점들을 포함하는 것이다.

증명 F가 닫힌 집합이라 가정하면 정의에 의해서 F^c는 열린 집합이고, 따라서 모든 $a \in F^c$에 대하여

$$N_\epsilon(a) \subset F^c, \text{ 즉 } N_\epsilon(a) \cap F = \varnothing$$

인 적당한 $\epsilon > 0$ 이 존재한다. 결론적으로, F^c의 어떤 점도 F의 극한점이 아니다. 그러므로 F는 자신의 모든 극한점들을 포함하여야 한다.

반대로, F를 자신의 모든 극한점을 포함하는 $\mathbb{R}$의 부분 집합이라 하고 $a \in F^c$라 하자. F가 자신의 모든 극한점을 포함하므로 a는 F의 극한점이 아니다. 따라서

$$N_\epsilon(a) \cap F = \varnothing$$

인 적당한 $\epsilon > 0$ 이 존재한다. 그러므로 $N_\epsilon(a) \subset F^c$이고 a는 F^c의 내점이다. $a \in F^c$가 임의의 점이므로 F^c는 열린 집합이고, 따라서 F는 닫힌 집합이다. ◢

정의 04 집합의 폐포(Closure of a set)

E가 $\mathbb{R}$의 부분집합일 때 E의 모든 극한점들의 집합, 즉 집합 E의 **유도집합**(derived set)을 E'으로 나타내자. 이 경우 집합

$$E \cup E'$$

을 집합 E의 **폐포**(closure)라 하고 $\overline{E}$로 나타낸다.

정리 05

$E \subset \mathbb{R}$ 이면 다음이 성립한다.

(1) $\overline{E}$는 닫힌 집합이다.

(2) $E = \overline{E}$ 일 필요충분조건은 E가 닫힌 집합인 것이다.

(3) $E \subset F$인 모든 닫힌 집합 $F \subset \mathbb{R}$ 에 대하여 $\overline{E} \subset F$ 이다.

증명 (1) $\overline{E}^c$가 열린 집합임을 보이기 위해서 $a \in \overline{E}^c$라 하자. 그러면 $a \notin E$이고 a는 E의 극한점이 아니다. 따라서

$$N_\epsilon(a) \cap E = \varnothing$$

인 적당한 $\epsilon > 0$이 존재한다. 만약 $N_\epsilon(a) \cap E' = \varnothing$ 임을 역시 보인다면 $N_\epsilon(a) \cap \overline{E} = \varnothing$ 이고, 따라서 $N_\epsilon(a) \subset \overline{E}^c$ 이다. 즉, a는 $\overline{E}^c$의 내점이 된다. 그러므로 $\overline{E}^c$는 열린 집합이고 정의에 의해서 $\overline{E}$는 닫힌 집합이다.

이제 $N_\epsilon(a) \cap E' \neq \varnothing$, 즉 $b \in N_\epsilon(a) \cap E'$인 적당한 점 b가 존재한다고 가정하고 $N_\delta(b) \subset N_\epsilon(a)$인 적당한 $\delta > 0$를 택하자. $b \in E'$ 이므로 b는 E의 극한점이고, 따라서 $N_\delta(b) \cap E \neq \varnothing$ 이다. $N_\delta(b) \subset N_\epsilon(a)$이므로 $N_\epsilon(a) \cap E \neq \varnothing$ 이다. 그러나 이는 모순이다. 그러므로 $N_\epsilon(a) \cap E' = \varnothing$ 이고, 따라서 원하는 결과를 얻는다.

(2) $E=\overline{E}$이면 E는 닫힌 집합이다. 역으로, E가 닫힌 집합이면 정리 4에 의해서 $E' \subset E$이고, 따라서 $E=\overline{E}$이다.

(3) $E \subset F$이고 F가 닫힌 집합이면 $E' \subset F$이므로 $\overline{E} \subset F$이다. ◢

정의 05

$\overline{D}=\mathbb{R}$인 $\mathbb{R}$의 부분집합 D를 실수의 집합 $\mathbb{R}$에서 **조밀**(dense)하다고 한다.

예제 5

연습문제 2.4의 9에 의해서 $\mathbb{R}$의 모든 점들이 유리수의 집합 $\mathbb{Q}$의 극한점이므로 $\overline{\mathbb{Q}}=\mathbb{R}$이다. 즉, $\mathbb{Q}$는 $\mathbb{R}$에서 조밀하다. ◢

$\mathbb{R}$의 열린 부분집합의 특징

$\{I_n\}$이 열린 구간들의 임의의 유한 또는 가산 집합이면 정리 2에 의해서 $U=\bigcup_n I_n$은 $\mathbb{R}$의 열린 부분집합이다. 반대로, $\mathbb{R}$의 모든 열린 부분집합은 열린 구간들의 가산개의 합집합으로 나타낼 수 있다.(연습문제 14) 그러나 이보다 훨씬 더 강력한 다음의 결과가 성립한다. 다음에서 $n \neq m$일 때 $I_n \cap I_m = \varnothing$인 $\mathbb{R}$의 부분집합들의 모임 $\{I_n\}$을 **짝으로 서로소**(pairwise disjoint)라 한다.

정리 06

U가 $\mathbb{R}$의 한 열린 부분집합이면 적당한 짝으로 서로소인 열린 구간들의 가산개의 모임인 $\{I_n\}$이 존재하여

$$U=\bigcup_n I_n$$

이다.

증명 $x \in U$라 하자. U가 열린 집합이므로 적당한 $\epsilon>0$이 존재하여

$$(x-\epsilon,\ x+\epsilon) \subset U$$

이다. 특히 적당한 $s<x$와 $t>x$에 대하여 $(s,x] \subset U$이고 $[x,t) \subset U$이다. r_x와 l_x를 다음과 같이 정의하면 $x<r_x \leq \infty$이고 $-\infty \leq l_x < x$이다.

$$r_x = \sup\{t \mid t>x \text{ 이고 } [x,t) \subset U\},$$
$$l_x = \inf\{s \mid s<x \text{ 이고 } (s,x] \subset U\}$$

각 $x \in U$에 대하여 $I_x = (l_x, r_x)$라 하면

(a) $I_x \subset U$ 이고,

(b) $x, y \in U$이면 $I_x = I_y$ 이거나 $I_x \cap I_y = \varnothing$ 이다.

위 성질 (a)와 (b)는 독자들에게 연습문제(연습문제 13)로 남긴다.

이제 $\mathcal{L} = \{ I_x \mid x \in U \}$라 하고, 각 구간 $I \in \mathcal{L}$ 에 대하여 $r_I \in I$ 인 $r_I \in \mathbb{Q}$ 를 택하자.

$I, J \in \mathcal{L}$ 가 서로 다른 구간들이면 $r_I \neq r_J$이다. 그러므로 $f(I) = r_I$로 정의된 함수 $f : \mathcal{L} \to \mathbb{Q}$ 는 일대일 함수이다. 따라서 집합 $\mathcal{L}$ 는 기껏해야 가산 집합이고 $\{ I_j \mid j \in A \}$로 열거할 수 있다. 여기서 A 는 $\mathbb{N}$ 의 유한 부분집합이거나 $A = \mathbb{N}$ 이다. 명백히

$$U = \bigcup_{j \in A} I_j$$

이고, (b)에 의해서 $n \neq j$ 이면 $I_n \cap I_j = \varnothing$ 이다.

그러므로 집합 $\{ I_j \mid j \in A \}$는 짝으로 서로소이다. ◢

3.1 연습문제

01 다음과 같이 정의된 집합 E 의 내부, 경계와 유도집합을 구하고 열린 집합인지 또는 닫힌 집합인지를 조사하시오.

(1) $E=(a\,,\,b)$

(2) $E=\left\{\dfrac{1}{n}\mid n\in\mathbb{N}\right\}$

(3) $E=\mathbb{N}$

(4) $E=\mathbb{Q}$

(5) $E=\{x_1, x_2, \cdots, x_n \mid i\neq j$이면 $x_i\neq x_j\}$

02 (1) 정리 1을 보이시오.

(2) $\mathbb{R}$ 에서 정의되는 모든 닫힌 구간은 $\mathbb{R}$ 의 닫힌 부분집합(closed subset)임을 보이시오.

03 $\mathbb{R}$ 의 모든 유한집합은 닫힌 집합임을 보이시오.

04 유리수의 집합 $\mathbb{Q}$ 가 열린 집합 또는 닫힌 집합인지 조사하시오.

05 (1) F 가 $\mathbb{R}$ 의 닫힌 부분집합이고 $\{x_n\}$이 F 에서 정의된 수렴하는 수열이라 하면 $\lim\limits_{n\to\infty}x_n\in F$임을 보이시오.

(2) F 가 닫힌 집합이 아니면 위 결과가 거짓임을 반례를 들어 보이시오.

06 (1) 정리 2의 (1)을 보이시오.

(2) $\mathbb{R}$ 의 닫힌 부분집합들의 무한 합집합은 일반적으로 닫힌 집합이 아님을 반례를 들어 보이시오.

07 A , B가 $\mathbb{R}$ 의 부분집합이다.

(1) $A \subset B$이면 $\text{Int}(A) \subset \text{Int}(B)$임을 보이시오.

(2) $\text{Int}(A \cap B) = \text{Int}(A) \cap \text{Int}(B)$임을 보이시오.

(3) $\text{Int}(A \cup B) = \text{Int}(A) \cup \text{Int}(B)$인지 조사하시오.

08 $E \subset \mathbb{R}$ 일 때 다음을 보이시오.

(1) $\text{Int}(E)$는 열린 집합이다.

(2) E가 열린 집합일 필요충분조건은 $E = \text{Int}(E)$이다.

(3) $G \subset E$ 이고 G가 열린 집합이면 $G \subset \text{Int}(E)$이다.

09 A , B가 $\mathbb{R}$ 의 부분집합일 때 다음을 보이시오.

(1) $\overline{(A \cup B)} = \overline{A} \cup \overline{B}$

(2) $\overline{(A \cap B)} \subset \overline{A} \cap \overline{B}$

10 $E \subset \mathbb{R}$ 가 닫힌 집합일 필요충분조건은 E가 모든 자신의 경계점들을 포함하는 것임을 보이시오.

11 무리수의 집합이 실수의 집합 $\mathbb{R}$ 에서 조밀함을 보이시오.

12 집합 D가 $\mathbb{R}$ 에서 조밀하면 모든 $a \in \mathbb{R}$에 대하여 $\lim_{n \to \infty} a_n = a$ 인 수열 $\{a_n\}$이 D 에서 존재함을 보이시오.

13 정리 6의 증명에 있는 명제 (a)와 (b)를 보이시오.

14 다음을 만족하는 열린 구간들의 가산 집합 $\mathcal{J}$ 가 존재함을 보이시오.

U가 $\mathbb{R}$ 의 열린 부분집합이고 $a \in U$ 이면 $a \in I_n \subset U$ 인 적당한 $I_n \in \mathcal{J}$ 가 존재한다.

3.2 콤팩트 집합

이 절에서는 고급 해석학에서 매우 중요한 콤팩트 집합(compact set)의 개념을 소개하고 $\mathbb{R}$ 의 콤팩트 부분집합(compact subset)의 특징에 관하여 살펴본다.

정의 01

$E \subset \mathbb{R}$ 일 때

$$E \subset \bigcup_{\alpha \in A} O_\alpha$$

인 $\mathbb{R}$ 의 열린 부분집합들의 모임 $\{O_\alpha \mid \alpha \in A\}$를 E 의 **열린 덮개**(open covering)라 한다. 이 경우 집합 E는 $\mathbb{R}$ 의 열린 부분집합들의 모임 $\{O_\alpha \mid \alpha \in A\}$에 의해서 **덮힌다**(covered)고 한다.

예제 1

(1) $E = (0, 1)$이고 $O_n = \left(0, 1 - \dfrac{1}{n}\right)$, $n \geq 2$라 하자.

$x \in E$ 이면 $x < 1$ 이므로 $x < 1 - \dfrac{1}{n}$ 인 적당한 자연수 n 이 존재한다. 따라서 $x \in O_n$이고, 그 결과

$$E \subset \bigcup_{n=2}^{\infty} O_n$$

이다. 그러므로 $\{O_n \mid n \geq 2\}$는 E 의 열린 덮개이다.(사실 각 n 에 대하여 $O_n \subset E$ 이므로 $E = \bigcup_{n=2}^{\infty} O_n$ 이다)

(2) $F = [0, \infty)$이고 각 $n \in \mathbb{N}$ 에 대하여 $U_n = (-1, n)$ 이면 $\{U_n \mid n \in \mathbb{N}\}$은 F 의 열린 덮개이다.

(3) $E \subset \mathbb{R}$ 가 공집합이 아니면 모든 $\epsilon > 0$ 에 대하여 집합 $\{N_\epsilon(x) \mid x \in E\}$는 E의 열린 덮개이다. ◢

정의 02

$\mathbb{R}$ 의 부분집합 K의 임의의 열린 덮개가 **유한 부분덮개**(finite subcover)를 갖는다면, 즉 K의 임의의 열린 덮개 $\{O_\alpha \mid \alpha \in A\}$에 대하여

$$K \subset \bigcup_{i=1}^{n} O_{\alpha_i}$$

인 적당한 $\alpha_1, \cdots, \alpha_n \in A$ 이 존재하면 K를 **콤팩트 집합**(compact set)이라 부른다.

예제 2

(1) $E=\{x_1, \cdots, x_n\}$이 $\mathbb{R}$ 의 유한 부분집합이라 하고 $\{O_\alpha \mid \alpha \in A\}$가 E의 한 열린 덮개라 하자. 그러면 각 $1 \le i \le n$에 대하여 $x_i \in O_{\alpha_i}$인 적당한 $\alpha_i \in A$가 존재한다. 그러므로 $\{O_{\alpha_i} \mid 1 \le i \le n\}$은 E의 유한 부분덮개이고, 따라서 E는 콤팩트 집합이다.

(2) 열린 구간 $(0, 1)$이 콤팩트 집합이 아님을 보이기 위해 예제 1의 (1)에서 정의된 열린 덮개 $\left\{O_n = \left(0, 1-\frac{1}{n}\right) \mid n \ge 2\right\}$를 생각하자. 만약 E의 유한 부분덮개 $\{O_{n_i} \mid 1 \le i \le k\}$가 존재한다고 가정하고 $N = \max\{n_1, \cdots, n_k\}$라 하면

$$(0, 1) \subset \bigcup_{i=1}^{k} O_{n_i} \subset \bigcup_{n=2}^{N} O_n = \left(0, 1-\frac{1}{N}\right)$$

이므로 모순이다. 그러므로 $(0, 1)$은 콤팩트 집합이 아니다. ◢

콤팩트 집합의 성질

정리 01

(1) $\mathbb{R}$ 의 모든 콤팩트 부분집합은 유계인 닫힌 집합이다.
(2) 콤팩트 집합의 모든 닫힌 부분집합은 콤팩트 집합이다.

증명 (1) K가 $\mathbb{R}$ 의 콤팩트 부분집합이라 하자. K가 유계임을 보이기 위해 $\mathbb{R}$ 의 열린 덮개인 동시에 K의 열린 덮개인 $\{(-k, k) \mid k \in \mathbb{N}\}$을 생각하자.
K가 콤팩트 집합이므로 적당한 $k_1, \cdots, k_n \in \mathbb{N}$ 이 존재하여

$$K \subset \bigcup_{i=1}^{n} (-k_i, k_i)$$

이다. $N = \max\{k_1, \cdots, k_n\}$이라 하면 $K \subset (-N, N)$이고, 따라서 K는 유계이다.

이제 K가 닫힌 집합임을 보이기 위해 K^c가 열린 집합임을 보이자. $a \in K^c$라 하자.
각 $b \in K$에 대하여

$$N_{\epsilon_b}(b) \cap N_{\epsilon_b}(a) = \varnothing$$

인 $\epsilon_b > 0$를 택하자.($0 < \epsilon_b < \frac{1}{2}|a-b|$인 임의의 ϵ_b이면 충분하다) 그러면 $\{N_{\epsilon_b}(b) \mid b \in K\}$는 K의 열린 덮개이다. K가 콤팩트 집합이므로

$$K \subset \bigcup_{i=1}^{n} N_{\epsilon_{b_i}}(b_i)$$

인 적당한 $b_1, \cdots, b_n$이 존재한다. $\epsilon = \min\{\epsilon_{b_i} \mid 1 \le i \le n\}$이라 하면 모든 $i = 1, \cdots, n$에 대하여

$$N_\epsilon(a) \cap N_{\epsilon_{b_i}}(b_i) = \varnothing$$

이다. 따라서 $N_\epsilon(a) \cap K = \varnothing$, 즉 $N_\epsilon(a) \subset K^c$이다. 그러므로 a는 K^c의 내점이고, 따라서 K^c는 열린 집합이다.

(2) F가 콤팩트 집합 K의 닫힌 부분집합이고 $\{O_\alpha \mid \alpha \in A\}$를 F의 열린 덮개라 하자. 그러면

$$\{O_\alpha \mid \alpha \in A\} \cup \{F^c\}$$

는 K의 열린 덮개이다. K가 컴팩트 집합이므로

$$K \subset \left(\bigcup_{i=1}^{n} O_\alpha\right) \bigcup F^c$$

인 적당한 $\alpha_1, \cdots, \alpha_n \in A$이 존재한다. 그런데 $F \subset K$이고 $F \cap F^c = \varnothing$이므로

$$F \subset \bigcup_{i=1}^{n} O_\alpha$$

이다. 그러므로 F는 콤팩트 집합이다. ◢

예제 3

$E = (0, 1)$은 유계이지만 닫힌 집합이 아니므로 정리 1에 의해서 콤팩트 집합이 아니다.(예제 2의 (2)와 비교하여 보라) ◢

정리 02

모든 $n \in \mathbb{N}$에 대하여 $\{K_n \mid n \in \mathbb{N}\}$이 $K_n \supset K_{n+1}$인 $\mathbb{R}$의 공집합이 아닌 콤팩트 부분집합들의 열이면

$$K = \bigcap_{n=1}^{\infty} K_n$$

은 공집합이 아닌 콤팩트 집합이다.

증명 우선 $\bigcap_{n=1}^{\infty} K_n \neq \varnothing$ 임을 보이자. $O_n = K_n^c$ 라 하면 정리 1에 의해서 K_n 은 닫힌 집합이고, 따라서 O_n 은 열린 집합이다. 또한

$$\bigcap_{n=1}^{\infty} K_n = \varnothing \text{ 일 필요충분조건은 } \bigcup_{n=1}^{\infty} O_n = \mathbb{R}$$

이다.

이제 $\bigcap_{n=1}^{\infty} K_n = \varnothing$ 이라 가정하면 $\{O_n \mid n \in \mathbb{N}\}$은 $\mathbb{R}$ 의 열린 덮개이고, 따라서 K_1 의 열린 덮개이다. 가정에 의해서 K_1 은 콤팩트 집합이므로 적당한 $n_1 < \cdots < n_k$ 가 존재하여

$$K_1 \subset \bigcup_{i=1}^{k} O_{n_i} = K_{n_1}^c \bigcup \cdots \bigcup K_{n_k}^c = (K_{n_1} \bigcap \cdots \bigcap K_{n_k})^c$$

이다. 그러므로 $K_1 \cap (K_{n_1} \cap \cdots \cap K_{n_k}) = \varnothing$ 이다. 그러나 한편으로는

$$K_1 \cap K_{n_1} \cap \cdots \cap K_{n_k} = K_{n_k}$$

이므로 모순이다. 그러므로 $K = \bigcap_{n=1}^{\infty} K_n \neq \varnothing$ 이다. 3.1절 정리 3의 (1)에 의해서 K는 닫힌 집합이고, 따라서 정리 1의 (2)에 의해서 K는 콤팩트 집합이다. ◢

$\mathbb{R}$ 의 콤팩트 부분집합의 특징

이제 실수의 집합 $\mathbb{R}$ 의 콤팩트 부분집합의 특징을 나타내는 해석학에서 매우 중요한 두 개의 정리를 살펴보자. 첫 번째로 하이네(Eduard Heine, 1821－1881)와 보렐(Emile Borel, 1871－1956)에 의한 정리를 소개한다.

정리 03 **하이네－보렐 정리(Heine－Borel theorem)**

모든 유계인 닫힌 구간 $[a, b]$는 콤팩트 집합이다.

증명 $U = \{U_\alpha \mid \alpha \in A\}$를 $[a, b]$의 열린 덮개라 하고,

$$E = \{r \in [a, b] \mid \text{집합 } [a, r] \text{는 } U\text{의 유한 부분 집합에 의해서 덮힌다}\}$$

라 하자. 집합 E는 b에 의해서 위로 유계이고, 적당한 $\alpha \in A$에 대하여 $a \in U_\alpha$이므로 $E \neq \varnothing$ 이다. 따라서 완비성 공리에 의해서 집합 E는 $\mathbb{R}$ 에서 상한을 갖는다. 이때 $c = \sup E$라 하면 b가 E의 상계이므로 $c \leq b$ 이다.

우선 $c \in E$, 즉 $[a, c]$의 열린 덮개 U가 유한 열린 덮개를 갖는다는 것을 보이자. $c \in [a, b]$이므로 적당한 $\beta \in A$에 대하여 $c \in U_\beta$이다. U_β가 열린 집합이므로 $(c-\epsilon, c+\epsilon) \subset U_\beta$인 적당한 $\epsilon > 0$이

존재한다. 또한 $c-\epsilon$이 E의 상계가 아니므로 $c-\epsilon < r_0 \leq c$인 $r_0 \in E$가 존재하고, 따라서 적당한 $\alpha_1, \cdots, \alpha_n \in A$에 대하여 $[a, r_0] \subset \bigcup_{i=1}^{n} U_\alpha$이다. 그러므로 $[a, c]$는 집합 $\{U_{\alpha_1}, \cdots, U_{\alpha_n}, U_\beta\}$에 의해서 덮이게 되고, 따라서 $c \in E$이다.

마지막으로, $c=b$임을 보이기 위해 $c<b$라 가정하자. $c<s<c+\epsilon$인 $s<b$를 택하면 집합 $[a, s]$는 $\{U_{\alpha_1}, \cdots, U_{\alpha_n}, U_\beta\}$에 의해서 덮이게 되므로 $s \in E$이다. 이는 $c=\sup E$라는 사실에 모순이다. 그러므로 $c=b$이다. ◢

다음은 볼차노(Bernhard Bolzano, 1781−1848)와 바이어슈트라스(Karl Weierstrass, 1815−1897)에 의해서 얻어진 앞의 정리보다 좀 더 일반화된 결과이다.

정리 04 **하이네-보렐-볼차노-바이어슈트라스 정리 (Heine-Borel-Bolzano-Weierstrass theorem)**

집합 K가 $\mathbb{R}$의 부분집합일 때 다음이 동치이다.
(1) K는 유계인 닫힌 집합이다.
(2) K는 콤팩트 집합이다.
(3) K의 모든 무한 부분집합은 K에서 적당한 극한점을 갖는다.

증명 (1)⇒(2). K가 유계이므로 $K \subset [-M, M]$인 적당한 상수 $M>0$이 존재한다. 정리 3에 의해서 $[-M, M]$은 콤팩트 집합이고, 또한 가정으로부터 K가 닫힌 집합이므로 정리 1의 (2)에 의해서 K는 콤팩트 집합이다.

(2)⇒(3). S가 콤팩트 집합 K의 무한 부분집합이라 하자. 결론을 부정하여 K의 어떤 점도 S의 극한점이 아니라고 가정하면 각 $a \in K$에 대하여 S의 기껏해야 한 점을 포함하는 점 a의 적당한 근방 $N(a)$가 존재한다. 즉, $a \in S$이면 그 점이 a이다. S가 무한집합이므로 어떠한 $\{N(a) \mid a \in K\}$의 유한 부분덮개도 S의 덮개(cover)가 될 수 없고, 따라서 $\{N(a) \mid a \in K\}$의 유한 부분덮개도 K의 덮개가 될 수 없으므로 모순이다.

(3)⇒(1). K가 유계가 아니라고 가정하면 모든 $n \in \mathbb{N}$에 대하여 $|x_n| > n$이고, $n \neq m$이면 $x_n \neq x_m$인 K에서 정의되는 수열 $\{x_n \mid n \in \mathbb{N}\}$이 존재한다. 그러면 $\{x_n \mid n \in \mathbb{N}\}$은 $\mathbb{R}$에서, 따라서 K에서 극한점을 갖지 않는 $\mathbb{R}$의 무한 부분집합이 된다. 이는 가정에 모순이다. 그러므로 K는 유계이다.

a를 K의 극한점이라 하면 극한점의 정의에 의해서 각 $n \in \mathbb{N}$에 대하여

$$|x_n - a| < \frac{1}{n}$$

이고 $x_n \neq a$인 K에서 정의되는 수열 $\{x_n \mid n \in \mathbb{N}\}$이 존재한다. 그러면 $S=\{x_n \mid n \in \mathbb{N}\}$은 K의 무한 부분집합이고 a는 S의 극한점이다. 만약 a가 S의 유일한 극한점임을 보인다면 가정에 의해서 $a \in K$이어야만 한다. 즉, K는 닫힌 집합이다.

이제 증명을 끝내기 위해서 $b \neq a$인 $b \in \mathbb{R}$ 라 가정하고 $\epsilon = \frac{1}{2}|a-b|$라 하자. $\frac{1}{N} < \epsilon$인 자연수 N을 택하면 $n \geq N$인 모든 자연수 n에 대하여

$$|a-b| \leq |x_n - b| + |x_n - a| < |x_n - b| + \frac{1}{n} < |x_n - b| + \epsilon$$

이다. 그러므로 $n \geq N$이면

$$|x_n - b| > |a-b| - \epsilon = \frac{1}{2}|a-b| = \epsilon$$

이고, 따라서 $N_\epsilon(b)$는 기껏해야 $\{x_n \mid n \in \mathbb{N}\}$의 유한개 원소들만 포함할 수 있고, 그 결과 b는 S의 극한점이 될 수 없다. 그러므로 $b \neq a$인 임의의 점 $b \in \mathbb{R}$ 는 S의 극한점이 아니다. ◢

참고 위 정리 4에서 "(1)이면 (2)이다"라는 성질을 집합에 대한 하이네-보렐 정리(Heine-Borel theorem for sets)라 하고 세 번째 성질, 즉 "K의 모든 무한집합은 K에서 적당한 극한점을 갖는다"는 성질을 일반적으로 집합에 대한 볼차노-바이어슈트라스 성질(Bolzano-Weierstrass property for sets)이라 한다. ◢

3.2 연습문제

01 $F=[0, \infty)$가 콤팩트 집합이 아님을 보이시오.

02 $A=\left\{\frac{1}{n} \mid n \in \mathbb{N}\right\}$라 할 때 A가 콤팩트 집합이 아님을 보이시오.

03 수열 $\{a_n\}$이 a로 수렴할 때 $A=\{a\} \cup \{a_n \mid n \in \mathbb{N}\}$라 하자.

(1) A가 $\mathbb{R}$의 콤팩트 부분집합임을 정의를 이용하여 보이시오.

(2) A가 $\mathbb{R}$의 콤팩트 부분집합임을 하이너-보렐-볼차노-바이어슈트라스 정리를 이용하여 보이시오.

04 A, B가 $\mathbb{R}$의 콤팩트 부분집합일 때 다음을 보이시오.

(1) $A \cup B$는 콤팩트 집합이다.

(2) $A \cap B$는 콤팩트 집합이다.

05 K가 $\mathbb{R}$의 공집합이 아닌 콤팩트 부분집합일 때 K의 상한과 하한이 존재함을 보이고, 이들이 모두 K에 속함을 보이시오.

06 K가 $\mathbb{R}$의 공집합이 아닌 콤팩트 브분집합열 때 K에서 정의된 모든 수열은 K의 적당한 점으로 수렴하는 부분수열을 갖는다는 것을 브이시오.

07 (1) 콤팩트 집합들의 임의의 모임의 교집합은 콤팩트 집합임을 보이시오.

(2) $\bigcup_{n=1}^{\infty} K_n$이 콤팩트 집합이 아닌 $\mathbb{R}$의 콤팩트 부분집합의 모임 $\{K_n \mid n \in \mathbb{N}\}$을 만드시오.

4 함수의 극한과 연속

이 장에서는 미적분학 및 실해석학의 모든 이론에 기본이 되는 극한의 개념 중 극한과 연속에 관하여 엄밀하게 정의하고, 그 성질에 관하여 다룬다.

4.1절에서는 함수의 극한을 정의하고 그 성질을 살펴보며, 4.2절에서는 함수의 연속에 관하여 정의하고 최대최소정리와 중간값 정리 등 연속함수의 중요한 성질들을 살펴본다. 4.3절에서는 균등연속인 함수와 그 특징에 관하여 다루며, 마지막으로 4.4절에서는 단조함수의 성질과 불연속인 점들의 종류에 관하여 다룬다.

4.1 함수의 극한

이 절에서는 고등학교 과정에서 직관적으로 다룬 함수의 극한

$$\lim_{x \to a} f(x) = L$$

의 개념, 즉 x가 점 a에 무한히 가까워질 때 함숫값 $f(x)$가 실수 L에 한없이 가까워진다는 것을 의미했던 개념을 ϵ과 δ를 이용하여 엄밀하게 정의하고 그 성질들을 살펴본다.

정의 01

E가 $\mathbb{R}$의 부분집합이고 a가 E의 극한점일 때 함수 $f: E \to \mathbb{R}$에 대하여 다음을 만족시키는 적당한 실수 L이 존재하면 **함수 f가 $x=a$에서 극한 L을 갖는다**(f has a limit L at $x=a$)고 한다.

임의의 $\epsilon > 0$에 대하여 적당한 $\delta > 0$가 존재하여
$0 < |x-a| < \delta$이고 $x \in E$이면 $|f(x)-L| < \epsilon$이다.

이 경우

$$\lim_{x \to a} f(x) = L \text{ 또는 } x \to a \text{일 때 } f(x) \to L$$

이라 표기한다.

참고 (1) 점 $a \in E$가 E의 극한점이 아니면, 즉 E의 고립점이면 충분히 작은 $\delta > 0$에 대하여 $0 < |x-a| < \delta$인 E에 속하는 점 x는 존재하지 않는다.
따라서 이 경우 점 $x = a$에서의 함수의 극한의 개념은 의미가 없다.

(2) 극한의 정의에서 $a \in E$일 필요는 없고, 단지 점 a가 E의 극한점이면 충분하다. 심지어 $a \in E$이고 함수 f가 $x = a$에서 극한을 갖더라도

$$\lim_{x \to a} f(x) \neq f(a)$$

일 수 있다. ◢

예제 1

$\lim_{x \to 2}(2x-1) = 3$ 임을 보이시오.

풀이 $f(x) = 2x - 1$이라 하자. $\epsilon > 0$이라 하면

$$|f(x) - 3| = |(2x-1) - 3| = 2|x-2|$$

이다. 따라서 $\delta = \frac{\epsilon}{2}$이라 하면 $0 < |x-2| < \delta$인 모든 x에 대하여

$$|f(x) - 3| = 2|x-2| < 2\delta = \epsilon$$

이다. 그러므로 $\lim_{x \to 2}(2x-1) = 3$ 이다. ◢

예제 2

$\lim_{x \to 3} x^2 = 9$ 임을 보이시오.

풀이 $f(x) = x^2$이라 하자. $\epsilon > 0$이라 하면 삼각부등식에 의해서

$|f(x) - 9| = |x^2 - 9| = |x+3||x-3| \leq (|x|+3)|x-3|$

이다. $|x-3| < 1$이면, 즉 $2 < x < 4$이면 $|x| + 3 < 7$이므로 $|x-3| < 1$인 모든 x에 대하여

$$|f(x) - 9| < 7|x-3|$$

이다. 이제 $\delta = \min\left\{1, \frac{\epsilon}{7}\right\}$으로 택하면 $0 < |x-3| < \delta$인 모든 x에 대하여

$$|f(x) - 9| < 7|x-3| < 7\delta = \epsilon$$

이다. 그러므로 $\lim_{x \to 3} x^2 = 9$ 이다. ◢

예제 3

$a>0$ 일 때 $\lim_{x\to a}\dfrac{x^2-a^2}{x-a}=2a$임을 보이시오.

풀이 $f(x)=\dfrac{x^2-a^2}{x-a}$이라 하면 $x\neq a$인 모든 x에 대하여

$$|f(x)-2a|=\left|\frac{x^2-a^2}{x-a}-2a\right|=|x+a-2a|=|x-a|$$

이다. 따라서 임의의 $\epsilon>0$에 대하여 $\delta=\epsilon$이라 하면 $0<|x-a|<\delta$인 모든 x에 대하여

$$|f(x)-2a|=|x-a|<\delta$$

이다. 그러므로 $\lim_{x\to a}\dfrac{x^2-a^2}{x-a}=2a$ 이다. ◢

예제 4 **(디리클레 함수, Dirichlet function)**

디리클레 함수(Dirichlet function)로 잘 알려진 다음과 같이 정의되는 함수 f는 임의의 점 $a\in\mathbb{R}$에서 극한을 갖지 않음을 보이시오.

$$f(x)=\begin{cases}1\ , & x\in\mathbb{Q}\\ 0\ , & x\in\mathbb{R}\setminus\mathbb{Q}\end{cases}$$

풀이 $a\in\mathbb{R}$를 고정시키고 임의의 실수 L에 대하여

$$\epsilon=\max\{|L-1|,|L|\}$$

이라 하면 $\epsilon>0$이다. 우선 $\epsilon=|L-1|$인 경우 유리수의 조밀성에 의해서 임의의 $\delta>0$에 대하여 $0<|x-a|<\delta$인 유리수 x가 존재하며 이런 x에 대하여

$$|f(x)-L|=|1-L|=\epsilon$$

이다.

또한 $\epsilon=|L|$인 경우에는 무리수의 조밀성에 의해서 임의의 $\delta>0$에 대하여 $0<|x-a|<\delta$인 무리수 x가 존재하며

$$|f(x)-L|=\epsilon$$

이다. 그러므로 $\epsilon=\max\{|L-1|,|L|\}$과 임의의 $\delta>0$에 대하여 $0<|x-a|<\delta$인 적당한 x가 존재하여

$$|f(x)-L|\geq\epsilon$$

이다. 임의의 $L\in\mathbb{R}$에 대하여 위의 부등식이 성립하므로 $\lim_{x\to a}f(x)$는 존재하지 않는다. ◢

예제 5

$a \neq 0$ 일 때 $\lim_{x \to a} \frac{1}{x} = \frac{1}{a}$ 임을 보이시오.

풀이 $f(x) = \frac{1}{x}$ 이라 하면

$$\left| f(x) - \frac{1}{a} \right| = \left| \frac{1}{x} - \frac{1}{a} \right| = \frac{1}{|xa|} |x-a|$$

이다. $|x-a| < \frac{|a|}{2}$ 이면 삼각 부등식에 의해서

$$|a| - |x| \leq |x-a| < \frac{|a|}{2}$$

이고, 따라서 $|x| > \frac{|a|}{2} > 0$ 이므로 $\frac{1}{|xa|} < \frac{2}{|a|^2}$ 이다. 이제 임의의 $\epsilon > 0$ 에 대하여

$$\delta = \min\left\{ \frac{|a|}{2}, \frac{|a|^2}{2} \epsilon \right\}$$

으로 택하면 $0 < |x-a| < \delta$ 인 모든 x 에 대하여

$$\left| \frac{1}{x} - \frac{1}{a} \right| < \frac{2}{a|^2} |x-a| < \frac{2}{|a|^2} \delta = \epsilon$$

이다. 그러므로 $\lim_{x \to a} \frac{1}{x} = \frac{1}{a}$ 이다. ◢

예제 6

$f(x) = \begin{cases} x, & x \in \mathbb{Q} \\ 0, & x \in \mathbb{R} \setminus \mathbb{Q} \end{cases}$ 일 때 $\lim_{x \to 0} f(x) = 0$ 임을 보이시오.

풀이 모든 $x \in \mathbb{R}$ 에 대하여 $|f(x)| \leq |x|$ 이므로, 임의의 $\epsilon > 0$ 에 대하여 $\delta = \epsilon$ 이라 하면 $0 < |x| < \delta$ 인 모든 x 에 대하여

$$|f(x) - 0| = |f(x)| \leq |x| < \delta = \epsilon$$

이다. 그러므로 $\lim_{x \to 0} f(x) = 0$ 이다. ◢

다음 정리를 통하여 함수의 극한의 존재성에 관한 문제를 수열의 극한의 존재성에 관련된 문제로 바꿀 수 있다. 이 정리를 이용하면 함수의 극한에 관한 여러 가지 성질들을 쉽게 증명할 수 있으며, 또한 어떤 함수의 극한이 존재하지 않음을 보이는 데 매우 유용하다.

정리 01 **극한에 대한 수열판정법(Sequential criterion for limits)**

$E \subset \mathbb{R}$ 이고 a는 E의 극한점이며 함수 $f : E \to \mathbb{R}$ 이다. 이 경우 $\lim_{x \to a} f(x) = L$일 필요충분조건은 $x_n \neq a$인 E에서 정의된 임의의 수열 $\{x_n\}$에 대하여 $\lim_{n \to \infty} x_n = a$이면 $\lim_{n \to \infty} f(x_n) = L$인 것이다.

증명 $\lim_{x \to a} f(x) = L$이라 가정하고 $\{x_n\}$을 E에서 $x_n \neq a$이고 $\lim_{n \to \infty} x_n = a$인 임의의 수열이라 하자. $\epsilon > 0$이라 하면 $\lim_{x \to a} f(x) = L$ 이므로 함수의 극한에 관한 정의에 의해서 $0 < |x-a| < \delta$인 모든 $x \in E$에 대하여

$$|f(x) - L| < \epsilon \quad \cdots\cdots (4.1)$$

이 성립하는 $\delta > 0$가 존재한다.

또한 $\lim_{n \to \infty} x_n = a$이고 $x_n \neq a$이므로 위 $\delta > 0$에 대하여 $n \geq N$이면

$$0 < |x_n - a| < \delta \quad \cdots\cdots (4.2)$$

가 되는 자연수 N이 존재한다. 따라서 (4.1)과 (4.2)에 의해서 $n \geq N$이면

$$|f(x_n) - L| < \epsilon$$

이다. 그러므로 $\lim_{n \to \infty} f(x_n) = L$ 이다.

반대로, $x_n \neq a$ ($n \in \mathbb{N}$)이고 $\lim_{n \to \infty} x_n = a$인 E에서 정의되는 모든 수열 $\{x_n\}$에 대하여 $\lim_{n \to \infty} f(x_n) = L$이지만 $\lim_{x \to a} f(x) \neq L$이라 가정하자.

그러면 모든 $\delta > 0$에 대하여 $0 < |x-a| < \delta$이고 $|f(x) - L| \geq \epsilon$이 성립하는 적당한 $\epsilon > 0$과 $x \in E$가 존재한다. 그러므로 각 $n \in \mathbb{N}$에 대하여 $\delta = \dfrac{1}{n}$이라 하면 다음을 만족하는 수열 $\{x_n\}$을 E에서 택할 수 있다.

$$0 < |x_n - a| < \frac{1}{n} \text{이고 } |f(x_n) - L| \geq \epsilon$$

따라서 $x \neq a$이고 $\lim_{x \to \infty} x_n = a$이지만 $\lim_{n \to \infty} f(x_n) \neq L$이므로 가정에 모순이다. 그러므로 원하는 결과를 얻게 된다. ◢

위 정리 1과 수열의 극한에 관한 유일성의 직접적인 결과로 함수의 극한의 유일성에 관한 다음 정리를 얻을 수 있다.

따름정리 01

> 함수 f 가 $x=a$ 에서 극한을 갖는다면 그 극한은 유일하다.

앞에서 언급했듯이, 극한에 대한 수열판정법(정리 1)은 함수의 극한이 존재하지 않음을 보이는 데 매우 유용하게 적용될 수 있다. 만약 $\lim\limits_{n\to\infty} x_n = a$이지만 $\{f(x_n)\}$이 발산하게 되는 수열 $\{x_n\}$이 존재함을 보일 수 있다면 $\lim\limits_{x\to a} f(x)$는 존재하지 않는다고 결론을 내릴 수 있다.

즉, $\lim\limits_{n\to\infty} x_n = \lim\limits_{n\to\infty} y_n = a$ 이지만

$$\lim_{n\to\infty} f(x_n) \neq \lim_{n\to\infty} f(y_n)$$

인 서로 다른 두 수열 $\{x_n\}$과 $\{y_n\}$이 존재하면 $\lim\limits_{x\to a} f(x)$는 존재하지 않는다.

예제 7

$f(x) = \sin\dfrac{1}{x}\ (x\neq 0)$일 때 $\lim\limits_{x\to 0} f(x)$가 존재하지 않음을 보이시오.

풀이 $x_n = \dfrac{1}{2n\pi + \dfrac{\pi}{2}}$, $y_n = \dfrac{1}{2n\pi + \dfrac{3}{2}\pi}$ 이라 하면

$$\lim_{n\to\infty} x_n = \lim_{n\to\infty} y_n = 0$$

이다. 그러나

$$\lim_{n\to\infty} f(x_n) = \lim_{n\to\infty} \sin\left(2n\pi + \frac{\pi}{2}\right) = 1$$

이고

$$\lim_{n\to\infty} f(y_n) = \lim_{n\to\infty} \sin\left(2n\pi + \frac{3}{2}\pi\right) = -1$$

이므로 극한에 대한 수열판정법(정리 1)에 의해서 $\lim\limits_{x\to 0} f(x)$는 존재하지 않는다. ◢

예제 8 (Revisited)

예제 4에서 정의된 디리클레 함수

$$f(x) = \begin{cases} 1\ , & x\in\mathbb{Q} \\ 0\ , & x\in\mathbb{R}\setminus\mathbb{Q} \end{cases}$$

가 모든 점 $a \in \mathbb{R}$ 에서 극한을 갖지 않음을 극한에 대한 수열판정법을 이용하여 보이시오.

풀이 유리수의 조밀성에 의해서 각 $n \in \mathbb{N}$ 에 대하여

$$0 < |x_n - a| < \frac{1}{n} \text{ 이고 } x_n \in \mathbb{Q}$$

인 유리수열 $\{x_n\}$이 존재한다. $\lim_{n\to\infty} \frac{1}{n} = 0$ 이므로 $\lim_{x\to\infty} x_n = a$ 이다. 비슷하게, 무리수의 조밀성에 의해서 $y_n \neq a$ 이고 $\lim_{x\to\infty} y_n = a$ 인 적당한 무리수열 $\{y_n\}$도 존재한다. 그러면 모든 $n \in \mathbb{N}$ 에 대하여 $f(x_n) = 1$ 이고 $f(y_n) = 0$ 이다. 그러므로

$$\lim_{n\to\infty} f(x_n) \neq \lim_{n\to\infty} f(y_n)$$

이고, 따라서 정리 1에 의해서 $\lim_{x\to a} f(x)$는 존재하지 않는다. ◢

극한에 대한 수열판정법(정리 1)과 2.2절 정리 1을 이용하면 다음의 극한정리를 얻을 수 있다.

정리 02

$E \subset \mathbb{R}$ 이고 함수 f, $g : E \to \mathbb{R}$ 이며 a가 E의 극한점이다. 만약

$$\lim_{x\to a} f(x) = L \text{ 이고 } \lim_{x\to a} g(x) = M$$

이면 다음이 성립한다.

(1) $\lim_{x\to a} (f(x) + g(x)) = L + M$

(2) $\lim_{x\to a} f(x)\,g(x) = LM$

(3) $\lim_{x\to a} \frac{f(x)}{g(x)} = \frac{L}{M} \quad (M \neq 0)$

증명 (1)과 (2)의 증명은 독자들에게 연습문제(연습문제 7)로 남기고, 여기서는 (3)만을 보이도록 하자. 그런데 이것은 (2)에 의해서

$$\lim_{x\to a} \frac{1}{g(x)} = \frac{1}{M}$$

임을 보이면 충분하다. 우선 $M \neq 0$ 이므로 $x \neq a$ 이고 a에 충분히 가까운 모든 x에 대하여 $g(x) \neq 0$ 임을 보이자. $\epsilon = \frac{|M|}{2}$ 이라 하면 함수의 극한에 관한 정의에 의해서 $0 < |x-a| < \delta$ 인

모든 $x \in E$ 에 대하여

$$|g(x) - M| < \frac{|M|}{2}$$

인 적당한 $\delta > 0$ 가 존재한다. 삼각부등식(2.1절 따름정리 1의 (2))에 의해서

$$|g(x) - M| \geq |\,|g(x)| - |M|\,| \geq |M| - |g(x)|$$

이고, 따라서 $0 < |x - a| < \delta$ 인 모든 $x \in E$ 에 대하여

$$|g(x)| > |M| - \frac{|M|}{2} = \frac{|M|}{2} > 0$$

이다.

이제 정리 1과 2.2절 정리 1을 적용하기 위하여 $x_n \neq a$ 이고 $\lim_{n \to \infty} x_n = a$ 인 E 에서 정의되는 임의의 수열을 $\{x_n\}$이라 하자. 그러면 위에서 택한 $\delta > 0$에 대하여 $n \geq N$이면 $0 < |x_n - a| < \delta$가 성립하는 적당한 $N \in \mathbb{N}$ 이 존재하고, 따라서 모든 $n \geq N$에 대하여 $g(x_n) \neq 0$이다.

또한 $\lim_{x \to a} g(x) = M$ 이므로 정리 1에 의해서 $\lim_{n \to \infty} g(x_n) = M$ 이다. 그러므로 2.2절 정리 1의 (3)에 의해서

$$\lim_{n \to \infty} \frac{1}{g(x_n)} = \frac{1}{M}$$

이다. $\lim_{n \to \infty} x_n = a$ 인 임의의 수열에 대하여 위 등식이 성립하므로 정리 1에 의해서

$$\lim_{x \to a} \frac{1}{g(x)} = \frac{1}{M}$$

이다. ◢

참고 위 정리는 수열에 관한 극한정리(2.2절 정리 1)와 비슷하게 함수의 극한의 정의(정의 1)를 직접 이용하여 보일 수도 있다. 다음에 소개되는 두 개의 정리도 연습문제 2.1의 10과 2.2절 정리 3 그리고 정리 1를 이용하여 증명할 수도 있고, 수열에서처럼 ϵ 과 δ를 이용하여 직접 증명할 수도 있다. 자세한 증명은 연습문제로 남긴다. ◢

정의 02

$E \subset \mathbb{R}$ 이고 함수 $f : E \to \mathbb{R}$ 일 때 모든 $x \in E$ 에 대하여

$$|f(x)| \leq M$$

인 상수 $M > 0$ 이 존재하면 함수 f 를 E 에서 **유계함수**(bounded function)라 하고 함수 f는 E 에서 **유계**(bounded)이다 라고 한다.

정리 03

$E \subset \mathbb{R}$ 이고 함수 $f, g : E \to \mathbb{R}$ 이며 a 가 E 의 극한점이다.
g 가 E 에서 유계이고 $\lim_{x \to a} f(x) = 0$ 이면

$$\lim_{x \to a} f(x)\, g(x) = 0$$

이다.

증명 연습문제 8. ◢

정리 04 조임정리(Squeeze theorem)

$E \subset \mathbb{R}$ 이고 함수 $f, g, h : E \to \mathbb{R}$ 이며 a 가 E 의 극한점이다. 모든 $x \in E$ 에 대하여

$$g(x) \le f(x) \le h(x)$$

이고 $\lim_{x \to a} g(x) = \lim_{x \to a} h(x) = L$ 이면 $\lim_{x \to a} f(x) = L$ 이다.

증명 연습문제 9. ◢

예제 9

$P(x)$가 n차의 다항함수, 즉

$$P(x) = c_n x^n + \cdots + c_1 x + c_0$$

라 하자. 여기서 $c_0, c_1, \cdots, c_n \in \mathbb{R}$ 이고 $c_n \neq 0$ 이다.
연습문제 1에 의해서 $\lim_{x \to a} k = k\ (k \in \mathbb{R})$이고 $\lim_{x \to a} x = a$ 이므로 정리 2에 의해서

$$\begin{aligned}\lim_{x \to a} P(x) &= \lim_{x \to a} \left[c_n x^n + \cdots + c_1 x + c_0 \right] \\ &= c_n a^n + \cdots + c_1 a + c_0 \\ &= P(a)\end{aligned}$$

이다. ◢

예제 10

$\lim_{x \to -1} \frac{(x+1)^2}{(2x^2+7x+5)^2} = \frac{1}{9}$ 임을 보이시오.

풀이 $x \neq -1$ 이면

$$\frac{(x+1)^2}{(2x^2+7x+5)^2} = \frac{(x-1)^2}{[(2x+5)(x+1)]^2} = \frac{1}{(2x+5)^2}$$

이므로 정리 2에 의해서

$$\lim_{x\to -1} \frac{(x+1)^2}{(2x^2+7x+5)^2} = \lim_{x\to -1} \frac{1}{(2x+5)^2} = \frac{1}{9}$$

이다. ◢

예제 11

$\lim_{x\to 0} x \sin\frac{1}{x} = 0$ 임을 보이시오.

풀이 $x \neq 0$ 인 모든 $x \in \mathbb{R}$ 에 대하여 $\left|x \sin\frac{1}{x}\right| \leq |x|$ 이고 $\lim_{x\to 0} |x| = 0$ 이므로, 조임정리(정리 4)와 극한의 성질(연습문제 10)에 의해서

$$\lim_{x\to 0} x \sin\frac{1}{x} = 0$$

이다. ◢

이제 x가 무한히 커지거나($x \to \infty$) 또는 무한히 작아질 때($x \to -\infty$)의 함수의 극한에 관하여 간단히 살펴보자.

정의 03

(1) E가 위로 유계가 아닌 $\mathbb{R}$ 의 부분집합일 때 함수 $f : E \to \mathbb{R}$ 에 대하여 다음을 만족시키는 적당한 실수 L 이 존재하면 **함수 f 는 ∞ 에서 극한을 갖는다**고 하고 $\lim_{x\to\infty} f(x) = L$ 이라 표기한다.

> 임의의 $\epsilon > 0$ 에 대하여 적당한 실수 $M > 0$ 이 존재하여
> $x \geq M$ 이고 $x \in E$ 이면 $|f(x) - L| < \epsilon$ 이다.

(2) E가 아래로 유계가 아닌 $\mathbb{R}$ 의 부분집합일 때 함수 $f : E \to \mathbb{R}$ 에 대하여 다음을 만족시키는 적당한 실수 L 이 존재하면 **함수 f 는 $-\infty$ 에서 극한을 갖는다**고 하고 $\lim_{x\to -\infty} f(x) = L$ 이라 표기한다.

> 임의의 $\epsilon > 0$ 에 대하여 적당한 실수 $M > 0$ 이 존재하여
> $x \leq -M$ 이고 $x \in E$ 이면 $|f(x) - L| < \epsilon$ 이다.

참고 지금까지 살펴본 점 $a \in \mathbb{R}$ 에서 함수 f 에 관한 극한의 모든 정리들은 a 가 ∞ 또는 $-\infty$ 로 바뀌더라도 성립함에 주목하라. ◢

예제 12

$\lim_{x \to \infty} \frac{\sin x}{x} = 0$ 임을 보이시오.

풀이 $x > 0$ 이면 $|\sin x| \leq 1$ 이므로

$$\left| \frac{\sin x}{x} \right| \leq \frac{1}{x}$$

이다. $\epsilon > 0$ 이라 하고 $M = \frac{1}{\epsilon}$ 이라 택하면 $x > M$ 인 모든 x 에 대하여

$$\left| \frac{\sin x}{x} \right| \leq \frac{1}{x} < \epsilon$$

이다. 그러므로 $\lim_{x \to \infty} \frac{\sin x}{x} = 0$ 이다. ◢

예제 13

$f(x) = x \sin \pi x$ 일 때 $\lim_{x \to \infty} f(x)$ 는 존재하지 않음을 보이시오.

풀이 각 $n \in \mathbb{N}$ 에 대하여 $x_n = 2n + \frac{1}{2}$ 이라 하면

$$f(x_n) = \left(2n + \frac{1}{2}\right) \sin\left(2n + \frac{1}{2}\right)\pi = 2n + \frac{1}{2}$$

이다. $\lim_{n \to \infty} x_n = \infty$ 이지만 수열 $\{f(x_n)\}$ 은 유계가 아니므로 연습문제 20에 의해서 $\lim_{x \to \infty} x \sin \pi x$ 는 존재하지 않는다. ◢

4.1 연습문제

01 $f(x)=k\ (k\in\mathbb{R})$이고 $g(x)=x$일 때 극한의 정의를 이용하여 $\lim_{x\to a} f(x)=k$이고 $\lim_{x\to a} g(x)=a$ 임을 보이시오.

02 극한의 정의를 이용하여 다음을 보이시오.

(1) $\lim_{x\to 1} x^3=1$

(2) $\lim_{x\to 2}\sqrt{x}=\sqrt{2}$

(3) $\lim_{x\to 1}\frac{x}{1+x}=\frac{1}{2}$

(4) $\lim_{x\to 2}\frac{x^3-2x-4}{(x^2-4)}=\frac{5}{2}$

(5) $\lim_{x\to 0}\frac{\sqrt{x+a}-\sqrt{a}}{x}=\frac{1}{2\sqrt{a}}\quad(a>0)$

03 다음 각 극한이 존재하는지 조사하시오. 극한이 존재하면 그 값을 구하고, 극한이 존재하지 않으면 그 이유를 설명하시오.

(1) $\lim_{x\to 0}\frac{x}{|x|}$

(2) $\lim_{x\to 0}\frac{1}{x}\left[\frac{1}{(x+1)^2}-1\right]$

(3) $\lim_{x\to 0}\cos\frac{1}{x}$

(4) $\lim_{x\to 0}\sqrt{|x|}\cos\frac{1}{x}$

(5) $\lim_{x\to 1}\frac{x^n-1}{x-1}\quad(n\in\mathbb{N})$

(6) $\lim_{x\to 0} e^{-\frac{1}{x^2}}\sin\frac{1}{x}$

04 예제 6에서 정의된 함수, 즉

$$f(x)=\begin{cases} x\ , & x\in\mathbb{Q} \\ 0\ , & x\in\mathbb{R}\setminus\mathbb{Q}\end{cases}$$

는 $a\neq 0$ 인 모든 점 $a\in\mathbb{R}$ 에서 $\lim\limits_{x\to a}f(x)$ 가 존재하지 않음을 보이시오.(예제 4와 같이 극한의 정의를 이용할 수도 있고, 예제 7과 같이 극한에 대한 수열판정법을 이용할 수도 있다)

05 함수 $f:[0,1]\to\mathbb{R}$ 를

$$f(x)=\begin{cases} \sqrt[n]{2}\ , & x=10^{-n}\ (n\in\mathbb{N}) \\ 0\ , & \text{그렇지 않은 경우}\end{cases}$$

으로 정의할 때 $\lim\limits_{x\to 0+}f(x)$가 존재하지 않음을 보이시오.

06 예제 6을 극한에 대한 수열판정법을 이용하여 보이시오.

07 정리 2의 (1)과 (2)를 보이시오.

08 정리 3을 보이시오.

09 정리 4를 보이시오.

10 $\lim\limits_{x\to 0}f(x)=0$ 일 필요충분조건은 $\lim\limits_{x\to 0}|f(x)|=0$ 임을 보이시오.

11 함수 $f : E \to \mathbb{R}$ 이고 a 가 E의 극한점이며 $\lim_{x \to a} f(x) = L$ 일 때 다음을 보이시오.

(1) $\lim_{x \to a} |f(x)| = |L|$

(2) 모든 $x \in E$ 에 대하여 $f(x) \geq 0$ 이면 $\lim_{x \to a} \sqrt{f(x)} = \sqrt{L}$ 이다.

(3) 각 $n \in \mathbb{N}$ 에 대하여 $\lim_{x \to a} (f(x))^n = L^n$ 이다.

12 이 절의 정리들을 이용하여 삼각함수에 관한 다음의 성질들을 보이시오.
(도움말 : $|\sin x| \leq |x|$ 임을 먼저 보이시오)

(1) $\lim_{x \to 0} \sin x = 0$

(2) $\lim_{x \to 0} \cos x = 1$

(3) $\lim_{x \to a} \sin x = \sin a$, $\lim_{x \to a} \cos x = \cos a$

(4) $\lim_{x \to 0} \dfrac{\sin x}{x} = 1$

(5) $\lim_{x \to 0} \dfrac{1 - \cos x}{x} = 0$

13 함수 $f : (a, b) \to \mathbb{R}$ 이고 $x_0 \in (a, b)$에 대하여 $\lim_{x \to x_0} f(x) > 0$이다.

그러면 $0 < |x - x_0| < \delta$인 모든 $x \in (a, b)$에 대하여 $f(x) \geq \alpha$ 인 적당한 $\alpha > 0$와 $\delta > 0$가 존재함을 보이시오.

14 x_0가 $E(\subset \mathbb{R})$의 극한점이고 함수 $f : E \to \mathbb{R}$ 이다. f 가 x_0에서 극한을 갖는다면 $0 < |x - x_0| < \delta$ 인 모든 $x \in E$ 에 대하여 $|f(x)| \leq M$ 인 적당한 상수 M 과 $\delta > 0$ 가 존재함을 보이시오.

15 함수 f , g : $E(\subset \mathbb{R}) \to \mathbb{R}$ 이고 x_0 가 E의 극한점이다.

(1) $\lim_{x \to x_0} f(x)$와 $\lim_{x \to x_0} (f(x) + g(x))$가 존재하면 $\lim_{x \to x_0} g(x)$가 존재함을 보이시오.

(2) $\lim_{x \to x_0} f(x)$와 $\lim_{x \to x_0} (f(x)\, g(x))$가 존재한다면 $\lim_{x \to x_0} g(x)$가 존재하는지 조사하시오.

16 $E=(-\infty,\ 0)\cup(0,\ \infty)$이고 함수 $f: E\to\mathbb{R}$ 이다. $\lim_{x\to\infty} f(x)=L$일 필요충분조건이 $\lim_{x\to 0} f\left(\frac{1}{|x|}\right)=L$ 임을 보이시오.

17 $a,\ L\in\mathbb{R}$ 이고 함수 $f:(a,\ \infty)\to\mathbb{R}$ 가 $\lim_{x\to\infty} xf(x)=L$을 만족시키면 $\lim_{x\to\infty} f(x)=0$임을 보이시오.

18 함수 $f:\mathbb{R}\to\mathbb{R}$ 가 모든 $x,\ y\in\mathbb{R}$ 에 대하여 $f(x+y)=f(x)+f(y)$이고 $\lim_{x\to 0} f(x)$가 존재한다. 다음을 보이시오.

(1) $\lim_{x\to 0} f(x)=0$

(2) 모든 $a\in\mathbb{R}$ 에 대하여 $\lim_{x\to a} f(x)$가 존재한다.

19 $\lim_{x\to\infty} f(x)=L$ 이면 적당한 $a\in\mathbb{R}$ 에 대하여 f 가 $[a,\ \infty)$에서 유계함수임을 보이시오.

20 $\lim_{x\to\infty} f(x)=L$일 필요충분조건이 f 의 정의역에서 정의되는 $\lim_{n\to\infty} x_n=\infty$ 인 임의의 수열 $\{x_n\}$에 대하여 $\lim_{n\to\infty} f(x_n)=L$ 임을 보이시오.

21 조임정리를 이용하여 다음을 보이시오.

$$\lim_{x\to\infty} a^x = \begin{cases} 0\ , & 0<a<1 \\ \infty\ , & a>1 \end{cases}$$

4.2 연속함수

이 절에서는 직관적으로 함수가 연결되어 있다는, 즉 연속이라는 개념을 ϵ과 δ를 이용하여 엄밀하게 정의하고, 그 성질들에 관하여 살펴본다.

정의 01

E가 $\mathbb{R}$의 부분집합이고 함수 $f : E \to \mathbb{R}$가 다음을 만족시키면 **함수 f는 점 $a \in E$에서 연속이다**(f is continuous at $a \in E$)라고 한다.

임의의 $\epsilon > 0$에 대하여 적당한 $\delta > 0$이 존재하여
$|x - a| < \delta$이고 $x \in E$이면 $|f(x) - f(a)| < \epsilon$이다.

또한 f가 E의 모든 점에서 연속이면 **함수 f는 E에서 연속이다**(f is continuous on E)라고 한다.

참고 (1) $a \in E$가 E의 극한점일 때 f가 점 a에서 연속일 필요충분조건은 다음 두 조건이 성립하는 것이다.

(a) $\lim_{x \to a} f(x)$가 존재한다.

(b) $\lim_{x \to a} f(x) = f(a)$

(2) $a \in E$가 고립점이면 임의의 함수 $f: E \to \mathbb{R}$는 $x = a$에서 연속이다.(이유를 생각하여 보라) ◢

예제 1 (Revisited)

(1) $a \neq 0$이면 함수

$$g(x) = \begin{cases} \dfrac{x^2 - a^2}{x - a}, & x \neq a \\ a, & x = a \end{cases}$$

는 4.1절의 예제 3에 의해서 $\lim_{x \to a} g(x) = 2a \neq g(a)$이므로 g는 $x = a$에서 연속이 아니다.

그러나 $x = a$에서 g의 함숫값을 $2a$라 다시 정의하면 g는 $x = a$에서 연속이다.

(2) 4.1절의 예제 4에서 정의된 디리클레 함수, 즉

$$f(x)=\begin{cases} 1\ , & x\in\mathbb{Q} \\ 0\ , & x\in\mathbb{R}\setminus\mathbb{Q} \end{cases}$$

는 모든 점 $a\in\mathbb{R}$ 에서 불연속이다.

(3) 함수

$$f(x)=\begin{cases} x\ , & x\in\mathbb{Q} \\ 0\ , & x\in\mathbb{R}\setminus\mathbb{Q} \end{cases}$$

는 4.1절의 예제 6에 의해서

$$\lim_{x\to 0} f(x) = 0 = f(0)$$

이므로 $x=0$ 에서 연속이다. 그러나 $a\neq 0$ 일 때 $\lim_{x\to a} f(x)$ 는 존재하지 않으므로(연습문제 4.1의 4 참고) f 는 $a\neq 0$ 인 모든 점 $a\in\mathbb{R}$ 에서 불연속이다.

(4) 4.1절의 예제 5에 의해서 $f(x)=\dfrac{1}{x}$ 은 $x>0$ 인 모든 점에서 연속이다. 그러므로 f 는 $(0,\infty)$ 에서 연속이다.

(5) $f(x)=\begin{cases} x\sin\dfrac{1}{x}\ , & x\neq 0 \\ 0\ , & x=0 \end{cases}$ 으로 정의된 함수 f 는 4.1절의 예제 11에 의해서 $\lim_{x\to 0} f(x) = 0 = f(0)$ 이므로 $x=0$ 에서 연속이다. ◢

$a\in E$ 가 E 의 극한점이면 극한에 대한 수열판정법(4.1절 정리 1)의 결과로 함수 f 가 $x=a$ 에서 불연속임을 보이는데 매우 유용한 다음의 정리를 얻게 된다.

정리 01 연속에 대한 수열판정법 (Sequential criterion for continuity)

$E\subset\mathbb{R}$, $a\in E$ 이고 함수 $f:E\to\mathbb{R}$ 이다. f 가 $x=a$ 에서 연속일 필요충분조건은 E 에서 정의된 임의의 수열 $\{x_n\}$ 에 대하여 $\lim_{n\to\infty} x_n = a$ 이면 $\lim_{n\to\infty} f(x_n) = f(a)$ 인 것이다.

예제 2 (Revisited)

4.1절의 예제 4에서 정의된 디리클레 함수

$$f(x)=\begin{cases}1\ , & x\in\mathbb{Q}\\ 0\ , & x\in\mathbb{R}\setminus\mathbb{Q}\end{cases}$$

가 모든 점 $a\in\mathbb{R}$ 에서 불연속임을 정리 1을 이용하여 보이시오.

풀이 [경우 1] $a\in\mathbb{R}\setminus\mathbb{Q}$

유리수의 조밀성에 의해서 $\lim_{n\to\infty}x_n=a$ 인 유리수열 $\{x_n\}$이 존재하고, 이 수열에 대하여

$$\lim_{n\to\infty}f(x_n)=1\neq 0=f(a)$$

이므로 연속에 대한 수열판정법(정리 1)에 의해서 f는 a에서 연속이 아니다.

[경우 2] $a\in\mathbb{Q}$

무리수의 조밀성에 의해서 $\lim_{n\to\infty}\widehat{x_n}=a$ 인 무리수열 $\{\widehat{x_n}\}$이 존재하고

$$\lim_{n\to\infty}f(\widehat{x_n})=0\neq 1=f(a)$$

이다. 따라서 f는 a에서 불연속이다. ◢

예제 3 **(토매함수, Thomae's function)**

다음과 같이 정의된 함수 $f:\mathbb{R}\to\mathbb{R}$ 를 토매함수라 한다.

$$f(x)=\begin{cases}1\ , & x=0\\ \dfrac{1}{q}\ , & x\text{가 유리수로서 기약분수 }\dfrac{p}{q}\,(q>0)\text{로 나타내어질 때}\\ 0\ , & x\text{가 무리수일 때}\end{cases}$$

(1) 토매함수 f는 모든 유리수에서 불연속이다.

(2) 토매함수 f는 모든 무리수에서 연속이다

풀이 (1) $a\in\mathbb{Q}$ 라 하자. 그러면 $f(a)>0$이다. 무리수의 조밀성에 의해서 $\lim_{n\to\infty}x_n=a$ 이고 $x_n\in\mathbb{R}\setminus\mathbb{Q}$ 인 무리수열 $\{x_n\}$이 존재한다.(이유는?) 그러면 $f(x_n)=0$이므로

$$\lim_{n\to\infty}f(x_n)=0<f(a)$$

이다. 그러므로 연속에 대한 수열판정법(정리 1)에 의해서 f는 임의의 유리수 a에서 연속이 아니다.

(2) $a\in\mathbb{R}\setminus\mathbb{Q}$ 라 하자. $f(a)=0$ 이고 모든 $x\in\mathbb{R}$ 에 대하여 $f(x)\geq 0$이므로 임의의 $\epsilon>0$ 에 대하여 $|x-a|<\delta$ 이면

$$f(x) < \epsilon$$

인 적당한 $\delta > 0$가 존재함을 보이면 된다. 이제 $N > \frac{1}{\epsilon}$인 적당한 $N \in \mathbb{N}$을 택하고 S_N을 분모 q가 $0 < q < N$이면서 구간 $(a-1, a+1)$에 속하는 유리수 $\frac{p}{q}$의 집합, 즉

$$S_N = \left\{ \frac{p}{q} \mid \left|a - \frac{p}{q}\right| \le 1,\ \ 0 < q < N \right\}$$

이라 하자. S_N은 단지 유한개의 원소만을 포함하고 $a \notin S_N$이므로 다음과 같이 $\delta > 0$를 정의할 수 있다.

$$\delta = \min\{ |x - a| \mid x \in S_N \}$$

따라서 구간 $(a-\delta, a+\delta)$에 속하는 $0 < q < N$인 유리수 $\frac{p}{q}$는 존재하지 않는다. 그러므로 $|x-a| < \delta$인 모든 x에 대하여 다음 두 성질 중 하나가 성립한다.

(a) x가 무리수이고, 따라서 $f(x) = 0 < \epsilon$이다.

(b) x가 $q \ge N$인 $x = \frac{p}{q}$로 표현되는 유리수이고, 따라서 $f(x) = \frac{1}{q} \le \frac{1}{N} < \epsilon$이다.

그러므로 f는 무리수 a에서 연속이다. ◢

참고 예제 3에서 정의된 토매함수는 **팝콘함수**(the popcorn function), **변형된 디리클레 함수**(the modified Dirichlet function), **리만함수**(Riemann function)라고도 불린다. 또한 영어로는 the raindrop function, the countable cloud function, the ruler function, the Stars over Babylon 등 다양한 이름으로 불리기도 한다. ◢

예제 4

다음과 같이 정의된 함수 f는 $x=0$에서 불연속임을 보이시오.

$$f(x) = \begin{cases} \sin\frac{1}{x}, & x \ne 0 \\ 0, & x = 0 \end{cases}$$

풀이 $x_n = \dfrac{1}{\frac{\pi}{2} + 2n\pi}$이라 하면 $\lim_{n\to\infty} x_n = 0$이고

$$\lim_{n\to\infty} f(x_n) = \sin\left(\frac{\pi}{2} + 2n\pi\right) = 1 \ne 0 = f(0)$$

이다. 따라서 연속에 대한 수열판정법(정리 1)에 의해서 f는 $x=0$에서 불연속이다. ◢

정리 2의 응용으로 연속함수들의 대수적 연산으로 얻어지는 함수들도 연속임을 알 수 있다.

정리 02

$E \subset \mathbb{R}$ 일 때 함수 $f, g : E \to \mathbb{R}$ 가 점 $a \in E$ 에서 연속이면 다음이 성립한다.
(1) $(f \pm g)(x) = f(x) \pm g(x)$는 $x = a$ 에서 연속이다.
(2) $(fg)(x) = f(x)g(x)$는 $x = a$ 에서 연속이다.
(3) 모든 $x \in E$ 에 대하여 $g(x) \neq 0$ 이면 $\left(\frac{f}{g}\right)(x) = \frac{f(x)}{g(x)}$는 $x = a$ 에서 연속이다.

증명 a가 E의 고립점이면 E에서 정의되는 모든 함수가 연속이므로 원하는 결과들이 성립한다. 그리고 a가 E의 극한점일 때도 정리 2에 의하서 정리가 성립한다. ◢

다음으로 연속인 두 함수의 합성함수가 연속임을 보이자.

정리 03

$A, B \subset \mathbb{R}$ 이고 함수 $f : A \to \mathbb{R}$ 와 $g : B \to \mathbb{R}$ 는 $f(A) \subset B$ 인 함수이다. f 가 $a \in A$ 에서 연속이고 g 가 $f(a)$에서 연속이면 $(g \circ f)(x) = g(f(x))$는 $x = a$ 에서 연속이다.

증명 $\epsilon > 0$ 이라 하면 g가 $f(a)$에서 연속이므로 적당한 $\eta > 0$ 가 존재하여 $|y - f(a)| < \eta$ 인 모든 $y \in B$ 에 대하여

$$|g(y) - g(f(a))| < \epsilon$$

이다. 또한 f가 $x = a$ 에서 연속이므로 적당한 $\delta > 0$ 가 존재하여 $|x - a| < \delta$ 인 모든 $x \in A$ 에 대하여

$$|f(x) - f(a)| < \eta$$

이다. 따라서 $|x - a| < \delta$ 이고 $x \in A$ 이면

$$|g(f(x)) - g(f(a))| < \epsilon$$

이다. 그러므로 $g \circ f$ 는 $x = a$ 에서 연속이다. ◢

예제 5

(1) 4.1절의 예제 9에 의해서 임의의 다항함수 $P(x)$는 모든 점에서 연속이다. 따라서 모든 다항함수는 $\mathbb{R}$ 에서 연속임을 알 수 있다.

(2) $p(x), q(x)$가 $\mathbb{R}$에서 정의된 다항함수이고 $E = \{ x \in \mathbb{R} \mid q(x) = 0 \}$이라 하면 정리 2에 의해서 유리함수

$$r(x) = \frac{p(x)}{q(x)} \quad (x \in \mathbb{R} \setminus E)$$

는 $\mathbb{R} \setminus E$에서 연속이다.

(3) $\sin x$는 $\mathbb{R}$에서 연속이고(연습문제 3) $\dfrac{1}{x}$은 $x \neq 0$인 모든 점에서 연속이므로 예제 4에서 정의된 함수

$$f(x) = \begin{cases} \sin \dfrac{1}{x} &, x \neq 0 \\ 0 &, x = 0 \end{cases}$$

은 정리 2에 의해서 $x \neq 0$인 모든 점에서 연속이다. 즉, f는 $\mathbb{R} \setminus \{0\}$에서 연속이다. ◢

이제 연속성의 매우 중요한 몇 가지 성질들에 대하여 살펴보자.

정리 04

함수 $f : [a, b] \to \mathbb{R}$가 $[a, b]$에서 연속이면 f는 $[a, b]$에서 유계이다.

증명 f가 $[a, b]$에서 유계가 아니라 가정하자. 그러면 임의의 $n \in \mathbb{N}$에 대하여

$$|f(x_n)| > n$$

인 $x_n \in [a, b]$이 존재한다. $[a, b]$가 유계인 구간이므로 $\{x_n\}$은 유계수열이다. 따라서 수열에 대한 볼차노-바이어슈트라스 정리(2.4절 정리 4)에 의해서 $\{x_n\}$의 수렴하는 부분수열 $\{x_{n_k}\}$가 존재한다. $\lim\limits_{k \to \infty} x_{n_k} = c$라 하면 $a \le x_{n_k} \le b$이므로 $a \le c \le b$이다. f가 c에서 연속이므로 연속에 대한 수열판정법(정리 1)에 의해서

$$\lim_{k \to \infty} f(x_{n_k}) = f(c)$$

이다. 그러므로 $\{f(x_{n_k})\}$는 유계수열이다. 그러나 이는

$$\lim_{k \to \infty} |f(x_{n_k})| \ge \lim_{k \to \infty} |n_k| = \infty$$

이므로 모순이다. 그러므로 f는 $[a, b]$에서 유계이다. ◢

정리 05 최대최소정리(The maximum-minimum theorem)

함수 $f:[a,b]\to\mathbb{R}$ 가 $[a,b]$에서 연속이면 모든 $x\in[a,b]$에 대하여

$$f(q)\le f(x)\le f(p)$$

인 적당한 $p, q\in[a,b]$가 존재한다.

증명 $M=\sup\{f(x)\mid a\le x\le b\}$, $m=\inf\{f(x)\mid a\le x\le b\}$라 하면 정리 4에 의해서 집합 $\{f(x)\mid a\le x\le b\}$가 유계이므로 $M, m\in\mathbb{R}$이다. $M=\sup\{f(x)\mid a\le x\le b\}$이므로 1.4절 정리 2 (1)에 의해서 각 $n\in\mathbb{N}$에 대하여

$$M-\frac{1}{n}<f(x_n)\le M \qquad \cdots\cdots (4.3)$$

인 적당한 $x_n\in[a,b]$이 존재한다. 수열 $\{x_n\}$이 유계이므로 수열에 대한 볼차노-바이어슈트라스 정리(2.4절 정리 4)에 의해서 $\{x_n\}$의 수렴하는 부분수열 $\{x_{n_k}\}$가 존재한다. $\lim_{k\to\infty}x_{n_k}=p$라 하면 $a\le x_{n_k}\le b$ 이므로 $a\le p\le b$ 이다. f가 p 에서 연속이므로 연속에 대한 수열판정법(정리 1)에 의해서

$$\lim_{k\to\infty}f(x_{n_k})=f(p)$$

이다. 한편 (4.3)으로부터

$$M-\frac{1}{n_k}<f(x_{n_k})\le M$$

이고, 따라서

$$\lim_{k\to\infty}f(x_{n_k})=M$$

이다. 그러므로 $f(p)=M$ 이다.
비슷한 방법으로 $f(q)=m$ 인 $q\in[a,b]$가 존재함을 보일 수 있으므로 증명은 독자들에게 연습문제로 남긴다. ◢

정리 06 중간값 정리(Intermediate value theorem)

함수 $f:[a,b]\to\mathbb{R}$ 가 연속이고 $f(a)<f(b)$이다. 적당한 실수 γ 에 대하여

$$f(a)\le\gamma\le f(b)$$

이면 $f(c)=\gamma$ 인 적당한 $c\in(a,b)$가 존재한다.

증명 모든 $x \in [a, b]$에 대하여 $g(x) = f(x) - \gamma$라 정의하면

$$g(a) = f(a) - \gamma < 0 \text{ 이고 } g(b) = f(b) - \gamma > 0$$

이다. g가 $[a, b]$에서 연속이므로 적당한 $\delta_1 > 0$이 존재하여 모든 $x \in [a, a+\delta_1)$에 대하여 $g(x) < 0$이다. 또한 모든 $x \in (b-\delta_2, b]$에 대하여 $g(x) > 0$인 적당한 $\delta_2 > 0$가 존재한다.(연습문제 16 참고)

$$c = \sup\{x \in [a, b] \mid g(x) < 0\}$$

이라 하면 $a < c < b$이고, 적당한 $\delta > 0$가 존재하여 모든 $x \in (c, c+\delta)$에 대하여 $g(x) \geq 0$이다. 따라서 g가 연속이므로

$$\lim_{x \to c} g(x) = g(c) \geq 0$$

이 성립한다.

이제 $g(c) \leq 0$임을 보이기 위해 다음 세 가지 조건을 만족하는 수열 $\{x_n\}$을 택하자.(수열 $\{x_n\}$이 존재하는 이유를 생각하여 보라)

(a) $a < x_n < c$

(b) $\lim_{n \to \infty} x_n = c$

(c) $g(x_n) < 0$

그러면 g가 $x = c$에서 연속이므로 $\lim_{n \to \infty} g(x_n) = g(c) \leq 0$이다.

그러므로 $g(c) = 0$, 즉 $f(c) = \gamma$이다. ◢

중간값 정리의 응용으로 다음 두 정리를 얻을 수 있다.

따름정리 01 **구간 보존 정리**

$I \subset \mathbb{R}$가 구간이고 함수 $f : I \to \mathbb{R}$가 연속이면 $f(I)$는 구간이다.

증명 $s, t \in f(I)$이고 $s < t$라 하면 $f(a) = s$, $f(b) = t$가 되는 $a \neq b$인 $a, b \in I$가 존재한다. 일반성을 잃지 않고 $a < b$라 가정하자. $s < \gamma < t$이면 f가 $[a, b]$에서 연속이므로 중간값 정리에 의해서

$$f(c) = \gamma$$

가 되는 적당한 $c \in (a, b)$가 존재하고, 따라서 $\gamma \in f(I)$이다. 그러므로 $f(I)$는 구간이다. ◢

따름정리 02 **고정점 정리(Fixed point theorem)**

함수 $f : [a, b] \to [a, b]$가 연속이면 f는 $[a, b]$에서 고정점을 갖는다. 즉, $f(x_0) = x_0$인 적당한 $x_0 \in [a, b]$가 존재한다.

증명 $g(x)=f(x)-x$ 라 하면 $f(a), f(b)\in[a,b]$ 이므로

$$g(a)=f(a)-a\geq 0 \text{ 이고 } g(b)=f(b)-b\leq 0$$

이다. 만약 $g(a)=0$ 또는 $g(b)=0$ 이면 $x=a$ 또는 $x=b$ 가 각각 원하는 고정점이 되므로 $g(a)\neq 0$ 이고 $g(b)\neq 0$ 이라 가정하자. 그러면 중간값 정리에 의해서 적당한 $x_0\in(a,b)$ 가 존재하여

$$g(x_0)=0, \text{ 즉 } f(x_0)=x_0$$

이다. ◢

예제 6

임의의 순간에 적도 위의 각 지점의 온도는 거리의 연속함수로 가정할 수 있다. 그렇다면 임의의 순간에 똑같은 온도를 갖는 대척점(antipodal points)의 짝이 존재함을 보이시오.

풀이 적도에서 임의의 한 점을 택하고, 그 점으로부터 거리 x 를 측정하자. L 을 적도의 총 길이라 하고 $T(x)$ 를 x 에서의 온도라 하자.(단, $0\leq x\leq L$) $x=0$ 과 $x=L$ 은 적도 위에 있는 같은 지점을 나타내므로 $T(0)=T(L)$ 이다. 이제

$$g(x)=T(x)-T\left(x+\frac{L}{2}\right)$$

이라 정의하면 g 는 구간 $\left[0, \frac{L}{2}\right]$ 에서 연속이다. 그리고

$$g(0)=T(0)-T\left(\frac{L}{2}\right)=T(L)-T\left(\frac{L}{2}\right)=-\left[T\left(\frac{L}{2}\right)-T(L)\right]=-g\left(\frac{L}{2}\right)$$

이다. $g(0)=0$ 이면 $T\left(\frac{L}{2}\right)=T(0)$ 이고, 따라서 $x=0$ 과 $x=\frac{L}{2}$ 은 서로 대척점의 짝이다. $g(0)\neq 0$ 이면 $g(0)$ 와 $g\left(\frac{L}{2}\right)$ 은 서로 반대 부호를 가지므로 중간값 정리에 의해서

$$g(c)=0, \text{ 즉 } T(c)-T\left(c+\frac{L}{2}\right)$$

인 적당한 $c\in\left(0, \frac{L}{2}\right)$ 가 존재한다. 그러므로 $x=c$ 와 $x=c+\frac{L}{2}$ 은 똑같은 온도를 갖는 대척점의 짝이다. ◢

참고 예제 6에서 **대척점**(antipodal point)이란 지구상의 한 지점에 대하여 그 지점과 지구의 중심을 연결하는 선 위에 위치하는 정반대쪽 지구 표면의 지점을 뜻한다. ◢

4.2 연습문제

01 함수 $f:\mathbb{R}\to\mathbb{R}$ 가

$$f(x)=\begin{cases} 4x \ , & x\in\mathbb{Q} \\ x^2+4 \ , & x\in\mathbb{R}\setminus\mathbb{Q} \end{cases}$$

일 때 f가 $x=2$에서만 유일하게 연속임을 보이시오.

02 함수 $f:\mathbb{R}\to\mathbb{R}$ 가

$$f(x)=\begin{cases} x \ , & x\in\mathbb{Q} \\ x^2 \ , & x\in\mathbb{R}\setminus\mathbb{Q} \end{cases}$$

일 때 f가 연속이 되는 모든 점을 구하시오.

03 (1) $f(x)=\sin x$가 $\mathbb{R}$ 에서 연속임을 보이시오.

(2) $g(x)=\cos x$가 $\mathbb{R}$ 에서 연속임을 보이시오.

04 $f(x)=\sqrt{x}$ 가 $E=[0,\infty)$에서 연속임을 보이시오.

05 $E\subset\mathbb{R}$ 이고 함수 $f:E\to\mathbb{R}$ 는 점 $a\in E$ 에서 연속이다.

(1) $|f|$가 a에서 연속임을 보이시오. 그리고 그 역은 참인지 조사하시오.

(2) $g(x)=\sqrt{|f(x)|}$ $(x\in E)$라 할 때 g가 $x=a$에서 연속임을 보이시오.

06 $E \subset \mathbb{R}$ 이고 함수 $f : E \to \mathbb{R}$ 가 E에서 연속이다. 각 $n \in \mathbb{N}$ 에 대하여 $f^n(x) = (f(x))^n$ 이라 정의된 함수 f^n 은 E 에서 연속임을 보이시오.

07 다음과 같이 정의된 함수 f 는 $\mathbb{R}$ 에서 연속임을 보이시오.

$$f(x) = \begin{cases} x^2, & x \le 1 \\ 3 - 2x, & x > 1 \end{cases}$$

08 $E \subset \mathbb{R}$ 이고 함수 $f, g : E \to \mathbb{R}$ 는 점 $a \in E$ 에서 연속이다. 다음과 같이 정의된 각 함수가 $x = a$ 에서 연속임을 보이시오.

(1) $\max\{f, g\}(x) = \max\{f(x), g(x)\}, \ x \in E$

(2) $\min\{f, g\}(x) = \min\{f(x), g(x)\}, \ x \in E$

(3) $f^+(x) = \max\{f(x), 0\}, \ x \in E$

(4) $f^-(x) = \max\{-f(x), 0\}, \ x \in E$

09 다음에 정의된 함수 f 는 주어진 구간 I 에서 적어도 한 개의 실근을 갖는다는 것을 보이시오.

(1) $f(x) = a_n x^n + a_{n-1} x^{n-1} + \cdots + a_1 x + a_0$ ($a_n \ne 0$, n은 홀수), $I = \mathbb{R}$

(2) $f(x) = e^x - 3x - \sin x$, $I = (0, 1)$

(3) $f(x) = \cos x - x$, $I = \left(0, \dfrac{\pi}{2}\right)$

10 f가 $[a, b]$에서 연속이고 $f(a) = f(b)$이면 $f(x) = f(y)$인 적당한 점 $x \in \left[a, \dfrac{a+b}{2}\right]$와 $y = x + \dfrac{b-a}{2} \in \left[\dfrac{a+b}{2}, b\right]$가 존재함을 보이시오.

11 $E \subset \mathbb{R}$ 이고 함수 $f : E \to \mathbb{R}$ 가 연속이면 $F = \{x \in E \mid f(x) = 0\}$은 E에서 닫힌 집합임을 보이시오.

12 연속인 두 함수 $f:(a,b)\to\mathbb{R}$ 와 $g:(a,b)\to\mathbb{R}$ 가 모든 유리수 $x\in(a,b)$에 대하여 $f(x)=g(x)$이면 모든 $x\in(a,b)$에 대하여 $f(x)=g(x)$임을 보이시오.

13 함수 $f:\mathbb{R}\to\mathbb{R}$ 이고 모든 $x,\ y\in\mathbb{R}$ 에 대하여 $f(x+y)=f(x)+f(y)$이다.

(1) f가 적당한 점 $a\in\mathbb{R}$ 에서 연속이면 f는 $\mathbb{R}$ 에서 연속임을 보이시오.

(2) f가 $\mathbb{R}$ 에서 연속이면 모든 $x\in\mathbb{R}$ 에 대하여 $f(x)=cx$ 임을 보이시오.(여기서 $c=f(1)$이다)

14 함수 $f:\mathbb{R}\to\mathbb{R}$ 가 항등적으로 0인 상수함수가 아니고 모든 $x,\ y\in\mathbb{R}$ 에 대하여 $f(x+y)=f(x)+f(y)$일 때 다음을 보이시오.

(1) $f(0)=1$이고 임의의 $x\in\mathbb{R}$ 에 대하여 $f(x)\neq 0$ 이다.

(2) 임의의 $x,y\in\mathbb{R}$ 에 대하여 $f(x-y)=\dfrac{f(x)}{f(y)}$ 이다.

(3) 임의의 $x\in\mathbb{R}$ 와 임의의 $r\in\mathbb{Q}$ 에 대하여 $f(rx)=(f(x))^r$ 이다.

(4) f 가 0 에서 연속이면 f 는 $\mathbb{R}$ 에서 연속이다.

15 $f:\mathbb{R}\to\mathbb{R}$ 가 $f(0)=1$인 연속함수이고, 모든 $x,y\in\mathbb{R}$ 에 대하여 $f(x+y)=f(x)f(y)$이면 적당한 양수 a에 대하여 $f(x)=a^x$ 임을 보이시오.

16 $E\subset\mathbb{R}$ 이고 함수 $f:E\to\mathbb{R}$ 는 점 $a\in E$에서 연속이다. $f(a)>0$이면 $x\in N_\delta(a)\cap E$에 대하여 $f(x)\geq\alpha$ 인 적당한 $\alpha>0$와 $\delta>0$가 존재 함을 보이시오.

17 함수 $f:\mathbb{R}\to\mathbb{R}$ 가 $x=a$에서 연속이면 f는 a의 적당한 근방에서 유계함수임을 보이시오.

18 함수 $f:(0,\ 1)\to\mathbb{R}$ 는 다음과 같이 정의된다.

$$f(x)=\begin{cases} q\,, & x\text{ 가 유리수로서 기약분수 }\dfrac{p}{q}\text{로 나타내어질 때} \\ 0\,, & x\text{ 가 무리수일 때}\end{cases}$$

(1) f가 임의의 열린 구간 $I\subset(0,1)$에서 유계가 아님을 보이시오.

(2) 연습문제 17을 이용하여 f 가 $(0,1)$의 모든 점에서 불연속임을 보이시오.

19 $\mathbb{Q}$와 일대일 대응인 집합을 $\{r_n \mid n\in\mathbb{N}\}$이라 하자. 수열 $\{a_n\}$이 $a_n\neq 0\ (n\in\mathbb{N})$이고 $\lim_{n\to\infty}a_n=0$일 때 함수 $f:\mathbb{R}\to\mathbb{R}$를

$$f(x)=\begin{cases} a_n\,, & x=r_n \\ 0\,, & x\in\mathbb{R}\setminus\mathbb{Q}\end{cases}$$

로 정의하면 f는 $\mathbb{R}\setminus\mathbb{Q}$에서 연속임을 보이시오.

20 따름정리 1을 $f(K)$가 유계인 닫힌 집합임을 보임으로써 증명하시오.

21 $f:[0,1]\to\mathbb{R}$가 연속함수이다. 임의의 $x\in[0,\ 1]$에 대하여 적당한 $y\in[0,\ 1]$가 존재하여 $|f(y)|\le\dfrac{1}{5}|f(x)|$를 만족하면 $f(c)=0$인 $c\in[0,\ 1]$이 존재함을 보이시오.

22 연속함수 $f:[a,b]\to\mathbb{R}$에 대하여 $L-\dfrac{1}{n}<f(x_n)<L+\dfrac{1}{n}\ (n\in\mathbb{N})$을 만족하는 수열 $\{x_n\}$이 있다. 이때 $\lim_{n\to\infty}x_n=a$라 하면 $f(a)=L$임을 보이시오.

23 연속함수 $f:[0,1]\to\mathbb{R}$에 대하여 집합 $\{f(x) \mid x\in[0,1]\}$의 상한을 M이라 할 때 $f(x_0)=M$을 만족하는 $x_0\in[0,1]$이 존재함을 보이시오.(도움말 : 수열에 대한 볼차노-바이어슈트라스 정리를 이용하시오)

24 $E=(a,\ b)$이고 $f:E\to\mathbb{R}$가 연속함수이다. 이 경우 $\lim_{x\to a}f(x)=l_1<0$이고 $\lim_{x\to b}f(x)=l_2>0$이면 $f(c)=0$인 $c\in E$가 존재함을 보이시오.
(단, $-\infty\le a<b\le\infty$, $l_1\ge-\infty$이고 $l_2\le\infty$이다)

SUPPLEMENT 연속성과 콤팩트(Continuity and Compactness)

이 절을 마치기 전에 3장의 콤팩트 집합의 개념을 이용하여 연속함수의 여러 가지 위상적 성질을 살펴본다. 특히 정리 5의 최대최소정리보다 일반화된 정리(정리 10)를 소개한다.

정의 02

$X \subset \mathbb{R}$ 이다.

(1) $U \subset X$ 일 때 모든 $a \in U$에 대하여 $N_\epsilon(a) \cap X \subset U$ 인 적당한 $\epsilon > 0$ 이 존재하면 집합 U 는 X **에서 열린 집합**(open set in X) 또는 X **에 상대적 열린 집합**(relatively open set to X)이라 한다.

(2) $C \subset X$ 일 때 $X \setminus C$ 가 X 에서 열린 집합이면 C 는 X **에서 닫힌 집합**(closed set in X) 또는 X **에 상대적 닫힌 집합**(relatively closed set to X)이라 한다.

예제 7

$X = [0, \infty)$이고 $U = [0, 1)$이면 U는 $\mathbb{R}$ 에서 열린 집합이 아니지만 X 에서 열린 집합이다.

◢

정리 07

$X \subset \mathbb{R}$ 이다.

(1) $U \subset X$ 가 X 에서 열린 집합일 필요충분조건은 $\mathbb{R}$ 의 적당한 열린 부분집합 O 에 대하여 $U = X \cap O$ 인 것이다.

(2) $C \subset X$ 가 X 에서 닫힌 집합일 필요충분조건은 $\mathbb{R}$ 의 적당한 닫힌 부분집합 F 에 대하여 $C = X \cap F$ 인 것이다.

증명 독자들에게 연습문제로 남긴다. ◢

다음 정리는 연속함수의 위상적 특징을 아주 잘 나타내주는 결과이다.

정리 08

$E \subset \mathbb{R}$ 이고 함수 $f : E \to \mathbb{R}$ 이다. 그러면 f 가 E 에서 연속일 필요충분조건은 $\mathbb{R}$ 의 모든 열린 부분집합 V 에 대하여 $f^{-1}(V)$가 E 에서 열린 집합인 것이다.

증명 f가 E 에서 연속이고 V가 $\mathbb{R}$ 의 열린 부분집합이라 하자.

$f^{-1}(V)=\varnothing$ 이면 자명하므로 $a\in f^{-1}(V)$라 가정하자. 그러면 $f(a)\in V$이다. V가 열린 집합이므로 $N_\epsilon(f(a))\subset V$인 적당한 $\epsilon>0$이 존재한다.
f가 a에서 연속이므로 모든 $x\in N_\delta(a)\cap E$에 대하여 $f(x)\in N_\epsilon(f(a))$인 적당한 $\delta>0$가 존재한다. 즉, $N_\delta(a)\cap E\subset f^{-1}(V)$이다. $a\in f^{-1}(V)$가 임의의 점이므로 $f^{-1}(V)$는 E에서 열린 집합이다.
반대로, $\mathbb{R}$의 모든 열린 부분집합 V에 대하여 $f^{-1}(V)$가 E에서 열린 집합이라 가정하자.
$a\in E$이고 $\epsilon>0$이라 하면 가정에 의해서 $f^{-1}(N_\epsilon(f(a)))$는 E에서 열린 집합이고, 따라서 적당한 $\delta>0$가 존재하여

$$E\cap N_\delta(a)\subset f^{-1}(N_\epsilon(f(a)))$$

이다. 즉, 모든 $x\in N_\delta(a)\cap E$에 대하여 $f(x)\in N_\epsilon(f(a))$이다. 그러므로 f는 $x=a$에서 연속이다. ◢

정리 09

K가 $\mathbb{R}$의 콤팩트 부분집합이고 함수 $f:K\to\mathbb{R}$가 K에서 연속이면 $f(K)$는 콤팩트 집합이다.

증명 $\{V_\alpha \mid \alpha\in A\}$를 $f(K)$의 열린 덮개라 하자. f가 K에서 연속이므로 정리 8에 의해서 모든 $\alpha\in A$에 대하여 $f^{-1}(V_\alpha)$는 K에서 열린 집합이다. 정리 7에 의해서 각 $\alpha\in A$에 대하여 $\mathbb{R}$의 적당한 열린 부분집합 U_α가 존재하여

$$f^{-1}(V_\alpha)=K\cap U_\alpha$$

이다. 만약 $a\in K$이면 $f(a)\in f(K)$이고, 따라서 적당한 $\alpha\in A$에 대하여 $f(a)\in V_\alpha$이다. 그러므로 $a\in f^{-1}(V_\alpha)$이고, 따라서 $a\in U_\alpha$이다. 각 U_α가 역시 열린 집합이므로 $\{U_\alpha \mid \alpha\in A\}$는 K의 열린 덮개이다. K가 콤팩트 집합이므로 적당한 $\alpha_1, \cdots, \alpha_n\in A$가 존재하여

$$K\subset\bigcup_{i=1}^{n}U_{\alpha_i}$$

이다. 따라서

$$K=\bigcup_{i=1}^{n}\left(U_{\alpha_i}\cap K\right)=\bigcup_{i=1}^{n}f^{-1}\left(V_{\alpha_i}\right)$$

이고

$$f(K)=\bigcup_{i=1}^{n}f\left(f^{-1}\left(V_{\alpha_i}\right)\right)$$

이다.(이유는?) $f(f^{-1}(V_{\alpha_i})) \subset V_{\alpha_i}$ 이므로 $f(K) \subset \bigcup_{i=1}^{n} V_{\alpha_i}$ 이다. 그러므로 $f(K)$는 콤팩트 집합이다.

◢

위 정리의 결과로 정리 5의 최대최소정리(the maximum-minimum theorem)보다 일반화된 다음의 결과를 얻게 된다.

정리 10 **최대최소정리(The maximum-minimum theorem)**

K 가 $\mathbb{R}$ 의 콤팩트 부분집합이고 함수 $f: K \to \mathbb{R}$ 가 연속이다. 그러면 모든 $x \in K$ 에 대하여

$$f(q) \leq f(x) \leq f(p)$$

인 적당한 $p, q \in K$ 가 존재한다.

증명 $M = \sup\{f(x) \mid x \in K\}$ 라 하자. 정리 9에 의해서 $f(K)$ 가 콤팩트 집합이다. 따라서 $f(K)$ 가 유계이므로 $M < \infty$ 이다. 또한 $f(K)$ 가 닫힌 집합이므로 $M \in f(K)$ 이다. 그러므로 $f(p) = M$ 인 적당한 $p \in K$가 존재한다.

비슷하게 $m = \inf\{f(x) \mid x \in K\}$에 대하여도 보일 수 있으므로 증명은 생략한다. ◢

정리 11 **중간값 정리(Intermediate value theorem)**

함수 $f: [a, b] \to \mathbb{R}$ 가 연속이고 $f(a) < f(b)$ 이다. 적당한 실수 γ 에 대하여

$$f(a) \leq \gamma \leq f(b)$$

이면 $f(c) = \gamma$ 인 적당한 $c \in (a, b)$ 가 존재한다.

증명 $A = \{x \in [a, b] \mid f(x) \leq \gamma\}$라 하면 $a \in A$이므로 $A \neq \varnothing$ 이고 A는 b에 의해서 위로 유계이다. 따라서 완비성공리(1.4절 공리 1)에 의해서 A는 $\mathbb{R}$ 에서 상한을 갖는다. $c = \sup A$ 라 하면 b가 A 의 상계이므로 $c \leq b$ 이다.

[주장] $f(c) = \gamma$

$c = \sup A$ 이므로 $c \in A$ 이거나 c는 A 의 극한점이다. $c \in A$ 이면 $f(c) \leq \gamma$ 이다. 만약 c가 A 의 극한점이면 2.4절 정리 2에 의해서 $\lim_{n\to\infty} a_n = c$ 이고 $a_n \in A$인 수열 $\{a_n\}$이 존재한다. $a_n \in A$이므로 $f(a_n) \leq \gamma$ 이다. f가 c에서 연속이므로 연속에 대한 수열판정법(정리 1)에 의해서

$$f(c) = \lim_{n\to\infty} f(a_n) \leq \gamma$$

이다. 그러므로 $f(c) \le \gamma$ 이다.

이제 $f(c) < \gamma$ 라 가정하자. $\epsilon = \frac{1}{2}(\gamma - f(c))$ 라 하면 $\epsilon > 0$ 이다. f가 c에서 연속이므로 적당한 $\delta > 0$가 존재하여 $|x-c| < \delta$이고 $x \in [a, b]$이면

$$f(c) - \epsilon < f(x) < f(c) + \epsilon$$

이다. 그런데 $f(c) < \gamma$이므로 $c \ne b$이고, 따라서 $(c,\ b] \cap (c-\delta,\ c+\delta)$이다.
그러므로 $c < x < c + \delta$인 임의의 $x \in (c,\ b]$에 대하여

$$f(x) < f(c) + \epsilon = f(c) + \frac{1}{2}\gamma - \frac{1}{2}f(c) = \frac{1}{2}(f(c) + \gamma) < \gamma$$

이고, 그래서 $x \in A$ 이고 $x > c$ 이다. 그러나 이는 $c = \sup A$ 라는 사실에 모순이다.
그러므로 $f(c) = \gamma$ 이다. ◢

4.3 균등연속

4.2절에서 우리는 적당한 점 또는 집합에서 함수의 연속성에 관하여 살펴보았다. 4.2절 정의 1에 의해서 함수 $f: E \to \mathbb{R}$가 집합 E에서 연속이라는 것은 각 $a \in E$와 임의의 $\epsilon > 0$에 대하여 적당한 $\delta > 0$가 존재하여 $x \in E \cap N_\delta(a)$이면

$$|f(x) - f(a)| < \epsilon$$

이 성립하는 것이다. 일반적으로 임의의 $\epsilon > 0$에 대하여 δ는 ϵ과 함수 f뿐만 아니라 주어진 점 a에도 의존하게 된다. 이 절에서는 δ를 주어진 점 a에 의존하지 않고 독립적으로 택할 수 있는 균등연속함수에 관하여 소개한다.

정의 01

$E \subset \mathbb{R}$이고 함수 $f : E \to \mathbb{R}$가 다음을 만족시키면 함수 **f는 E에서 균등연속** 또는 **평등연속이다**(f is uniformly continuous on E)라고 한다.

임의의 $\epsilon > 0$에 대하여 적당한 $\delta > 0$가 존재하여
$|x - y| < \delta$이고 $x,\ y \in E$이면 $|f(x) - f(y)| < \epsilon$이다.

참고 정의 1에서 δ는 $\epsilon > 0$과 함수 f 그리고 집합 E에 의존하지만 임의의 점 $x \in E$에는 독립적이어야 한다는 점에 주목하라. ◢

예제 1

$\mathbb{R}$의 유계인 부분집합 E에 대하여 $f(x) = x^2$은 E에서 균등연속임을 보이시오.

풀이 E가 유계이므로 모든 $x \in E$에 대하여

$$|x| \le M$$

인 적당한 상수 $M > 0$이 존재한다. $x, y \in E$이면

$$\begin{aligned} |f(x) - f(y)| &= |x^2 - y^2| = |x+y||x-y| \\ &\le (|x|+|y|)|x-y| \\ &\le 2M|x-y| \end{aligned}$$

이다. 임의의 $\epsilon > 0$에 대하여 $\delta = \dfrac{\epsilon}{2M}$이라 하자. $x, y \in E$이고 $|x - y| < \delta$이면 위의 부등식에 의해서

$$|f(x) - f(y)| \le 2M|x-y| < 2M\delta = \epsilon$$

이다. 그러므로 f는 E에서 균등연속이다. ◢

예제 2

$f(x)=\sin x$는 $\mathbb{R}$에서 균등연속임을 보이시오.

풀이 모든 $x, y \in \mathbb{R}$에 대하여

$$\begin{aligned} |f(x)-f(y)| &= |\sin x - \sin y| \\ &= 2\left|\cos\frac{1}{2}(x+y)\ \sin\frac{1}{2}(x-y)\right| \\ &\le 2\left|\sin\frac{1}{2}(x-y)\right| \end{aligned}$$

이고, 임의의 $\alpha \in \mathbb{R}$에 대하여 $|\sin\alpha| \le |\alpha|$이므로(연습문제 4.1의 12 참고)

$$|f(x)-f(y)| \le |x-y|$$

이다. $\epsilon > 0$이라 하고 $\delta = \epsilon$으로 택하면 $|x-y| < \delta$인 모든 $x, y \in \mathbb{R}$에 대하여

$$|f(x)-f(y)| < \epsilon$$

이다. 그러므로 f는 $\mathbb{R}$에서 균등연속이다. ◢

예제 3

$f(x)=\dfrac{1}{x}$일 때 다음을 보이시오.

(1) f는 $(0, \infty)$에서 균등연속이 아니다.

(2) $a>0$이면 f는 $[a, \infty)$에서 균등연속이다.

풀이 (1) 결론을 부정하여 f가 $(0, \infty)$에서 균등연속이라 가정하자.
그러면 정의에 의해서 $|x-y| < \delta$인 모든 $x, y \in (0, \infty)$에 대하여

$$|f(x)-f(y)| = \left|\frac{1}{x} - \frac{1}{y}\right| < 1$$

이 되는 적당한 $\delta > 0$가 존재한다. 아르키메데스의 성질을 이용하여 $\dfrac{1}{N} < \delta$인 자연수 N을 택하고, 각 $n \in \mathbb{N}$에 대하여 $x_n = \dfrac{1}{n}$이라 하면 모든 $n \ge N$에 대하여

$$|x_n - x_{n+1}| = \frac{1}{n} - \frac{1}{n+1} < \frac{1}{n} < \delta$$

이지만

$$|f(x_n)-f(x_{n+1})| = |n-(n+1)| = 1$$

이다. 그러나 이것은 $|x-y|<\delta$인 모든 $x,\ y\in(0,\ \infty)$에 대하여 $|f(x)-f(y)|<1$이라는 사실에 모순이다. 그러므로 f는 $(0,\infty)$에서 균등연속이 아니다.

(2) $x,\ y\in[a,\infty)$라 하면

$$|f(x)-f(y)| = \left|\frac{x-y}{xy}\right| \le \frac{1}{a^2}|x-y|$$

이다. 따라서 임의의 $\epsilon>0$에 대하여 $0<\delta<a^2\epsilon$인 δ를 택하면 $|x-y|<\delta$인 모든 $x,\ y\in[a,\infty)$에 대하여

$$|f(x)-f(y)|<\epsilon$$

이다. 그러므로 f는 $[a,\infty)$에서 균등연속이다. ◢

이제 E에서 정의되는 함수 $f:E\to\mathbb{R}$가 균등연속이 될 충분조건에 관하여 살펴보자.

정의 02 리프시츠 함수(Lipschitz function)

$E\subset\mathbb{R}$이고 함수 $f:E\to\mathbb{R}$가 E에서 **리프시츠 조건**(Lipschitz condition)을 만족시키면, 즉 적당한 상수 $M>0$이 존재하여 모든 $x,\ y\in E$에 대하여

$$|f(x)-f(y)|\le M|x-y|$$

이면 함수 f를 **리프시츠 함수**(Lipschitz function)라 한다.

정리 01

$E\subset\mathbb{R}$이고 함수 $f:E\to\mathbb{R}$가 리프시츠 함수이면 f는 E에서 균등연속이다.

증명 연습문제 1. ◢

참고 정리 1에 의해서 모든 리프시츠 함수는 균등연속임을 알 수 있다. 그러나 모든 균등연속 함수가 리프시츠 함수인 것은 아니다.(연습문제 4 참고) ◢

정리 09 균등연속 정리(Uniform continuity theorem)

$K\subset\mathbb{R}$가 콤팩트 집합이고 함수 $f:K\to\mathbb{R}$가 K에서 연속이면 f는 K에서 균등연속이다.

증명 $\epsilon>0$이라 하자. f가 각 $a\in K$에 대하여 연속이므로 $x\in K\cap N_{2\delta_a}(a)$이면

$$|f(x)-f(a)|<\frac{\epsilon}{2} \qquad \cdots\cdots (4.3)$$

인 적당한 $\delta_a>0$가 존재한다. 그러면 집합

$$\left\{ N_{\delta_a}(a) : a \in K \right\}$$

는 K의 열린 덮개이고 K가 콤팩트 집합이므로 K에서 서로 다른 유한개의 점들 $a_1, a_2, \cdots, a_n$이 존재하여

$$K \subset \bigcup_{i=1}^{n} N_{\delta_{a_i}}(a_i)$$

이다.

이제 $\delta = \min\left\{ \delta_{a_i} \mid 1 \le i \le n \right\}$이라 하면 $\delta > 0$이다. $|x-y| < \delta$이고 $x, y \in K$라 하자. $x \in K$이므로 적당한 $1 \le i \le n$에 대하여 $x \equiv N_{\delta_{a_i}}(a_i)$이다. 또한 $|x-y| < \delta \le \delta_{a_i}$이므로

$$x,\ y \in N_{2\delta_{a_i}}(a_i)$$

이다. 따라서 삼각 부등식과 식 (4.3)에 의해서

$$\begin{aligned} |f(x) - f(y)| &\le |f(x) - f(a_i)| + |f(a_i) - f(y)| \\ &< \frac{\epsilon}{2} + \frac{\epsilon}{2} = \epsilon \end{aligned}$$

이다. 그러므로 f는 K 위에서 균등연속이다. ◢

따름정리 01

함수 $f : [a, b] \to \mathbb{R}$가 연속이면 f는 $[a, b]$에서 균등연속이다.

4.3 연습문제

01 정리 1을 보이시오.

02 다음과 같이 E에서 정의된 함수 f가 E에서 균등연속인지 조사하시오.

(1) $f(x) = x^2$, $E = [0, \infty)$
(2) $f(x) = x^2$, $E = \mathbb{N}$
(3) $f(x) = \dfrac{1}{x}$, $E = [1, \infty)$
(4) $f(x) = \dfrac{1}{x^2}$, $E = (0, \infty)$
(5) $f(x) = \dfrac{1}{x^3}$, $E = [1, \infty)$
(6) $f(x) = \dfrac{x}{1+x}$, $E = [0, \infty)$
(7) $f(x) = \dfrac{1}{x^2+1}$, $E = \mathbb{R}$
(8) $f(x) = e^{-x}$, $E = [0, \infty)$
(9) $f(x) = e^{\frac{1}{x}}$, $E = (0, 1)$
(10) $f(x) = e^{-\frac{1}{x}}$, $E = (0, 1)$
(11) $f(x) = \sin^2 x$, $E = [0, \infty)$
(12) $f(x) = \sin\dfrac{1}{x}$, $E = (0, \infty)$
(13) $f(x) = \dfrac{\sin x}{x}$, $E = (0, 1)$

03 다음 각 함수가 집합 E에서 리프시츠 함수임을 보이시오.

(1) $f(x) = \dfrac{1}{x}$, $E = [a, \infty)$ $(a > 0)$
(2) $f(x) = \dfrac{x}{1+x^2}$, $E = [0, \infty)$
(3) $f(x) = \sin\dfrac{1}{x}$, $E = [a, \infty)$ $(a > 0)$

04 $f(x) = \sqrt{x}$에 대하여 다음을 보이시오.

(1) $a > 0$일 때 f는 $[a, \infty)$에서 리프시츠 함수이다.
(2) f는 $[0, \infty)$에서 리프시츠 함수가 아니다.
(3) f는 $[0, \infty)$에서 균등연속이다.

05 $E \subset \mathbb{R}$ 이고 함수 $f, g : E \to \mathbb{R}$ 는 E 에서 균등연속이다.

(1) $f + g$ 가 E 에서 균등연속임을 보이시오.

(2) f 와 g 가 유계함수이면 fg 도 E 에서 균등연속임을 보이시오.

06 $E \subset \mathbb{R}$ 이고 함수 $f : E \to \mathbb{R}$ 가 E 에서 균등연속이다. $\{x_n\}$이 E 에서 정의되는 코시 수열이라면 $\{f(x_n)\}$도 코시 수열임을 보이시오.

07 $f : (a, b) \to \mathbb{R}$ 가 (a, b)에서 균등연속이다. 연습문제 6을 이용하여 f가 $[a, b]$에서 연속이 되도록 a와 b에서 f의 함숫값을 정의하시오.

08 f가 $E \subset \mathbb{R}$ 에서 균등연속이고 모든 $x \in E$ 에 대하여 $|f(x)| \geq k$인 상수 $k > 0$ 이 존재할 때 $\dfrac{1}{f}$이 E 에서 균등연속임을 보이시오.

09 E 가 $\mathbb{R}$ 의 유계인 부분집합일 때 함수 $f : E \to \mathbb{R}$ 가 E 에서 균등연속이면 f는 E 에서 유계임을 보이시오.

10 $-\infty \le a < c < b \le \infty$이고 함수 $f:(a, b) \to \mathbb{R}$가 (a, b)에서 연속이다. f가 (a, c)와 (c, b)에서 동시에 균등연속이면 f는 (a, b)에서 균등연속임을 보이시오.

11 $a \in \mathbb{R}$이고 $f:[a, \infty) \to \mathbb{R}$는 연속함수이다. 적당한 $l \in \mathbb{R}$에 대하여 $\lim_{x \to \infty} f(x) = l$일 때 다음을 보이시오.

(1) f는 $[a, \infty)$에서 유계이다.

(2) f는 $[a, \infty)$에서 균등연속이다.

12 **(축약사상정리, Contractive mapping theorem)** $E \subset \mathbb{R}$이고 함수 $f: E \to E$가 **축약함수**(contractive function), 즉 적당한 $0 < k < 1$이 존재하여 모든 $x, y \in E$에 대하여

$$|f(x) - f(y)| \le k|x - y|$$

이다. 이 경우 E가 닫힌 집합이면 f의 유일한 고정점(fixed point), 즉 $f(x) = x$인 유일한 $x \in E$가 존재함을 보이시오.

13 $f: \mathbb{R} \to \mathbb{R}$가 연속인 **주기함수**(periodic function), 즉 모든 $x \in \mathbb{R}$에 대하여 적당한 $p \in \mathbb{R}$가 존재하여 $f(x+p) = f(x)$를 만족시키는 연속함수이면 f는 $\mathbb{R}$에서 유계이고 균등연속임을 보이시오.

14 다음 명제가 참이면 증명하고 거짓이면 반례를 들어 설명하시오.

f가 $\mathbb{R}$에서 연속이고 유계함수이면 f는 $\mathbb{R}$에서 균등연속이다.

4.4 단조함수와 불연속성

이 절에서는 구간 $I \subset \mathbb{R}$ 에서 정의된 실숫값 함수(real valued function)에 관한 극한과 연속성에 관하여 좀 더 살펴본다. 특히 함수가 불연속이 되는 점들의 형태를 분류한다. 그리고 제6장의 리만-스틸체스 적분을 다루는데 중요한 단조함수의 성질들을 소개한다. 우선 이러한 개념과 성질들을 소개하기 전에 함수의 한쪽 극한(one-sided limit), 즉 왼쪽 극한(left limit)과 오른쪽 극한(right limit)에 관하여 정의한다.

왼쪽 극한과 오른쪽 극한

정의 01

$E \subset \mathbb{R}$ 이고 a가 $E \cap (a, \infty)$의 극한점일 때 함수 $f : E \to \mathbb{R}$ 에 대하여 다음을 만족시키는 적당한 실수 L 이 존재하면 **함수 f가 $x = a$ 에서 오른쪽 극한을 갖는다**(f has a right limit at $x = a$)고 한다.

임의의 $\epsilon > 0$에 대하여 적당한 $\delta > 0$가 존재하여
$a < x < a + \delta$ 이고 $x \in E$ 이면 $|f(x) - L| < \epsilon$ 이다.

이 경우

$$\lim_{x \to a+} f(x) = L \text{ 또는 } x \to a+ \text{ 일 때 } f(x) \to L$$

이라 표기한다.
비슷하게, a가 $E \cap (-\infty, a)$의 극한점이면 함수 f 의 $x = a$ 에서 **왼쪽 극한**(left limit)을 정의하고,

$$\lim_{x \to a-} f(x) = L \text{ 또는 } x \to a- \text{ 일 때 } f(x) \to L$$

이라 표기한다.

극한의 정의(4.1절 정의 1)와 한쪽 극한의 정의(정의 1)로부터 다음 정리를 얻을 수 있다. 여기서 증명은 명백하므로 생략한다.

정리 01

$\mathrm{Int}(I) \neq \varnothing$인 임의의 구간 I에 대하여 함수 $f: I \to \mathbb{R}$가 $a \in \mathrm{Int}(I)$에서 극한을 가질 필요충분조건은 다음 두 조건이 성립하는 것이다.

(a) $\lim_{x \to a+} f(x)$와 $\lim_{x \to a-} f(x)$가 존재한다.

(b) $\lim_{x \to a+} f(x) = \lim_{x \to a-} f(x)$

다음과 같이 점 $a \in \mathbb{R}$에서 함수의 오른쪽 연속(right continuity)과 왼쪽 연속(left continuity)을 정의한다.

정의 02

$E \subset \mathbb{R}$이고 함수 $f: E \to \mathbb{R}$가 다음을 만족시키면 함수 $f: E \to \mathbb{R}$는 점 $a \in E$에서 오른쪽 연속 (또는 왼쪽 연속)이라 한다.

임의의 $\epsilon > 0$에 대하여 적당한 $\delta > 0$가 존재하여
$a \le x < a + \delta$ (또는 $a - \delta < x \le a$)이고 $x \in E$이면

$$|f(x) - f(a)| < \epsilon$$

이다.

위 정의로부터 다음 정리를 얻을 수 있다. 증명은 독자들에게 연습문제(연습문제 1)로 남긴다.

정리 02

함수 $f: (a, b) \to \mathbb{R}$가 점 $x_0 \in (a, b)$에서 오른쪽 연속일 필요충분조건은 $\lim_{x \to x_0+} f(x)$가 존재하고 $f(x_0)$와 같은 것이다.
비슷하게, f가 점 $x_0 \in (a, b)$에서 왼쪽 연속일 필요충분조건은 $\lim_{x \to x_0-} f(x)$가 존재하고 $f(x_0)$와 같은 것이다.

불연속의 형태

위 정리 2에 의해서 함수 $f:(a, b)\to\mathbb{R}$ 가 점 $x_0 \in (a, b)$에서 연속일 필요충분조건은

(a) $\lim_{x\to x_0+} f(x)$와 $\lim_{x\to x_0-} f(x)$가 존재하고

(b) $\lim_{x\to x_0+} f(x) = \lim_{x\to x_0-} f(x) = f(x_0)$

가 성립하는 것이다. 구간 I에서 정의된 실숫값 함수(real valued function) f가 점 $x_0 \in I$에서 연속이 되지 않는 이유는 여러 가지가 있다. 그 중에서 $\lim_{x\to x_0} f(x)$는 존재하지만 함숫값 $f(x_0)$와 같지 않거나, 또는 $x = x_0$에서 함숫값이 정의되지 않은 경우가 있다. 이러한 함수는 $x = x_0$에서 함숫값을

$$f(x_0) = \lim_{x\to x_0} f(x)$$

로 다시 정의하거나, 또는 정의함으로써 $x = x_0$에서 연속으로 만들 수 있다.

이러한 불연속을 **없앨 수 있는 불연속**(removable discontinuity)이라 하고, 그렇지 않은 불연속을 **없앨 수 없는 불연속**(irremovable discontinuity)이라 부른다. 예를 들면, 4.2절의 예제 1의 (1)에서 정의된 함수

$$g(x) = \begin{cases} \dfrac{x^2 - a^2}{x - a}, & x \neq a \\ a, & x = a \end{cases}$$

는 $a \neq 0$일 때 $\lim_{x\to a} g(x) = 2a \neq g(a)$이므로 $x = a$에서 연속이 아니다. 그러나 $g(a) = 2a$로 함숫값을 다시 정의하면 g는 $x = a$에서 연속이 된다. 그러므로 a는 함수 g의 없앨 수 있는 불연속점이다.

함수 f의 불연속을 그 가능성에 따라서 다음과 같이 분류할 수도 있다.

정의 03

> $I \subset \mathbb{R}$ 가 구간이고 함수 $f: I\to\mathbb{R}$ 이다. $a \in \mathrm{Int}(I)$일 때 $\lim_{x\to a+} f(x)$와 $\lim_{x\to a-} f(x)$가 모두 존재하지만 f가 a에서 연속이 아니면 함수 f는 점 a에서 **도약 불연속**(jump discontinuity)이라 한다.
> 만약, $a \in I$가 구간 I의 왼쪽 (또는 오른쪽) 끝점인 경우는 $\lim_{x\to a+} f(x)$ (또는 $\lim_{x\to a-} f(x)$)가 존재하지만 f가 a에서 연속이 아니면 f는 점 a에서 도약 불연속이라 한다.

참고 정의 3에 의해서 함숫값이 정의되어 있는 경우 없앨 수 있는 불연속은 도약 불연속의 한 종류로 생각할 수 있다. ◢

정의 04

함수 f가 $x=a$에서 도약 불연속이면 f를 $x=a$에서 **단순 불연속**(simple discontinuity) 또는 **제1종 불연속**(discontinuities of the first kind)이라고도 한다. 제1종 불연속이 아닌 다른 모든 불연속은 **제2종 불연속**(discontinuities of the second kind)이라 한다.

예제 1

$f(x)=[x]$를 각 $x\in\mathbb{R}$에 대하여 x보다 크지 않은 최대 정수를 대응시키는 **가우스함수**, 즉 **최대정수함수**(the greatest integer function)라 하자. 각 $n\in\mathbb{Z}$에 대하여

$$\lim_{x\to n-}[x]=n-1 \text{ 이고 } \lim_{x\to n+}[x]=n$$

이므로 f는 각 정수에서 도약 불연속, 따라서 제1종 불연속이다. 참고로, f는 각 정수에서 오른쪽 연속이며, f가 각 구간 $(n-1,\, n)$, $n\in\mathbb{Z}$에서 상수함수이므로 f는 모든 $x\in\mathbb{R}\setminus\mathbb{Z}$에서 연속이다. ◢

예제 2

(1) $\mathbb{R}$에서 정의된 함수

$$f(x)=\begin{cases} 0 & , \quad x\le 0 \\ \sin\dfrac{1}{x} & , \quad x>0 \end{cases}$$

은 $\lim_{x\to 0-}f(x)=0$이지만 $\lim_{x\to 0+}f(x)$는 존재하지 않는다.(4.1절의 예제 7과 비슷한 방법으로 보일 수 있다) 따라서 f는 $x=0$에서 제2종 불연속이다.

(2) 4.1절의 예제 8에 의해서 디리클레 함수

$$f(x)=\begin{cases} 1, & x\in\mathbb{Q} \\ 0, & x\in\mathbb{R}\setminus\mathbb{Q} \end{cases}$$

는 모든 실수에서 제2종 불연속이다. ◢

단조함수

정의 05

함수 $f: I \to \mathbb{R}$ 이다.

(1) $x < y$ 인 모든 $x, y \in I$ 에 대하여 $f(x) \le f(y)$ 이면 함수 f 를 I 에서 **단조증가함수**(monotone increasing function) 또는 간단히 **증가함수**(increasing function)라 한다. 특히 $f(x) < f(y)$ 이면 f 를 I 에서 **순증가함수**(strictly increasing function)라 한다.

(2) $x < y$ 인 모든 $x, y \in I$ 에 대하여 $f(x) \ge f(y)$ 이면 함수 f 를 I 에서 **단조감소함수**(monotone decreasing function) 또는 간단히 **감소함수**(decreasing function)라 한다. 특히 $f(x) > f(y)$ 이면 f 를 I 에서 **순감소함수**(strictly decreasing function)라 한다.

(3) 함수 f 가 I 에서 증가 또는 감소함수이면 f 를 I 에서 **단조함수**(monotone function)라 한다.

다음은 단조함수에 관한 중요한 결과이다.

정리 03

$I \subset \mathbb{R}$ 가 열린 구간이고 $f: I \to \mathbb{R}$ 가 증가함수이면 모든 점 $a \in I$ 에서 $\lim_{x \to a+} f(x)$ 와 $\lim_{x \to a-} f(x)$ 가 모두 존재하고

$$\sup\{f(x) \mid x < a,\ x \in I\} = \lim_{x \to a-} f(x) \le f(a) \le \lim_{x \to a+} f(x) = \inf\{f(x) \mid x > a,\ x \in I\}$$

이다. 뿐만 아니라, $a < b$ 인 $a, b \in I$ 에 대하여

$$\lim_{x \to a+} f(x) \le \lim_{x \to b-} f(x)$$

이다.

증명 $a \in I$ 라 하자. f 가 I 에서 증가함수이므로 집합

$$\{f(x) \mid x < a,\ x \in I\}$$

는 $f(a)$ 에 의해서 위로 유계이고, 따라서 실수의 완비성 공리에 의해서 상한이 존재한다.

$$A = \sup\{f(x) \mid x < a,\ x \in I\}$$

라 하면 $A \le f(a)$ 이다. 이제 2.3절 정리 1(단조수렴정리)와 비슷하게

$$\lim_{x \to a-} f(x) = A$$

임을 보이자. $\epsilon > 0$ 이라 하면 1.4절 정리 2에 의해서

$$A - \epsilon < f(x_0) \le A \text{ 이고 } x_0 < a$$

인 $x_0 \in I$ 가 존재한다. 그러므로 $x_0 < x < a$ 이면

$$A - \epsilon < f(x_0) \le f(x) \le A$$

이고, 따라서 $x_0 < x < a$ 인 모든 x 에 대하여

$$|f(x) - A| < \epsilon$$

이다. 그러므로 $\lim_{x \to a-} f(x) = A$ 이다. 비슷하게,

$$f(a) \le \lim_{x \to a+} f(x) = \inf\{f(x) \mid a < x,\ x \in I\}$$

임을 보일 수 있다.
마지막으로, $a < b$ 이고 $a, b \in I$ 라 가정하면

$$\begin{aligned}\lim_{x \to a+} f(x) &= \inf\{f(x) \mid a < x,\ x \in I\} \\ &\le \inf\{f(x) \mid a < x < b\} \\ &\le \sup\{f(x) \mid a < x < b\} \\ &\le \sup\{f(x) \mid x < b,\ x \in I\} = \lim_{x \to b-} f(x)\end{aligned}$$

이다. ◢

따름정리 01

f 가 I 에서 단조함수이면 함수 f 는 기껏해야 가산개의 점들에서 불연속이다.

증명 함수 f가 I에서 불연속인 모든 점들의 집합을 E 라 하고, 일반성을 잃지 않고 f가 I에서 증가함수라 가정하자. 그러면

$$a \in E \text{ 일 필요충분조건은 } \lim_{x \to a-} f(x) < \lim_{x \to a+} f(x)$$

가 성립하는 것이다. 각 $a \in E$ 에 대하여

$$\lim_{x \to a-} f(x) < r_a < \lim_{x \to a+} f(x)$$

인 유리수 r_a 를 택하자. $a < b$ 라 하면 정리 3에 의해서

$$\lim_{x\to a+} f(x) < \lim_{x\to b-} f(x)$$

이다. 그러므로 $a, b \in E$ 이면 $r_a \neq r_b$ 이고, 따라서 $\varphi(a) = r_c$ 로 정의되는 함수

$$\varphi : E \to \mathbb{Q}$$

는 일대일 함수, 즉 단사함수이다. 그러므로 E 는 $\mathbb{Q}$ 의 부분집합 $\varphi(E)$와 동치이고, 따라서 기껏해야 가산집합이다. ◢

역함수

구간 $I \subset \mathbb{R}$ 에서 정의된 함수 $f : I \to \mathbb{R}$ 가 순증가 또는 순감소함수라 하면 $x \neq y$ 인 임의의 $x, y \in I$ 에 대하여 $f(x) \neq f(y)$ 임을 쉽게 보일 수 있다. 그러므로 f 는 일대일 함수이고, 결국 $f(I)$ 에서 정의된 역함수 f^{-1} 를 갖는다는 것을 알 수 있다. 게다가, f 가 I 에서 연속이면 f^{-1} 도 역시 $f(I)$ 에서 연속임을 다음 정리를 통하여 알 수 있다.

정리 04 **역함수 법칙(Inverse function rule)**

$I \subset \mathbb{R}$ 가 구간이고 $f : I \to \mathbb{R}$ 는 순증가함수 (또는 순감소함수)이다. f 가 I 에서 연속이면 f 의 역함수

$$f^{-1} : f(I) \to I$$

가 존재하고 f^{-1} 는 순증가(또는 순감소)인 연속함수이다.

증명 일반성을 잃지 않고 여기서는 f가 I에서 순증가함수라 가정한다. 역함수 $f^{-1}: f(I) \to I$의 존재성은 자명하므로 f^{-1}가 순증가하는 연속함수임을 보이자.

[단계 1] f^{-1}는 $f(I)$ 에서 순증가함수이다.
$y_1, y_2 \in f(I)$ 이고 $y_1 < y_2$ 라 하면

$$f(x_1) = y_1 \text{ 이고 } f(x_2) = y_2$$

인 적당한 $x_1, x_2 \in I$가 존재한다. $x_1 \geq x_2$ 라 가정하면

$$y_1 = f(x_1) \geq f(x_2) = y_2$$

이므로 모순이 된다. 따라서 $x_1 < x_2$, 즉

$$f^{-1}(y_1) = x_1 < x_2 = f^{-1}(y_2)$$

이다. 그러므로 f^{-1}는 순증가함수이다.

[단계 2] f^{-1}는 $f(I)$에서 연속이다.
구간 보존 정리(4.2절 따름정리 1)에 의해서 $f(I)$는 구간이다. 여기서는 증명을 간단히 하기 위해서 $y \in f(I)$이고 y가 구간 $f(I)$의 양 끝점이 아니라고 가정한다.(y가 양 끝점인 경우도 비슷하게 보일 수 있다) 그러면

$$y = f(x)$$

인 적당한 $x \in I$가 존재한다. 연속에 대한 수열판정법(4.2절 정리 1)을 이용하기 위하여 $\{y_n\}$을 $\lim_{n\to\infty} y_n = y$인 $f(I)$에서 정의되는 임의의 수열이라 하자. f가 I에서 순증가함수이므로 모든 $\epsilon > 0$에 대하여

$$f(x-\epsilon) < f(x) < f(x+\epsilon)$$

이고, $\lim_{n\to\infty} y_n = y = f(x)$이므로 $n \geq N$인 모든 자연수 n에 대하여

$$f(x-\epsilon) < y_n < f(x+\epsilon)$$

인 $N \in \mathbb{N}$이 존재한다. 단계1에서 f^{-1}가 순증가함수이므로 $n \geq N$이면

$$f^{-1}(f(x-\epsilon)) = x-\epsilon < f^{-1}(y_n) < f^{-1}(f(x+\epsilon)) = x+\epsilon$$

즉

$$x-\epsilon < f^{-1}(y_n) < x+\epsilon$$

이다. 따라서 $\lim_{n\to\infty} f^{-1}(y_n) = x = f^{-1}(y)$이다. 그러므로 연속에 대한 수열판정법(4.2절 정리 1)에 의해서 f^{-1}는 $f(I)$에서 연속이다. ◢

예제 3

$f(x) = x^n$ $(n \in \mathbb{N})$은 $I = [0, \infty)$에서 순증가인 연속함수이고(이유는?) $f(I) = [0, \infty)$이다. 따라서 f의 역함수 $f^{-1}(y) = \sqrt[n]{y}$는 $[0, \infty)$에서 연속이다. 결과적으로 함수 $g(x) = \sqrt[n]{x}$는 $[0, \infty)$에서 순증가인 연속함수이다. ◢

4.4 연습문제

01 정리 2를 보이시오.

02 $\mathbb{R}$ 에서 정의된 다음 각 함수 f 의 $x=0$에서 왼쪽 극한 $\lim_{x\to 0-} f(x)$와 오른쪽 극한 $\lim_{x\to 0+} f(x)$가 존재하는지 조사하고, 극한이 존재하면 구하시오.

(1) $f(x)=\begin{cases} \dfrac{x}{|x|}, & x \neq 0 \\ 0, & x=0 \end{cases}$

(2) $f(x)=\begin{cases} x[x], & x \leq 0 \\ \dfrac{[x]}{x}, & x>0 \end{cases}$

(3) $f(x)=[1-x^2]$

(4) $f(x)=[x^2-1]$

(5) $f(x)=\begin{cases} \left[\dfrac{1}{x}\right], & x \neq 0 \\ 0, & x=0 \end{cases}$

(6) $f(x)=\begin{cases} x\left[\dfrac{1}{x}\right], & x \neq 0 \\ 0, & x=0 \end{cases}$

03 연습문제 2에서 주어진 함수 f가 $x=0$에서 없앨 수 있는 불연속인지 아닌지, 또는 도약 불연속인지, 혹은 제2종 불연속인지 조사하시오.

04 $x=2$에서 $f(x)=(x-2)[x]$의 연속성을 조사하시오.

05 $f(x)=\sin(2\pi x[x])$로 정의된 함수 $f:\mathbb{R}\to\mathbb{R}$에 대하여 다음을 보이시오.

(1) f는 $\mathbb{R}$에서 연속이다.

(2) f는 $\mathbb{R}$에서 균등연속이 아니다.

06 다음과 같이 정의된 함수 f가 $x=-2$에서 없앨 수 있는 불연속이 되도록 a의 값을 구하시오.

$$f(x)=\begin{cases}-x^2[x]\ , & x<-2\\ x+a\ , & x>-2\end{cases}$$

07 $E\subset\mathbb{R}$이고 함수 $f:E\to\mathbb{R}$이다. $a\in\mathbb{R}$가 $E\cap(a,\infty)$의 극한점일 때 $\lim_{x\to a+}f(x)=L$일 필요충분조건은 $x_n>a$인 E에서 정의된 임의의 수열 $\{x_n\}$에 대하여 $\lim_{n\to\infty}x_n=a$이면 $\lim_{n\to\infty}f(x_n)=L$이 성립하는 것임을 보이시오.

08 $f:(a,b)\to\mathbb{R}$가 연속함수일 때 다음 세 명제가 동치임을 보이시오.

(1) f가 (a,b)에서 균등연속이다.

(2) $\lim_{x\to a+}f(x)$와 $\lim_{x\to b-}f(x)$가 존재한다.

(3) $[a,b]$에서 f의 연속인 확장함수 f^*가 존재한다. 즉, 모든 $x\in(a,b)$에 대하여 $f^*(x)=f(x)$인 연속함수 $f^*:[a,b]\to\mathbb{R}$가 존재한다.

09 $m\in\mathbb{Z}$이고 $n\in\mathbb{N}$일 때 $f(x)=x^{\frac{m}{n}}$은 $(0,\infty)$에서 연속임을 보이시오.

10 $I\subset\mathbb{R}$가 구간이고 $f:I\to\mathbb{R}$가 연속인 일대일 함수이면 f는 순증가 또는 순감소함수임을 보이시오.

5 미분

이 장에서는 현대 수학의 꽃이라 할 수 있는 17세기 중반에 뉴튼(Isaac Newton, 1642−1727)과 라이프니츠(Gottfried Wilhelm Leibniz, 1646−1716)에 의해서, 같은 시기에 그렇지만 독립적으로, 고안된 미분의 이론을 코시(Baron Augustin Louis Cauchy, 1789−1857)에 의해 정립된 정의를 기초로 하여 살펴본다.

5.1절에서는 대수적 연산과 합성에 의해서 얻어지는 함수들의 기본적인 미분의 성질들에 관하여 소개하고, 5.2절에서는 평균값 정리와 그 응용에 관하여 다룬다. 마지막으로 5.3절에서는 평균값 정리의 또 다른 중요한 응용으로써 부정형의 함수의 극한을 구하는 데 유용한 로피탈의 정리에 관하여 살펴본다.

5.1 도함수

이 절에서는 코시의 정의에 기초하여 미분을 정의하고 함수들의 대수적 연산에 의한 미분의 여러 가지 성질들을 살펴본다.

정의 01

$I \subset \mathbb{R}$ 가 구간이고 $a \in I$ 일 때 함수 $f : I \to \mathbb{R}$ 에 대하여 극한

$$\lim_{x \to a} \frac{f(x) - f(a)}{x - a}$$

가 존재하면 f는 **점 a에서 미분가능하다**(f is differentiable at a)고 한다. 이 경우 극한을 $f'(a)$로 표기하고 **f의 a에서 도함수**(the derivative) 또는 **미분계수**(the differential coefficient)라 부른다. 만약 집합 $E \subset I$의 모든 점에서 f의 도함수가 정의되면 **f는 E에서 미분가능하다**(f is differentiable on E)고 한다.

참고 (1) a가 구간 I의 내점이면 충분히 작은 모든 h에 대하여 $a+h \in I$이다.
정의 1에서 $x=a+h\,(h \neq 0)$라 하면 f의 a에서 도함수의 정의는 그 극한이 존재하면

$$f'(a) = \lim_{h \to 0} \frac{f(a+h)-f(a)}{h}$$

로 나타낼 수 있다.

(2) 정의 1에서 a가 구간 I의 끝점이 될 수도 있다는 것에 유의하라. 예를 들어, $a \in I$가 구간 I의 왼쪽 끝점이고 극한이 존재하면

$$f'(a) = \lim_{x \to a+} \frac{f(x)-f(a)}{x-a} = \lim_{h \to 0+} \frac{f(a+h)-f(a)}{h}$$

이다.

(3) $a \in I$가 구간 I의 내점일 때 극한의 정의에 의해서 f의 a에서 미분계수 $f'(a)$가 존재한다는 것은 f의 a에서 **왼쪽 도함수**(the left derivative)

$$f_-'(a) = \lim_{h \to 0-} \frac{f(a+h)-f(a)}{h}$$

와 f의 a에서 **오른쪽 도함수**(the right derivative)

$$f_+'(a) = \lim_{h \to 0+} \frac{f(a+h)-f(a)}{h}$$

가 동시에 존재하고 $f_-'(a) = f_+'(a)$인 것이다.

(4) f가 구간 I에서 미분가능한 함수일 때 라이프니츠의 표현방법을 따라서 $y=f(x)$의 도함수를 나타내기 위하여

$$\frac{d}{dx}f(x),\ \frac{df}{dx}\ \text{또는}\ \frac{dy}{dx}$$

로 표기하기도 한다.

(5) f가 구간 I에서 미분가능한 함수이면 도함수 $f'(x)$도 역시 구간 I에서 정의되는 함수이다. 만약 f'이 $a \in I$에서 도함수를 갖는다면, 즉 극한

$$\lim_{h \to 0} \frac{f'(a+h)-f'(a)}{h}$$

가 존재하면 $f''(a)$로 나타내고 그 극한을 f의 a에서 **2계도함수**(the second derivative)라 부른다. 이러한 방법으로 f의 a에서 **n계도함수**(the nth derivative)를 정의하고 이에 상응하는 극한을 $f^{(n)}(a)$로 나타낸다. ◢

예제 1

$f(x) = mx$ 의 도함수를 구하시오.

풀이 $\lim_{h \to 0}\frac{f(x+h)-f(x)}{h} = \lim_{h \to 0}\frac{m(x+h)-mx}{h} = \lim_{h \to 0}\frac{mh}{h} = m$ 이다.

그러므로 $f'(x) = m$ 이다. ◢

예제 2

$f(x) = x^2$ 의 도함수를 구하시오.

풀이 $\lim_{h \to 0}\frac{f(x+h)-f(x)}{h} = \lim_{h \to 0}\frac{(x+h)^2-x^2}{h} = \lim_{h \to 0}(2x+h) = 2x$ 이다.

그러므로 $f'(x) = 2x$ 이다. ◢

예제 3

$f(x) = \sqrt{x}\ (x>0)$ 의 도함수를 구하시오.

풀이

$$\begin{aligned}\lim_{h \to 0}\frac{f(x+h)-f(x)}{h} &= \lim_{h \to 0}\frac{\sqrt{x+h}-\sqrt{x}}{h} \\ &= \lim_{h \to 0}\left(\frac{\sqrt{x+h}-\sqrt{x}}{h} \times \frac{\sqrt{x+h}+\sqrt{x}}{\sqrt{x+h}+\sqrt{x}}\right) \\ &= \lim_{h \to 0}\frac{1}{\sqrt{x+h}+\sqrt{x}} \\ &= \frac{1}{2\sqrt{x}}\end{aligned}$$

이다. 따라서 $f'(x) = \frac{1}{2\sqrt{x}}$ 이다 ◢

참고 예제 3에서 함수 $f(x) = \sqrt{x}$ 는 실제로 $x \geq 0$ 이면 정의된다. 그러나 $f(x)$ 의 도함수는 $x = 0$ 에서는 정의되지 않는다는 것에 유의하라.(그 이유를 생각하여 보라) ◢

예제 4

유리함수 $f(x) = \frac{1}{x}$ 의 도함수를 구하시오.

풀이 $\lim_{h\to 0}\frac{f(x+h)-f(x)}{h} = \lim_{h\to 0}\frac{\frac{1}{x+h}-\frac{1}{x}}{h} = \lim_{h\to 0}\frac{-1}{x(x+h)} = -\frac{1}{x^2}$ 이다.

따라서 $f'(x) = -\frac{1}{x^2}$ 이다. ◢

예제 5

$f(x) = \sin x$ 의 도함수를 구하시오.

풀이 $\sin(x+h) = \sin x\cos h + \cos x\sin h$ 이므로

$$\frac{\sin(x+h)-\sin x}{h} = \sin x\frac{\cos h - 1}{h} + \cos x\frac{\sin h}{h}$$

이다. 그러므로 연습문제 4.1의 12에 의해서

$$\lim_{h\to 0}\frac{\sin(x+h)-\sin(x)}{h} = \cos x$$

이고, 따라서 $f'(x) = \cos x$ 이다. ◢

예제 6

$f(x) = |x|$가 $x=0$에서 미분 불가능함을 보이시오.

풀이 $\lim_{h\to 0+}\frac{f(0+h)-f(0)}{h} = \lim_{h\to 0+}\frac{|h|}{h} = \lim_{h\to 0+}\frac{h}{h} = 1$이므로 f의 $x=0$에서 오른쪽 미분계수는 $f'_+(0) = 1$이다. 그렇지만

$$\lim_{h\to 0-}\frac{f(0+h)-f(0)}{h} = \lim_{h\to 0-}\frac{|h|}{h} = \lim_{h\to 0-}\frac{-h}{h} = -1$$

이므로 f의 $x=0$에서 왼쪽 미분계수는 $f'_-(0) = -1$이다. 그러므로 f는 $x=0$에서 미분이 불가능하다. ◢

정리 01

$I\subset \mathbb{R}$ 가 구간일 때 함수 $f: I\to\mathbb{R}$ 가 $a\in I$ 에서 미분가능하면 f 는 a 에서 연속이다.

증명 $x\neq a$에 대하여

$$f(x)-f(a) = \frac{f(x)-f(a)}{x-a}(x-a)$$

이다. f가 a에서 미분가능하므로

$$\lim_{x \to a} \frac{f(x)-f(a)}{x-a} = f'(a)$$

이고, 따라서 4.1절 정리 2의 (2)에 의해서

$$\lim_{x \to a}(f(x)-f(a)) = \lim_{x \to a} \frac{f(x)-f(a)}{x-a} \lim_{x \to a}(x-a) = f'(a)\ 0 = 0$$

이다. 그러므로 $\lim_{x \to a} f(x) = f(a)$이고, 따라서 f는 a에서 연속이다. ◢

참고 정리 1에서 a가 구간 I의 끝점이면 상응하는 극한을 a에서 오른쪽 또는 왼쪽 극한으로 생각하면 된다. ◢

다음은 미분가능한 함수들의 대수적 연산에 의한 도함수의 성질을 나타내는 정리이다.

정리 02

I가 구간이고, 두 함수 $f,\ g : I \to \mathbb{R}$ 가 $x \in I$에서 미분가능하면 $f+g$, fg와 $\dfrac{f}{g}$ $(g(x) \neq 0)$는 모두 x에서 미분가능할 뿐 아니라 다음을 만족시킨다.

(1) $(f+g)'(x) = f'(x) + g'(x)$

(2) $(fg)'(x) = f'(x)g(x) + f(x)g'(x)$

(3) $\left(\dfrac{f}{g}\right)'(x) = \dfrac{f'(x)g(x) - f(x)g'(x)}{(g(x))^2}$ $\quad (g(x) \neq 0)$

증명 (1)의 증명은 독자들에게 연습문제(연습문제 1)로 남긴다.

(2) $h \neq 0$이면

$$\frac{(fg)(x+h)-(fg)(x)}{h} = f(x+h)\frac{g(x+h)-g(x)}{h} + \frac{f(x+h)-f(x)}{h}g(x)$$

이다. 정리 1에 의해서 f가 x에서 미분가능하므로

$$\lim_{h \to 0} f(x+h) = f(x)$$

이고, 따라서 4.1절 정리 2에 의해서

$$\begin{aligned}\lim_{h \to 0}\frac{(fg)(x+h)-(fg)(x)}{h} &= \lim_{h \to 0} f(x+h) \lim_{h \to 0}\frac{g(x+h)-g(x)}{h} \\ &\quad + g(x)\lim_{h \to 0}\frac{f(x+h)-f(x)}{h} \\ &= f(x)\ g'(x) + g(x)\ f'(x)\end{aligned}$$

이다. 그러므로 원하는 결과를 얻는다.

(3) $g(x) \neq 0$일 때 $\frac{1}{g}$이 미분가능하고 $\left(\frac{1}{g}\right)'(x) = -\frac{g'(x)}{(g(x))^2}$임을 보이면 충분하다. g가 x에서 연속이므로 $|h| < \delta$인 모든 h에 대하여 $g(x+h) \neq 0$인 $\delta > 0$가 존재한다. 따라서 $h \neq 0$인 충분히 작은 h에 대하여

$$\frac{\frac{1}{g(x+h)} - \frac{1}{g(x)}}{h} = -\frac{g(x+h) - g(x)}{h} \frac{1}{g(x)g(x+h)}$$

이다. 또한 $\lim_{h \to 0} g(x+h) = g(x)$이므로 4.1절 정리 2에 의해서

$$\begin{aligned} \lim_{h \to 0} \frac{\frac{1}{g(x+h)} - \frac{1}{g(x)}}{h} &= -\lim_{h \to 0} \frac{g(x+h) - g(x)}{h} \lim_{h \to 0} \frac{1}{g(x)g(x+h)} \\ &= -\frac{g'(x)}{(g(x))^2} \end{aligned}$$

이다. 그러므로 $\frac{1}{g}$은 미분가능하고 $\left(\frac{1}{g}\right)'(x) = -\frac{g'(x)}{(g(x))^2}$이다. ◢

이제 두 함수 또는 그 이상의 함수들의 합성으로 얻어지는 함수의 도함수에 관한 연쇄법칙 또는 합성함수의 미분법이라 불리는 정리에 관하여 살펴보자.

정리 03 **연쇄법칙(Chain rule)**

구간 I와 J에서 각각 정의된 두 함수 $f: I \to \mathbb{R}$와 $g: J \to \mathbb{R}$는 $range(f) \subset J$를 만족시킨다.
이 경우 f가 $x \in I$에서 미분가능하고 g가 $f(x)$에서 미분가능하면 합성함수 $h = g \circ f$는 x에서 미분가능하며

$$h'(x) = g'(f(x)) \cdot f'(x)$$

이다.

증명 $x \in I$라 하자. 함수 $G: J \to \mathbb{R}$를

$$G(y) = \begin{cases} \dfrac{g(y) - g(f(x))}{y - f(x)} & , \ y \neq f(x) \\ g'(f(x)) & , \ y = f(x) \end{cases}$$

라 정의하자. 그러면 g가 $f(x)$에서 미분가능하므로

$$\lim_{y \to f(x)} G(y) = \lim_{y \to f(x)} \frac{g(y) - g(f(x))}{y - f(x)} = g'(f(x)) = G(f(x))$$

이다. 그러므로 G는 $f(x)$에서 연속이고, 따라서 합성함수 $G \circ f$는 x에서 연속이다. 즉,

$$\lim_{t \to x} G(f(t)) = G(f(x)) = g'(f(x))$$

이다.

[주장] $t \neq x$이면 $\dfrac{g(f(t))-g(f(x))}{t-x} = G(f(t))\cdot\left[\dfrac{f(t)-f(x)}{t-x}\right]$ 이다.
$f(t)=f(x)$이면 양변이 모두 0이 되어 등호가 성립한다. 또한 $f(t) \neq g(t)$이면

$$G(f(t)) = \frac{f(g(t))-f(g(x))}{f(t)-g(x)}$$

이므로 자명하게 등호가 성립한다.

따라서 위 주장으로부터

$$\lim_{t \to x} \frac{g(f(t))-g(f(x))}{t-x} = g'(f(x))f'(x)$$

이다. 그러므로 $h = g \circ f$는 x에서 미분가능하며

$$h'(x) = g'(f(x)) \cdot f'(x)$$

이다. ◢

예제 7

$f(x) = \dfrac{1}{x}\ (x \neq 0)$, $g(x) = \sin x$ 라 하면

$$(f \circ g)(x) = f(g(x)) = \frac{1}{\sin x}\ ,\quad x \neq n\pi,\ n \in \mathbb{Z}$$

이고, 예제 4와 예제 5 그리고 연쇄법칙에 의해서 $f \circ g$ 는 $\mathbb{R} \setminus \{n\pi \mid n \in \mathbb{Z}\}$에서 미분가능하고

$$(f \circ g)'(x) = f'(g(x))g'(x) = -\frac{1}{\sin^2 x}\cos x = -\frac{\cos x}{\sin^2 x}$$

이다.(사실 예제 5와 정리 2의 (3)을 이용하여도 된다.) 한편,

$$(g \circ f)(x) = g(f(x)) = \sin\frac{1}{x}\ ,\quad x \neq 0$$

이고, $f \circ g$의 경우와 비슷하게 $g \circ f$는 $(-\infty, 0) \cup (0, \infty)$에서 미분가능하고

$$(g \circ f)'(x) = g'(f(x))f'(x) = -\frac{1}{x^2}\cos\frac{1}{x}$$

이다. ◢

5.1 연습문제

01 정리 2의 (1)을 보이시오.

02 함수의 정의를 이용하여 모든 정수 n에 대하여 $\frac{d}{dx}x^n = nx^{n-1}$임을 보이시오.(단, n이 음수이면 $x \neq 0$이다)

03 (1) $\frac{d}{dx}(\cos x) = -\sin x$ 임을 보이시오.

(2) $\tan x$, $\sec x$, $\mathrm{cosec}\, x$, $\cot x$ 의 도함수를 구하시오.

04 다음 각 함수들이 주어진 점에서 미분가능한지 조사하시오.

(1) $f(x) = x|x|$, $x=0$

(2) $f(x) = \begin{cases} x^2, & x \in \mathbb{Q} \\ 0, & x \in \mathbb{R} \setminus \mathbb{Q} \end{cases}$, $x=0$

(3) $f(x) = (x-2)[x]$, $x=2$

(4) $f(x) = \begin{cases} \sin x, & x \in \mathbb{Q} \\ x, & x \in \mathbb{R} \setminus \mathbb{Q} \end{cases}$, $x=0$

05 $\alpha \geq 1$이고

$$f(x) = \begin{cases} x^\alpha \sin \frac{1}{x}, & x \neq 0 \\ 0, & x = 0 \end{cases}$$

에 대하여 다음을 보이시오.

(1) $f(x)$는 $\mathbb{R}$ 에서 연속이다.

(2) $\alpha = 1$이면 f는 $x=0$에서 미분 불가능하다.

(3) $\alpha > 1$이면 f는 $\mathbb{R}$ 에서 미분가능하다.

06 $\alpha \in \mathbb{R}$ 이고

$$f(x) = \begin{cases} x^{\alpha}\sin\dfrac{1}{x}, & x > 0 \\ 0, & x \le 0 \end{cases}$$

일 때 다음을 보이시오.

(1) f 가 $x=0$ 에서 연속일 필요충분조건은 $\alpha > 0$ 인 것이다.

(2) f 가 $x=0$ 에서 미분가능할 필요충분조건은 $\alpha > 1$ 인 것이다.

(3) f' 이 $x=0$ 에서 연속일 필요충분조건은 $\alpha > 3$ 인 것이다.

07 $\alpha > 0$ 이고

$$f(x) = \begin{cases} x^{6}\sin\dfrac{1}{x^{\alpha}} + x^{\alpha}\sin\dfrac{1}{x^{2}}, & x > 0 \\ 0, & x \le 0 \end{cases}$$

일 때 함수 f 의 도함수 f' 이 $x=0$ 에서 연속이기 위한 필요충분조건을 α 에 대한 부등식으로 나타내시오.

08 함수 $f : \mathbb{R} \to \mathbb{R}$ 가 $x=a$ 에서 미분가능하고 $f(a)=0$ 이다. 함수 $g(x) = |f(x)|$, $x \in \mathbb{R}$ 가 $x=a$ 에서 미분가능하기 위한 필요충분조건이 $f'(a)=0$ 임을 보이시오.

09 (1) f 가 a 에서 미분가능하면 $\lim_{h\to 0}\dfrac{f(a+h)-f(a-h)}{2h} = f'(a)$ 임을 보이시오.

(2) $\lim_{h\to 0}\dfrac{f(a+h)-f(a-h)}{2h}$ 가 존재할 때 f 가 a 에서 항상 미분가능한지 조사하시오.

10 다음과 같이 정의된 함수 $f : \mathbb{R} \to \mathbb{R}$ 가 $x=0$ 에서 미분가능한지 조사하시오.

(1) $f(x) = \begin{cases} \dfrac{1}{4^{n}}, & x = \dfrac{1}{2^{n}}\ (n=1, 2, \cdots) \text{일 때} \\ 0, & \text{그렇지 않은 경우} \end{cases}$

(2) $f(x) = \begin{cases} \dfrac{1}{2^{n+1}}, & x = \dfrac{1}{2^{n}}\ (n=1, 2, \cdots) \text{일 때} \\ 0, & \text{그렇지 않은 경우} \end{cases}$

(3) $f(x) = \begin{cases} x^{2}+1, & x \in \mathbb{Q} \\ 1, & x \in \mathbb{R}\setminus\mathbb{Q} \end{cases}$

11 다음 두 조건을 만족시키는 함수 $f:\mathbb{R}\to\mathbb{R}$ 가 $x=0$에서 미분가능하면 f는 $\mathbb{R}$ 에서 미분가능할 뿐 아니라 $f'(x)=f'(0)f(x)$임을 보이시오.

> (a) $f(x+y)=f(x)f(y)\,,\quad x,y\in\mathbb{R}$
>
> (b) $f(0)=1$

12 (1) $f:(a,b)\to\mathbb{R}$ 가 $c\in(a,b)$에서 미분가능한 함수일 때

$$f'(c)=\lim_{n\to\infty} n\left[f\left(c+\frac{1}{n}\right)-f(c)\right]$$

임을 보이시오.

(2) 수열 $\left\{n\left[f\left(c+\frac{1}{n}\right)-f(c)\right]\right\}$의 극한의 존재성이 $f'(c)$의 존재성을 의미하지 않는다는 것을 예를 들어 설명하시오.

13 $f(x)=\begin{cases} x|x|, & x\in\mathbb{Q} \\ 0\,, & x\in\mathbb{R}\setminus\mathbb{Q}\end{cases}$ 에 대하여 다음을 보이시오.

(1) f 는 $x=0$에서 미분가능하다.

(2) f 는 $a\neq 0$인 모든 점 $a\in\mathbb{R}$ 에서 미분 불가능하다.

14 $\mathbb{R}$ 에서 아래와 같이 정의된 함수 f 는 $x=1$에서만 미분가능함을 보이시오.

$$f(x)=\begin{cases} 2x-1\,, & x\in\mathbb{Q} \\ x^2\,, & x\in\mathbb{R}\setminus\mathbb{Q}\end{cases}$$

5.2 미분가능한 함수의 성질

이 절에서는 미분가능한 함수의 여러 가지 성질을 소개한다. 특히 평균값 정리를 소개하고 이와 관련된 여러 가지 결과들을 살펴본다.

정의 01 극대와 극소(Local maxima and minima)

$E \subset \mathbb{R}$ 이고 함수 $f: E \to \mathbb{R}$ 이다.

(1) 모든 $x \in E \cap N_\delta(a)$에 대하여 $f(x) \geq f(a)$인 적당한 $\delta > 0$가 존재하면 함수 f는 $a \in E$에서 **극솟값**(local minimum)을 갖는다고 한다. 만약 모든 $x \in E$에 대하여 $f(x) \geq f(a)$이면 f는 $a \in E$에서 **최솟값** (absolute minimum)을 갖는다고 한다.

(2) 모든 $x \in E \cap N_\delta(a)$에 대하여 $f(x) \leq f(a)$인 적당한 $\delta > 0$가 존재하면 함수 f는 $a \in E$에서 **극댓값**(local maximum)을 갖는다고 한다. 만약 모든 $x \in E$에 대하여 $f(x) \leq f(a)$이면 f는 $a \in E$에서 **최댓값**(absolute maximum)을 갖는다고 한다.

참고 최대최소정리(4.2절 정리 10)에 의해서 $\mathbb{R}$의 콤팩트 부분집합 K에서 정의된 모든 실숫값 함수(real valued function)들은 K에서 최댓값과 최솟값을 갖는다.

정리 01

$I \subset \mathbb{R}$가 구간일 때 함수 $f: I \to \mathbb{R}$가 $a \in \text{Int}(I)$에서 극댓값 또는 극솟값을 가지면 $f'(a) = 0$이거나 $f'(a)$가 존재하지 않는다.

증명 일반성을 잃지 않고, 함수 f가 $x = a$에서 극댓값을 가지며 동시에 미분가능하다고 가정하자. 그러면 $|x-a| < \delta$인 모든 x에 대하여 $f(x) \leq f(a)$인 $\delta > 0$가 존재한다.

따라서 $a < x < a+\delta$이면

$$\frac{f(x)-f(a)}{x-a} \leq 0 \quad \cdots\cdots (5.1)$$

이고, $a-\delta < x < a$이면

$$\frac{f(x)-f(a)}{x-a} \geq 0 \quad \cdots\cdots (5.2)$$

이다. 그런데 $f'(a)$가 존재하므로

$$\lim_{x \to a+} \frac{f(x)-f(a)}{x-a} = \lim_{x \to a-} \frac{f(x)-f(a)}{x-a} = f'(a)$$

이고, 또한 부등식 (5.1)과 (5.2)로부터

$$\lim_{x\to a+}\frac{f(x)-f(a)}{x-a}\le 0\ ,\ \lim_{x\to a-}\frac{f(x)-f(a)}{x-a}\ge 0$$

이다. 그러므로 $f_+'(a)=f_-'(a)=f'(a)=0$이다. ◢

참고 정리 1의 결론은 a가 구간 I의 끝점일 경우에는 성립하지 않을 수 있다. 예를 들면, 함수 $f(x)=x^2$, $-1\le x\le 2$는 $x=-1$과 $x=2$에서 극댓값을 갖지만 $f_+'(-1)=-2$이고 $f_-'(2)=4$이다. 일반적으로 f가 구간 $I=[a,b]$의 끝점 a에서 극댓값(또는 극솟값)을 갖고 미분이 가능하면 $f'(a)=f_+'(a)\le 0$ (또는 $f'(a)=f_+'(a)\ge 0$)이다.(이유를 생각하여 보라) ◢

평균값 정리를 소개하기에 앞서 이를 증명하는 데 결정적인 역할을 하는 롤의 정리를 먼저 살펴보자.

정리 02 **롤의 정리(Rolle's theorem)**

$f:[a,b]\to\mathbb{R}$ 는 $f(a)=f(b)$인 $[a,b]$에서 연속이고 (a,b)에서 미분가능한 함수이다. 그러면 $f'(c)=0$이 되는 적당한 $c\in(a,b)$가 존재한다.

증명 f가 $[a,b]$에서 상수함수이면 모든 $x\in[a,b]$에 대하여 $f'(x)=0$이다. 그러므로 f가 상수함수가 아니라고 가정하자. 최대최소정리(4.2절 정리 5)에 의해서 f는 $[a,b]$에서 최댓값과 최솟값을 갖는다. 적당한 t에 대하여 $f(t)>f(a)$이면 f는 적당한 $c\in(a,b)$에서 극댓값을 갖고, 따라서 정리 1에 의해서 $f'(c)=0$이다. 만약 적당한 t에 대하여 $f(t)<f(a)$이면 f는 적당한 $c\in(a,b)$에서 극솟값을 갖고, 따라서 다시 정리 1에 의해서 $f'(c)=0$이다. ◢

롤의 정리를 이용하면 일반화된 평균값 정리인 다음의 코시 평균값 정리(Cauchy mean value theorem)를 얻을 수 있다.

정리 03 **코시 평균값 정리(Cauchy mean value theorem)**

$f\ ,g:[a,b]\to\mathbb{R}$ 는 $[a,b]$에서 연속이고 (a,b)에서 모두 미분가능한 함수이다. 그러면

$$f'(c)[g(b)-g(a)]=g'(c)[f(b)-f(a)]$$

를 만족시키는 적당한 $c\in(a,b)$가 존재한다.

증명 우선

$$F(x) = f(x)[g(b) - g(a)] - g(x)[f(b) - f(a)]$$

라 하면 F는 $[a, b]$에서 연속이고 (a, b)에서 미분가능하다. 또한

$$\begin{aligned} F(b) &= f(b)[g(b) - g(a)] - g(b)[f(b) - f(a)] \\ &= f(a)g(b) - g(a)f(b) \\ &= f(a)g(b) - g(a)f(b) - f(a)g(a) + f(a)g(a) \\ &= f(a)[g(b) - g(a)] - g(a)[f(b) - f(a)] = F(a) \end{aligned}$$

이다. 그러므로 롤의 정리에 의해서 $F'(c) = 0$을 만족시키는 적당한 $c \in (a, b)$가 존재한다. 그런데

$$F'(x) = f'(x)[g(b) - g(a)] - g'(x)[f(b) - f(a)]$$

이므로

$$f'(c)[g(b) - g(a)] - g'(c)[f(b) - f(a)] = 0$$

즉 원하는 결과를 얻는다. ◢

코시 평균값 정리에서 $g(x) = x$로 택함으로써 다음의 라그랑주(Joseph Lagrange, 1736−1813)에 의한 평균값 정리를 쉽게 얻을 수 있다.

정리 04 **평균값 정리(Mean value theorem)**

$f : [a, b] \to \mathbb{R}$ 가 $[a, b]$에서 연속이고 (a, b)에서 미분가능한 함수일 때

$$f(b) - f(a) = f'(c)(b - a)$$

가 성립하는 적당한 $c \in (a, b)$가 존재한다.

예제 1

평균값 정리를 이용하여 모든 $x > -1$에 대하여 다음 부등식이 성립함을 보이시오.(단, 등호는 $x = 0$일 때만 성립한다)

$$\frac{x}{1+x} \le \ln(1+x) \le x$$

풀이 $f(x) = \ln(1+x)$, $x > -1$이라 하면 $f(0) = 0$이고 $f'(x) = \dfrac{1}{1+x}$이다.

$x = 0$이면 명백하므로 $x \neq 0$이라 하자.

[경우 1] $x > 0$
f가 $[0, x]$에서 연속이고 $(0, x)$에서 미분가능하므로 평균값 정리에 의해서

$$\ln(1+x) = f(x) - f(0) = f'(c)x$$

가 성립하는 $c \in (0, x)$가 존재한다. 그런데 모든 $c \in (0, x)$에 대하여 $f'(c) = \frac{1}{1+c}$이고 $\frac{1}{1+x} < \frac{1}{1+c} < 1$ 이므로

$$\frac{x}{1+x} < f'(c)x < x$$

이다. 그러므로

$$\frac{x}{1+x} < \ln(1+x) < x$$

이다.

[경우 2] $-1 < x < 0$
이 경우도 평균값 정리에 의해서

$$\ln(1+x) = f(x) - f(0) = \frac{x}{1+c}$$

가 성립하는 $c \in (x, 0)$가 존재한다. $-1 < x < c < 0$이므로

$$1 < \frac{1}{1+c} < \frac{1}{1+x}$$

이고, 따라서

$$\frac{x}{1+x} < \ln(1+x) < x$$

이다. ◢

이제 평균값 정리의 여러 가지 응용에 대하여 살펴보자.

정리 05

$f : I \to \mathbb{R}$ 는 구간 I에서 미분가능한 함수이다.
(1) 모든 $x \in I$에 대하여 $f'(x) \geq 0$ (또는 $f'(x) > 0$)이면 f는 I에서 증가함수 (또는 순증가함수)이다.
(2) 모든 $x \in I$에 대하여 $f'(x) \leq 0$ (또는 $f'(x) < 0$)이면 f는 I에서 감소함수 (또는 순감소함수)이다.
(3) 모든 $x \in I$에 대하여 $f'(x) = 0$이면 f는 I에서 상수함수이다.

증명 다른 경우의 증명도 비슷하므로 여기서는 (1)만 보이고 나머지는 독자들에게 연습문제로 남긴다. $x_1,\ x_2 \in I$이고 $x_1 < x_2$라 하면 평균값 정리에 의해서

$$f(x_2) - f(x_2) = f'(c)(x_2 - x_1)$$

인 $c \in (x_1,\ x_2)$가 존재한다. 따라서 모든 $x \in I$에 대하여 $f'(x) \geq 0$ (또는 $f'(x) > 0$)이면 $f'(c) \geq 0$ (또는 $f'(c) > 0$)이므로 $x_1 < x_2$인 모든 $x_1, x_2 \in I$에 대하여 $f(x_2) \geq f(x_1)$ (또는 $f(x_2) > f(x_1)$)이다. 그러므로 f는 I에서 증가함수(또는 순증가함수)이다. ◢

참고 모든 $x \in I$에 대하여 $f'(x) \geq 0$ (또는 $f'(x) \leq 0$)일 때 $f'(x) = 0$인 점들이 유한개이면 f는 I에서 순증가함수(또는 순감소함수)이다. ◢

정리 06

$f : [a, b) \rightarrow \mathbb{R}$는 구간 $[a, b)$에서 연속이고 (a, b)에서 미분가능한 함수이다. $\lim_{x \to a+} f'(x)$가 존재하면 f의 $x = a$에서 오른쪽 미분계수 $f'_+(a)$가 존재하고

$$f'_+(a) = \lim_{x \to a+} f'(x)$$

이다.

증명 $\lim_{x \to a+} f'(x) = L$이라 하고 $\epsilon > 0$이라 하면 $a < x < a+\delta$이고 $a+\delta < b$인 모든 x에 대하여

$$|f'(x) - L| < \epsilon$$

인 $\delta > 0$가 존재한다. $0 < h < \delta$라 하자.
f가 $[a, a+h]$에서 연속이고 $(a, a+h)$에서 미분가능하므로 평균값 정리에 의해서

$$f(a-h) - f(a) = f'(\xi_h)\, h$$

인 적당한 $\xi_h \in (a, a+h)$가 존재한다. 따라서 $0 < h < \delta$인 모든 h에 대하여

$$\left| \frac{f(a+h) - f(a)}{h} - L \right| = |f'(\xi_h) - L| < \epsilon$$

이다. 그러므로 $f'_+(a)$가 존재하고 $f'_+(a) = L$이다. ◢

예제 2

정리 6을 이용하여 $f(x) = x|x|$일 때 f가 $x = 0$에서 미분가능함을 보이고 $f'(0)$을 구하시오.

풀이 $f(x) = \begin{cases} x^2, & x > 0 \\ -x^2, & x \le 0 \end{cases}$ 이고 5.1절의 예제 2에 의해서

$$f'(x) = \begin{cases} 2x, & x > 0 \\ -2x, & x < 0 \end{cases}$$

이다. 따라서 정리 6에 의해서

$$f_+'(0) = \lim_{x \to 0+} f'(x) = \lim_{x \to 0+} 2x = 0$$

이고

$$f_-'(0) = \lim_{x \to 0-} f'(x) = \lim_{x \to 0-} (-2x) = 0$$

이다. 그러므로 f는 $x = 0$에서 미분가능하고 $f'(0) = 0$이다. ◢

이 절의 두 번째 중요한 결과로서 다르부(Jean Gaston Darboux, 1842−1917)에 의한 도함수에 대한 중간값 정리를 소개한다. 이 정리의 중요한 점은 가정으로 도함수의 연속성이 필요하지 않다는 것이다. 만약 도함수가 연속이라면 중간값 정리(4.2절 정리 6)에 의해서 다음 정리는 자명하게 성립한다.

정리 07 도함수에 대한 중간값 정리 (Intermediate value theorem for derivatives)

$I \subset \mathbb{R}$ 가 구간이고 $f : I \to \mathbb{R}$ 가 I 에서 미분가능한 함수이다. $a < b$ 인 $a, b \in I$ 에 대하여 λ 가 $f'(a)$와 $f'(b)$ 사이에 있는 실수라면

$$f'(c) = \lambda$$

를 만족시키는 적당한 $c \in (a, b)$가 존재한다.

증명 $g(x) = f(x) - \lambda x$ 라 하면 g 는 I 에서 미분가능하고

$$g'(x) = f'(x) - \lambda$$

이다. 일반성을 잃지 않고, $f'(a) < \lambda < f'(b)$라 가정하면 $g'(a) < 0$ 이고 $g'(b) > 0$ 이다. $g'(a) < 0$ 이므로 $g(x_1) < g(a)$ 인 적당한 $x_1 > a$ 가 존재한다.(엄밀하게 증명하여 보라) 또한 $g'(b) > 0$ 이므로 $g(x_2) < g(b)$ 인 적당한 $x_2 < b$ 가 존재한다.
그 결과, g 는 적당한 점 $c \in (a, b)$에서 극솟값을 갖는다. 그러므로

$$g'(c) = f'(c) - \lambda = 0$$

즉 $f'(c) = \lambda$ 이다. ◢

정리 08 **역함수 정리(Inverse function theorem)**

$I \subset \mathbb{R}$ 가 구간이고 $f : I \to \mathbb{R}$ 는 모든 $x \in I$ 에 대하여 $f'(x) \neq 0$ 인 I 에서 미분가능한 함수이다. 그러면 f 는 $J = f(I)$ 에서 다음을 만족시키는 연속이며 미분가능한 역함수 f^{-1} 를 갖는다.

$$(f^{-1})'(f(x)) = \frac{1}{f'(x)}, \quad x \in I$$

증명 모든 $x \in I$ 에 대하여 $f'(x) \neq 0$ 이므로 도함수에 대한 중간값 정리(정리 7)에 의해서 I 에서 $f' > 0$ 또는 $f' < 0$ 이다. 일반성을 잃지 않고, 모든 $x \in I$ 에 대하여 $f'(x) > 0$ 이라 가정하면 정리 6에 의해서 f 는 I 에서 순증가함수이고, 따라서 4.4절 정리 4에 의해서 f 는 $J = f(I)$ 에서 연속인 역함수 f^{-1} 를 갖는다.

이제 f^{-1} 가 J 에서 미분가능함을 보이기 위해 $y_0 \in J$ 라 하면 f 가 J 위로의 함수(전사함수)이므로 $f(x_0) = y_0$ 이 되는 $x_0 \in I$ 이 존재한다. 또한 f^{-1} 가 y_0 에서 연속이므로 $y \to y_0$ 이면 $x \to x_0$ 이 성립한다. 그러므로

$$\lim_{y \to y_0} \frac{f^{-1}(y) - f^{-1}(y_0)}{y - y_0} = \lim_{x \to x_0} \frac{1}{\dfrac{f(x) - f(x_0)}{x - x_0}} = \frac{1}{f'(x_0)}$$

이고, 따라서 f^{-1} 는 y_0 에서 미분가능하고

$$(f^{-1})'(y_0) = \frac{1}{f'(x_0)}$$

이다. $y_0 \in J$ 가 임의의 점이므로 f^{-1} 는 J 에서 미분가능하고 모든 $x \in I$ 에 대하여

$$f^{-1}(f(x)) = \frac{1}{f'(x)}$$

이 성립한다. ◢

예제 3

$f(x) = \sin x, \ -\frac{\pi}{2} \leq x \leq \frac{\pi}{2}$ 의 역함수 f^{-1} 가 존재함을 보이고, 그 도함수를 구하시오.

풀이 모든 $-\frac{\pi}{2} < x < \frac{\pi}{2}$ 에 대하여

$$f'(x) = \cos x > 0$$

이므로 f는 $\left[-\frac{\pi}{2}, \frac{\pi}{2}\right]$에서 순증가함수이고, 따라서 역함수 f^{-1}가 존재한다. 앞으로 $f^{-1}(x)$를 $\sin^{-1} x$로 나타낸다. 모든 $x \in \left(-\frac{\pi}{2}, \frac{\pi}{2}\right)$에 대하여 $f'(x) \neq 0$이므로 역함수 정리(정리 8)에 의해서

$$(f^{-1})'(f(x)) = \frac{1}{f'(x)} = \frac{1}{\cos x} = \frac{1}{\sqrt{1-\sin^2 x}}$$

이고, 따라서 $y = \sin x$이므로

$$(f^{-1})'(y) = \sin^{-1} y = \frac{1}{\sqrt{1-y^2}}$$

이다. ◢

마지막으로 4.3절에서 다룬 균등연속과 미분의 관계를 나타내는 다음의 정리를 소개하고 이 절을 마치도록 한다.

정리 09

$I \subset \mathbb{R}$가 구간이고 함수 $f : I \to \mathbb{R}$가 I에서 유계인 도함수를 갖는다면, 즉 모든 $x \in I$에 대하여 $f'(x)$가 존재하고

$$|f'(x)| \leq M$$

인 적당한 $M > 0$이 존재하면 f는 I에서 균등연속이다.

증명 $x_1 < x_2$인 임의의 $x_1, x_2 \in I$에 대하여 평균값 정리에 의해서

$$f'(c) = \frac{f(x_2) - f(x_1)}{x_2 - x_1}$$

인 $c \in (x_1, x_2)$가 존재하고, 따라서

$$\left|\frac{f(x_2) - f(x_1)}{x_2 - x_1}\right| \leq M$$

즉

$$|f(x_2) - f(x_1)| \leq M|x_2 - x_1|$$

이다. x_1과 x_2가 I에서 임의의 점이므로 모든 $x, y \in I$에 대하여

$$|f(x) - f(y)| \leq M|x - y|$$

가 성립한다. 임의의 $\epsilon > 0$에 대하여 $\delta = \dfrac{\epsilon}{M}$이라 하면 $|x-y| < \delta$인 모든 $x, y \in I$에 대하여

$$|f(x)-f(y)| \le M|x-y| < M\delta = \epsilon$$

이다. 그러므로 f는 I에서 균등연속이다. ◢

예제 4

(1) $f(x) = \sin x$이면

$$|f'(x)| = |\cos x| \le 1$$

이므로 $f(x)$는 $\mathbb{R}$에서 균등연속이다.

(2) $g(x) = \dfrac{1}{1+x^2}$일 때

$$g'(x) = -\frac{2x}{(1+x^2)^2}$$

이고, 모든 $x \in \mathbb{R}$에 대하여 $2|x| \le 1+x^2$이므로

$$|g'(x)| \le \frac{1}{1+x^2} \le 1$$

이다. 그러므로 $g(x)$는 $\mathbb{R}$에서 균등연속이다. ◢

5.2 연습문제

01 (1) 롤의 정리에서 $[a, b]$의 양 끝점 a와 b에서의 연속성이 반드시 필요함을 예를 들어 설명하시오.

(2) 롤의 정리에서 $[a, b]$의 양 끝점 a와 b에서의 미분가능성은 반드시 필요하지 않음을 예를 들어 설명하시오.

02 (1) 롤의 정리를 기하학적으로 설명하시오.

(2) 코시 평균값 정리를 기하학적으로 설명하시오.

(3) 평균값 정리를 기하학적으로 설명하시오.

03 다음 각 함수들에 대하여 증가 또는 감소하는 구간을 결정하고 모든 극값을 구하시오.

(1) $f(x) = x^3 + 6x - 5 \ , \ x \in \mathbb{R}$

(2) $f(x) = x + \dfrac{8}{x^2} \ , \ x \neq 0$

04 평균값 정리를 이용하여 다음 부등식을 보이시오.

(1) $e^x \geq 1 + x \ , \ x \in \mathbb{R}$

(2) $(1 + x)^\alpha \geq 1 + \alpha x \ , \ x > -1 \ , \ \alpha > 1$

05 도함수의 성질을 이용하여 다음 부등식을 보이시오.

(1) $a^{\frac{1}{n}} - b^{\frac{1}{n}} < (a - b)^{\frac{1}{n}} \ , \ a > b > 0 \ , \ n \in \mathbb{N} \ , \ n \geq 2$

(2) $a^\alpha b^{1-\alpha} \leq \alpha a + (1 - \alpha) b \ , \ a, b > 0 \ , \ 0 < \alpha < 1$

06 **(2계도함수 판정법)** $f : [a, b] \to \mathbb{R}$ 는 (a, b)에서 미분가능한 함수이다. $f'(c) = 0$인 $c \in (a, b)$가 존재하고 $f''(c)$가 존재할 때 다음을 보이시오.

(1) $f''(c) > 0$이면 f는 c에서 극솟값을 갖는다.

(2) $f''(c) < 0$이면 f는 c에서 극댓값을 갖는다.

07 함수 $f : (a, b) \to \mathbb{R}$ 가 모든 $x, y \in (a, b)$와 적당한 $\alpha > 1$에 대하여

$$|f(x) - f(y)| \le M|x - y|^{\alpha}$$

를 만족시키면 f는 (a, b)에서 상수함수임을 보이시오.

08 모든 $x, y \in \mathbb{R}$ 에 대하여 $|\sin x - \sin y| \le |x - y|$임을 보이시오.

09 $a > 0$일 때 $f(x) = \sqrt{x}$가 $[a, \infty)$에서 균등연속임을 정리 9를 이용하여 보이시오. (연습문제 4.3의 4와 비교하여 보라)

10 (1) $0 < x < \frac{\pi}{2}$일 때 $\tan x > x$임을 보이시오.

(2) $f(x) = \begin{cases} \dfrac{\sin x}{x}, & 0 < x \le \dfrac{\pi}{2} \\ 1, & x = 0 \end{cases}$ 가 $\left[0, \dfrac{\pi}{2}\right]$에서 순감소함수임을 보이시오.

(3) 위 (2)의 결과를 이용하여 모든 $0 \le x \le \frac{\pi}{2}$에 대하여 $\frac{2}{\pi}x \le \sin x \le x$임을 보이시오.

11 모든 $x \in (a, b)$에 대하여 $f'(x)$가 존재하고 $c \in (a, b)$이다. 이 경우 $\lim_{n\to\infty} f'(x_n) = f'(c)$가 성립하는 $x_n \ne c$이고 $\lim_{n\to\infty} x_n = c$인 (a, b)에서 정의되는 수열 $\{x_n\}$이 존재함을 보이시오.

12 함수 $f, g : [0, \infty) \to \mathbb{R}$ 는 $[0, \infty)$에서 연속이고 $(0, \infty)$에서 미분가능하다. $f(0) > g(0)$이고 모든 $x \in (0, \infty)$에 대하여 $f'(x) \geq g'(x)$이면 모든 $x \in [0, \infty)$에 대하여 $f(x) > g(x)$ 임을 보이시오.

13 n차 다항함수 $P_n(x) = a_n x^n + a_{n-1} x^{n-1} + \cdots + a_1 x + a_0 \, (a_n \neq 0)$은 기껏해야 n개의 실근을 가질 수 있음을 보이시오.

14 $f : [a, b] \to \mathbb{R}$ 가 $f'_+(a) > 0$를 만족시키는 함수일 때 모든 $a < x < a + \delta$ 에 대하여 $f(x) > f(a)$인 $\delta > 0$가 존재함을 보이시오.

15 $f'(x) = [x]$, $x \in \mathbb{R}$ 인 함수 $f : \mathbb{R} \to \mathbb{R}$ 가 존재하는지 조사하시오.

16 $f(x) = x^r$, $x > 0$, $r \in \mathbb{Q}$ 일 때 $f'(x) = r x^{r-1}$임을 보이시오.

17 $L : (0, \infty) \to \mathbb{R}$ 가 $L'(x) = \dfrac{1}{x}$이고 $L(1) = 0$을 만족시키는 미분가능한 함수일 때 다음이 성립함을 보이시오.

(1) $L(ab) = L(a) + L(b)$, $a, b \in (0, \infty)$

(2) $L\left(\dfrac{1}{b}\right) = -L(b)$, $b > 0$

(3) $L(b^r) = rL(b)$, $b > 0$, $r \in \mathbb{R}$

(4) $L(e) = 1$, e는 오일러 상수

(5) $range(L) = \mathbb{R}$

18 항등적으로 0이 아닌 함수 $f, g: \mathbb{R} \to \mathbb{R}$가 임의의 $x, y \in \mathbb{R}$에 대하여 다음 세 조건을 만족시킨다.

> (a) $f(x-y) = f(x)g(y) - g(x)f(y)$
>
> (b) $g(x-y) = g(x)g(y) + f(x)f(y)$
>
> (c) $\lim_{x \to 0} \frac{f(x)}{x} = 1$

이 경우 다음을 보이시오.

(1) f는 기함수이고 g는 우함수이다.

(2) f는 $\mathbb{R}$에서 연속이다.

(3) $g'(x) = -f(x), \; x \in \mathbb{R}$

19 미분 가능한 함수 $f: \mathbb{R} \to \mathbb{R}$가 다음 세 조건을 만족시킨다.

> (a) $f(0) = 0$
>
> (b) f'이 $\mathbb{R}$에서 연속이다.
>
> (c) 임의의 $x \in \mathbb{R}$에 대하여 $|f'(x)| \leq |f(x)|$이다.

이 경우 $f(x) = 0, \; x \in \mathbb{R}$임을 보이시오.

20 $f(x) = \tan x, \; -\frac{\pi}{2} < x < \frac{\pi}{2}$에 대하여 다음을 보이시오.

(1) f는 역함수를 갖는다.

(2) f의 역함수를 $f^{-1}(x) = \tan^{-1} x$라 하면 $\frac{d}{dx}(\tan^{-1} x) = \frac{1}{1+x^2}$이다.

(3) f^{-1}는 $\mathbb{R}$에서 균등연속이다.

21 $f:(0,\infty)\to\mathbb{R}$ 가 $(0,\infty)$에서 미분가능하고 $\lim\limits_{x\to\infty} f'(x)=l$인 함수일 때 다음을 보이시오.

(1) 임의의 $h>0$에 대하여 $\lim\limits_{x\to\infty}\dfrac{f(x+h)-f(x)}{h}=l$ 이다.

(2) $\lim\limits_{x\to\infty}\dfrac{f(x)}{x}=l$ 이다.

22 미분 가능한 함수 $f:\mathbb{R}\to\mathbb{R}$에 대하여 $(f')^3$이 단조함수이면 f'은 연속함수임을 보이시오.

23 $|x|\le 1$을 만족하는 임의의 실수 x에 대하여 다음 등식이 성립함을 보이시오.

$$\sin^{-1}x+\cos^{-1}x=\frac{\pi}{2}$$

24 $f:(0,1)\to\mathbb{R}$ 가 미분 가능하고 도함수 f'이 $(0,1)$에서 단조증가함수이면 f'은 $(0,1)$에서 연속임을 보이시오.

25 (1) $x>0$일 때 $\ln(x+1)<\dfrac{1}{x}+\ln x$ 임을 평균값 정리를 이용하여 증명하시오.

(2) $a>b>0$일 때, $\left(1+\dfrac{1}{a}\right)^{a+1}<\left(1+\dfrac{1}{b}\right)^{b+1}$을 증명하시오.

26 (1) 모든 $x\in\mathbb{R}$에 대하여 $|f'(x)|\le M$인 상수 $M<1$이 존재하면 함수 $f:\mathbb{R}\to\mathbb{R}$는 $\mathbb{R}$에서 고정점을 갖는다는 것을 보이시오.

(2) 함수 $f(x)=x+\dfrac{1}{1+e^x}$은 $|f'(x)|\le 1$은 만족시키지만 $\mathbb{R}$에서 고정점은 갖지 않는다는 것을 보이시오.

27 함수 $f:[0,\infty)\to\mathbb{R}$가 구간 $[0,\infty)$에서 미분가능하다. 모든 점 $x\in[0,\infty)$에 대하여 $|f'(x)|\le M$이고 $f(0)>0$일 때, $f(x)\le f(0)+Mx$임을 보이시오. 또한 $0\le M<1$이면 방정식 $f(x)=x$는 단 한 개의 해를 가짐을 보이시오.(단, M은 상수이다)

28 함수 $f:I\to\mathbb{R}$가 구간 I에서 미분가능하다. 그러면 f의 도함수가 유계일 필요충분조건은 f가 리프시츠 함수임을 보이시오.(정리 9와 비교하여 보라)

5.3 로피탈의 법칙

이 절에서는 평균값 정리의 또 다른 중요한 응용으로서 부정형의 극한을 구하는 데 매우 유용한 로피탈의 법칙을 소개한다.

정리 01 로피탈의 법칙(L'Hospital's rule)

$f, g : (a, b) \to \mathbb{R}$ 는 모든 $x \in (a, b)$, $-\infty \le a < b \le \infty$에 대하여 $g'(x) \ne 0$인 미분가능한 함수들이고

$$\lim_{x \to a+} \frac{f'(x)}{g'(x)} = L , \quad L \in \mathbb{R} \cup \{-\infty, \infty\}$$

을 만족시킨다. 만약

(1) $\lim_{x \to a+} f(x) = \lim_{x \to a+} g(x) = 0$이거나, 또는

(2) $\lim_{x \to a+} g(x) = \pm\infty$

이면 $\lim_{x \to a+} \frac{f(x)}{g(x)} = L$ 이다.

증명 (1) $\lim_{x \to a+} f(x) = \lim_{x \to a+} g(x) = 0$이라 가정하자.

[경우 1] $a \ne -\infty$

$f(a) = g(a) = 0$이라 정의하고 $a < x < b$라 하면 f와 g는 $[a, x]$에서 연속이고 (a, x)에서 미분가능하다. 코시 평균값 정리(정리 3)에 의해서

$$g'(t_x)[f(x) - f(a)] = f'(t_x)[g(x) - g(a)]$$

인 $t_x \in (a, x)$가 존재하고, 따라서

$$g'(t_x) f(x) = f'(t_x) g(x)$$

이다. 만약 $g(x) = 0$이면 롤의 정리에 의해서 $g'(c) = 0$인 $c \in (a, x)$가 존재한다. 그렇지만 이는 가정에 모순이므로 $g(x) \ne 0$이다. 그러므로

$$\frac{f(x)}{g(x)} = \frac{f'(t_x)}{g'(t_x)}$$

이다. 한편, $x \to a+$일 때 $t_x \to a+$이므로

$$\lim_{x \to a+} \frac{f(x)}{g(x)} = \lim_{t_x \to a+} \frac{f'(t_x)}{g'(t_x)} = \lim_{x \to a+} \frac{f'(x)}{g'(x)} = L$$

이 성립한다.

[경우 2] $a = -\infty$

$x = -\dfrac{1}{t}$ 이라 하면 $t \to 0+$일 때 $x \to -\infty$ 이다.

적당한 $c > 0$에 대하여 $(0, c)$에서 함수 φ와 ψ를

$$\varphi(t) = f\left(-\frac{1}{t}\right), \quad \psi(t) = g\left(-\frac{1}{t}\right)$$

이라 정의하자. 그러면

$$\lim_{t \to 0+} \frac{\varphi'(t)}{\psi'(t)} = \lim_{x \to -\infty} \frac{f'(x)}{g'(x)} = L$$

이고(자세한 증명은 독자들에게 맡긴다), 또한

$$\lim_{t \to 0+} \varphi(t) = \lim_{t \to 0+} \psi(t) = 0$$

이다. 그러므로 [경우 1]에 의해서

$$\lim_{x \to -\infty} \frac{f(x)}{g(x)} = \lim_{t \to 0+} \frac{\varphi(t)}{\psi(t)} = L$$

이다.

(2) $\lim_{x \to a+} g(x) = -\infty$인 경우의 증명도 비슷하므로 여기서는 $\lim_{x \to a+} g(x) = \infty$인 경우만 보이도록 하자.

[경우 1] $-\infty \le L < \infty$

$\beta > L$ 인 $\beta \in \mathbb{R}$ 에 대하여 $L < r < \beta$ 인 r를 택하자. 그러면

$$L = \lim_{x \to a+} \frac{f'(x)}{g'(x)} < r$$

이므로 $a < \xi < c_1$ 인 모든 ξ에 대하여

$$\frac{f'(\xi)}{g'(\xi)} < r$$

인 $c_1 \in (a, b)$ 이 존재한다. $a < y < c_1$ 인 y를 택하자. $\lim_{x \to a+} g(x) = \infty$ 이므로 모든 $x \in (a, c_2)$에 대하여 $g(x) > g(y)$ 이고 $g(x) > 0$인 적당한 $c_2 \in (a, y)$가 존재한다.

$x \in (a, c_2)$라 하면 코시 평균값 정리에 의해서

$$\frac{f(x)-f(y)}{g(x)-g(y)} = \frac{f'(\xi^*)}{g'(\xi^*)} < r$$

인 $\xi^* \in (x, y)$가 존재한다. 위 부등식에 $\dfrac{g(x)-g(y)}{g(x)} > 0$를 곱하면 모든 $x \in (a, c_2)$에 대하여

$$\frac{f(x)-f(y)}{g(x)} < r\left(1-\frac{g(y)}{g(x)}\right)$$

즉

$$\frac{f(x)}{g(x)} < \frac{f(y)}{g(x)} + r\left(1-\frac{g(y)}{g(x)}\right) \quad \cdots\cdots (5.3)$$

를 얻는다. 이제 위에서 택한 고정된 y에 대하여 $\lim_{x \to a+} g(x) = \infty$이므로

$$\lim_{x \to a+} \frac{f(y)}{g(x)} = \lim_{x \to a+} \frac{g(y)}{g(x)} = 0$$

이 성립하고, 따라서

$$\lim_{x \to a+} \left[\frac{f(y)}{g(x)} + r\left(1-\frac{g(y)}{g(x)}\right) \right] = r < \beta$$

가 성립한다. 그러므로 모든 $x \in (a, c_3)$에 대하여

$$\frac{f(y)}{g(x)} + r\left(1-\frac{g(y)}{g(x)}\right) < \beta$$

인 $c_3 \in (a, c_2)$가 존재한다. 따라서 부등식 (5.3)에 의해서 모든 $x \in (a, c_3)$에 대하여

$$\frac{f(x)}{g(x)} < \beta \quad \cdots\cdots (5.4)$$

이다.

만약 $L = -\infty$이면 임의의 $\beta \in \mathbb{R}$에 대하여 $x \in (a, c_3)$이면 부등식 (5.4)가 항상 성립하는 적당한 c_3가 존재하고, 따라서 정의에 의해서

$$\lim_{x \to a+} \frac{f(x)}{g(x)} = -\infty$$

이다. 만약 $L \neq -\infty$이면 임의의 $\epsilon > 0$에 대하여 $\beta = L + \epsilon$으로 택하자. 그러면 모든 $x \in (a, c_3)$에 대하여

$$\frac{f(x)}{g(x)} < L + \epsilon \quad \cdots\cdots (5.5)$$

이 성립한다.

[경우 2] $-\infty < L \le \infty$

$\alpha < L$인 $\alpha \in \mathbb{R}$에 대하여 경우1과 비슷하게 모든 $x \in (a, \widetilde{c_3})$에 대하여

$$\frac{f(x)}{g(x)} > \alpha$$

인 적당한 $\widetilde{c_3} \in (a, b)$가 존재함을 보일 수 있다.

만약 $L = \infty$이면 위 부등식으로부터

$$\lim_{x \to a+} \frac{f(x)}{g(x)} = \infty$$

가 성립함을 알 수 있다. 반면 $L \ne \infty$인 경우에는 $\alpha = L - \epsilon$으로 택함으로써 $x \in (a, \widetilde{c_3})$이면

$$\frac{f(x)}{g(x)} > L - \epsilon$$

이 성립함을 보일 수 있다. 위 부등식과 부등식 (5.5)로부터 $-\infty < L < \infty$이면

$$\lim_{x \to a+} \frac{f(x)}{g(x)} = L$$

이라 결론 내릴 수 있다. ◢

따름정리 01 **로피탈의 법칙 (L'Hospital's rule)**

$f, g : (a, c) \cup (c, b) \to \mathbb{R}$는 모든 $x \in (a, c) \cup (c, b)$, $-\infty \le a < b \le \infty$에 대하여 $g'(x) \ne 0$인 미분가능한 함수들이고

$$\lim_{x \to c} \frac{f'(x)}{g'(x)} = L, \quad L \in \mathbb{R} \cup \{-\infty, \infty\}$$

을 만족시킨다. 만약

(1) $\lim_{x \to c} f(x) = \lim_{x \to c} g(x) = 0$이거나, 또는

(2) $\lim_{x \to c} g(x) = \pm\infty$

이면 $\lim_{x \to c} \frac{f(x)}{g(x)} = L$ 이다.

예제 1

$\lim_{x \to 0+} (1+x)^{\frac{1}{x}} = e$ 임을 보이시오.

풀이 로피탈의 법칙에 의해서

$$\lim_{x \to 0+} \ln(1+x)^{\frac{1}{x}} = \lim_{x \to 0+} \frac{\ln(1+x)}{x} = \lim_{x \to 0+} \frac{1}{1+x} = 1$$

이다. 그러므로 $\lim_{x \to 0+} (1+x)^{\frac{1}{x}} = e$ 이다. ◢

참고 위 예제 1에서 $\lim_{x \to 0+} \ln(1+x)^{\frac{1}{x}} = 1$임을 보이는데 5.2절의 예제 1에 있는 부등식을 이용할 수도 있다. ◢

예제 2

로피탈 정리에 의해서 $\lim_{x \to 0} \frac{\sin x}{x} = \lim_{x \to 0} \frac{\cos x}{1} = 1$ 이다. ◢

예제 3

$\lim_{x \to 0-} \frac{e^{\frac{1}{x}}}{x}$ 을 계산하시오.

풀이 $t = -\frac{1}{x}$ 이라 하면

$$\lim_{x \to 0-} \frac{e^{\frac{1}{x}}}{x} = -\lim_{t \to \infty} \frac{t}{e^t}$$

가 된다. 로피탈의 정리에 의해서

$$\lim_{t \to \infty} \frac{t}{e^t} = \lim_{t \to \infty} \frac{1}{e^t} = 0$$

이다. 그러므로 $\lim_{x \to 0-} \frac{e^{\frac{1}{x}}}{x} = 0$ 이다. ◢

참고 위 예제 3에서 치환하지 않고 직접 로피탈의 정리를 적용하면 계산이 처음보다 더 복잡해진다는 것에 주목하라.(직접 확인하여 보라) ◢

5.3 연습문제

01 다음 극한을 구하시오.

(1) $\lim\limits_{x\to 1}\dfrac{x^5+x-2}{x^3-1}$

(2) $\lim\limits_{x\to 0}\dfrac{x^5+x-2}{x^3-1}$

(3) $\lim\limits_{x\to 0+}\dfrac{\sin x}{\sqrt{x}}$

(4) $\lim\limits_{x\to 0}\dfrac{1-\cos x}{\cos x^2}$

(5) $\lim\limits_{x\to \frac{\pi}{2}-}\dfrac{3+4\sec x}{2+\tan x}$

(6) $\lim\limits_{x\to \frac{\pi}{2}-}\dfrac{\ln\sin 2x}{\ln\cos x}$

(7) $\lim\limits_{x\to 0}\dfrac{x\cos x}{\sin x}$

(8) $\lim\limits_{x\to 0}\dfrac{1-\cos x}{\sin 2x}$

(9) $\lim\limits_{x\to \infty} x^{\frac{1}{x}}$

(10) $\lim\limits_{x\to 3}\dfrac{\ln\left(\dfrac{x}{3}\right)}{3-x}$

(11) $\lim\limits_{x\to \infty}(e^x+x)^{\frac{1}{x}}$

(12) $\lim\limits_{x\to 0+}\left(\dfrac{1}{x}+\ln x\right)$

(13) $\lim\limits_{x\to 0}\left(\dfrac{1}{x}-\dfrac{1}{e^x-1}\right)$

(14) $\lim\limits_{x\to 0+}(1+x)^{\sin x}$

(15) $\lim\limits_{x\to 0+} x^{x^a}$, $a>0$

(16) $\lim\limits_{x\to \infty} x\ln\left(1+\dfrac{1}{x}\right)$

(17) $\lim\limits_{x\to 0+}(1-x)^{\frac{1}{x}}$

(18) $\lim\limits_{x\to \infty}\dfrac{(\ln x)^p}{x^q}$, $p, q\in\mathbb{R}$, $x>0$

(19) $\lim\limits_{x\to \infty}\left(1-\dfrac{1}{x^2}\right)^x$

(20) $\lim\limits_{x\to \infty}\dfrac{(\ln x)^a}{e^x}$, $a>0$, $x>0$

02 (1) 함수 $f:(a,b)\to\mathbb{R}$ 가 $c\in(a,b)$에서 2계도함수를 갖는다면

$f''(c)=\lim\limits_{h\to 0}\dfrac{f(c+h)+f(c-h)-2f(c)}{h^2}$ 임을 보이시오.

(2) $\lim\limits_{h\to 0}\dfrac{f(c+h)+f(c-h)-2f(c)}{h^2}$ 는 존재하지만 $f''(c)$는 존재하지 않는 예를 드시오.

6 리만 적분과 리만-스틸체스 적분

이 장에서는 1853년 리만(Georg Bernhard Riemann, 1826 − 1866)에 의해서 정립된 적분의 현대적 정의와 이론들에 관하여 살펴본다.

6.1절에서는 다르부(Jean Gaston Darboux, 1842 − 1917)의 접근 방법을 사용하여 리만 적분의 이론을 소개한다. 특히 이 절에서는 유계인 닫힌 구간에서 정의된 유계인 실숫값 함수(real valued function)가 리만 적분 가능할 필요충분조건을 제시해 주는 르베그 정리(Lebesgue's theorem)를 증명 없이 기술한다. 6.2절에서는 리만의 방법을 따라 리만합을 정의하고 이를 이용하여 리만 적분의 여러 가지 성질들을 증명한다. 그리고 6.1절에서 소개된 다르부의 접근 방법과 리만에 의한 접근 방법이 궁극적으로 같음을 설명한다. 6.3절에서는 미적분학의 기본 정리로 잘 알려진 두 가지의 매우 중요한 결과들을, 그리고 6.4절에서는 리만 적분의 개념을 이용하여 유계인 구간에서 정의된 유계가 아닌 함수의 적분 또는 유계가 아닌 구간에서 정의된 함수의 적분, 즉 이상적분에 대하여 다룬다. 마지막으로 6.5절에서는 수학과 물리학의 많은 응용분야에서 나타나는 스틸체스(Thomas − Jean Stieltjes, 1856 − 1894)에 의해서 도입된 리만-스틸체스 적분에 관하여 살펴본다.

6.1 리만 적분

이 절에서는 리만 적분의 이론을 살펴보기 위해 리만에 의해서 도입되었던 방법이 아닌 하합과 상합의 개념을 이용하여 1875년 다르부에 의해서 도입된 방법을 소개한다.

정의 01

$a < b$ 일 때 $[a, b]$는 $\mathbb{R}$ 에서의 유계인 닫힌 구간이다.

(1) $a = x_0 < x_1 < \cdots < x_n = b$ 인 유한개의 점들의 집합

$$\wp = \{x_0, x_1, \cdots, x_n\}$$

을 구간 $[a, b]$의 **분할**(partition)이라 한다.

(2) 구간 $[a, b]$의 두 분할 $\wp$ 와 $\wp^*$에 대하여 $\wp \subset \wp^*$이면 분할 $\wp^*$를 $\wp$ 의 **세분할**(refinement)이라 한다.

(3) 구간 $[a, b]$의 분할 $\wp^*$가 동시에 두 분할 $\wp_1$과 $\wp_2$의 세분할이면 $\wp^*$를 $\wp_1$과 $\wp_2$의 **공통 세분할**(common refinement)이라 한다. 특히 $\wp^* = \wp_1 \cup \wp_2$를 $\wp_1$과 $\wp_2$의 **첫 번째 공통 세분할**(the first common refinement)이라 한다.

닫힌 구간 $[a, b]$에서 정의된 유계함수 $f : [a, b] \to \mathbb{R}$ 의 상합(upper sum)과 하합(lower sum)을 다음과 같이 정의한다.

정의 02

$f : [a, b] \to \mathbb{R}$ 가 $[a, b]$에서 유계함수이고 $\wp = \{x_0, x_1, \cdots, x_n\}$이 $a = x_0 < x_1 < \cdots < x_n = b$ 인 $[a, b]$의 분할일 때 각 $1 \le i \le n$에 대하여

$$m_i = \inf\{f(x) \mid x_{i-1} \le x \le x_i\}$$
$$M_i = \sup\{f(x) \mid x_{i-1} \le x \le x_i\}$$
$$\Delta x_i = x_i - x_{i-1}$$

이라 하자.

(1) $\|\wp\| = \max\{\Delta x_i \mid 1 \le i \le n\}$이라 하고 $\|\wp\|$를 **분할 $\wp$ 의 크기**(norm or mesh)라 부른다.

(2) 함수 f 와 분할 $\wp$ 에 대하여 다음과 같이 정의된 $\mathcal{U}(\wp, f)$와 $\mathcal{L}(\wp, f)$를 각각 **상합**(upper sum)과 **하합**(lower sum)이라 부른다.

$$\mathcal{U}(\wp, f) = \sum_{i=1}^{n} M_i \Delta x_i$$

$$\mathcal{L}(\wp, f) = \sum_{i=1}^{n} m_i \Delta x_i$$

보조정리 01

$[a,b]$에서 유계함수 $f:[a,b]\to\mathbb{R}$ 에 대하여

$$m=\inf\{f(x)\mid a\le x\le b\}$$
$$M=\sup\{f(x)\mid a\le x\le b\}$$

라 하면 $[a,b]$의 임의의 분할 $\wp$에 대하여 다음이 성립한다.

$$m(b-a)\le\mathcal{L}(\wp,f)\le\mathcal{U}(\wp,f)\le M(b-a)$$

증명 $\wp=\{x_0,x_1,\cdots,x_n\}$을 $[a,b]$의 임의의 분할이라 하자. 그러면 모든 $1\le i\le n$에 대하여 $m\le m_i$ 이고 $M_i\le M$ 이므로

$$\mathcal{L}(\wp,f)=\sum_{i=1}^{n}m_i\,\Delta x_i\ge\sum_{i=1}^{n}m(x_i-x_{i-1})=m(b-a)$$
$$\mathcal{U}(\wp,f)=\sum_{i=1}^{n}M_i\,\Delta x_i\le\sum_{i=1}^{n}M(x_i-x_{i-1})=M(b-a)$$

이 성립한다. 또한 모든 $1\le i\le n$에 대하여 $m_i\le M_i$ 이므로

$$\mathcal{L}(\wp,f)\le\mathcal{U}(\wp,f)$$

이다. 그러므로 원하는 결과를 얻는다. ◢

보조정리 1로부터 $f:[a,b]\to\mathbb{R}$ 가 유계함수일 때 다음 두 집합

$$\{\mathcal{U}(\wp,f)\mid\wp\text{는 }[a,b]\text{의 분할}\}$$
$$\{\mathcal{L}(\wp,f)\mid\wp\text{는 }[a,b]\text{의 분할}\}$$

은 각각 위로 유계이고 아래로 유계임을 알 수 있다. 그러므로 다음의 상적분(upper integral)과 하적분(lower integral)은 $\mathbb{R}$ 에서 잘 정의(well-defined) 된다.

정의 03

$f:[a,b]\to\mathbb{R}$ 가 $[a,b]$에서 유계함수일 때 다음과 같이 정의된

$$\overline{\int_a^b}f\text{ 와 }\underline{\int_a^b}f$$

를 f 의 **상적분**(upper integral)과 **하적분**(lower integral)이라 한다.

$$\overline{\int_a^b}f=\inf\{\mathcal{U}(\wp,f)\mid\wp\text{는 }[a,b]\text{의 분할}\}$$
$$\underline{\int_a^b}f=\sup\{\mathcal{L}(\wp,f)\mid\wp\text{는 }[a,b]\text{의 분할}\}$$

보조정리 02

$f:[a,b]\to\mathbb{R}$ 가 $[a,b]$에서 유계함수이고 $[a,b]$의 분할 $\wp^*$가 $\wp$의 세분할이라 하면

$$\mathcal{L}(\wp, f) \le \mathcal{L}(\wp^*, f) \le \mathcal{U}(\wp^*, f) \le \mathcal{U}(\wp, f)$$

이다.

증명 일반성을 잃지 않고, 다음과 같이 $\wp^*$가 $\wp$보다 정확하게 한 개의 점 x^*를 더 포함하고 있다고 가정하자.(만약 $\wp^*$가 $\wp$보다 k개의 점을 더 포함하고 있다면 다음의 과정을 k번 반복하면 된다)

$$\wp = \{x_0, x_1, \cdots, x_n \mid x_0 = a < x_1 < \cdots < x_n = b\}$$
$$\wp^* = \wp \cup \{x^*\}, \quad x_{i-1} < x^* < x_i$$

정의 2에서와 비슷하게

$$M_1^* = \sup\{f(x) \mid x_{i-1} \le x \le x^*\},\ m_1^* = \inf\{f(x) \mid x_{i-1} \le x \le x^*\}$$
$$M_2^* = \sup\{f(x) \mid x^* \le x \le x_i\},\ m_2^* = \inf\{f(x) \mid x^* \le x \le x_i\}$$

라 정의하면 $m_i \le \min\{m_1^*, m_2^*\}$이고 $M_i \ge \max\{M_1^*, M_2^*\}$이므로

$$\begin{aligned} m_i \Delta x_i &= m_i(x_i - x^*) + m_i(x^* - x_{i-1}) \\ &\le m_2^*(x_i - x^*) + m_1^*(x^* - x_{i-1}) \end{aligned}$$

이고

$$\begin{aligned} M_i \Delta x_i &= M_i(x_i - x^*) + M_i(x^* - x_{i-1}) \\ &\ge M_2^*(x_i - x^*) + M_1^*(x^* - x_{i-1}) \end{aligned}$$

이다. 그러므로 원하는 결과를 얻는다.

정리 01

$f:[a,b]\to\mathbb{R}$ 가 $[a,b]$에서 유계함수이면

$$\underline{\int_a^b} f \le \overline{\int_a^b} f$$

이다.

증명 $[a, b]$의 임의의 두 분할 $\wp_1$과 $\wp_2$에 대하여 보조정리 2에 의해서

$$\mathcal{L}(\wp_1, f) \le \mathcal{L}(\wp_1 \cup \wp_2, f) \le \mathcal{U}(\wp_1 \cup \wp_2, f) \le \mathcal{U}(\wp_2, f)$$

이다. 즉, 임의의 분할 $\wp_1$과 $\wp_2$에 대하여

$$\mathcal{L}(\wp_1, f) \le \mathcal{U}(\wp_2, f)$$

가 성립한다. 그러므로 임의의 $\wp_2$에 대하여

$$\underline{\int_a^b} f = \sup\{\mathcal{L}(\wp_1, f) \mid \wp_1\text{은 } [a, b]\text{의 분할}\} \le \mathcal{U}(\wp_2, f)$$

이고, 따라서

$$\overline{\int_a^b} f = \inf\{\mathcal{U}(\wp_2, f) \mid \wp_2\text{는 } [a, b]\text{의 분할}\} \ge \underline{\int_a^b} f$$

이다. ◢

정의 04

(1) $[a, b]$에서 유계함수 $f : [a, b] \to \mathbb{R}$의 하적분과 상적분이 같으면, 즉

$$\underline{\int_a^b} f = \overline{\int_a^b} f$$

이면 f는 $[a, b]$**에서 리만 적분 가능하다**(Riemann integrable) 또는 간단히 **적분 가능하다**(integrable)고 한다.
이 경우 그 공통된 값을 $[a, b]$에서 f의 **리만 적분**(Riemann integral) 또는 간단히 **적분**(integral)이라 하고 기호로는

$$\int_a^b f \quad \text{또는} \quad \int_a^b f(x)\,dx$$

로 나타낸다.

(2) 유계인 닫힌 구간 $[a, b]$에서 리만 적분 가능한 함수들의 집합을

$$\mathcal{R}[a, b]$$

로 나타낸다.

(3) $f \in \mathcal{R}[a, b]$이면

$$\int_a^b f = -\int_b^a f$$

로 정의한다.

참고 (1) 정의 4의 (3)으로부터

$$\int_a^a f = 0$$

임을 쉽게 알 수 있다.

(2) $[a, b]$에서 유계함수 $f: [a, b] \to \mathbb{R}$에 대하여 보조정리 1과 같이 m과 M을 정의하면

$$m(b-a) \le \underline{\int_a^b} f \le \overline{\int_a^b} f \le M(b-a)$$

이다. 특히 $f \in \mathcal{R}[a, b]$이면

$$m(b-a) \le \int_a^b f \le M(b-a)$$

이다. 그러므로 모든 $x \in [a, b]$에 대하여 $f(x) \ge 0$이면 $m \ge 0$이므로 $\int_a^b f \ge 0$이다. 이 경우 리만 적분 $\int_a^b f(x)\,dx$는 $y = f(x)$와 x축 그리고 두 직선 $x = a$와 $x = b$로 둘러싸인 부분의 넓이를 나타낸다. ◢

예제 1 (Revisited)

디리클레 함수

$$f(x) = \begin{cases} 1, & x \in \mathbb{Q} \\ 0, & x \in \mathbb{R} \setminus \mathbb{Q} \end{cases}$$

는 모든 유계인 닫힌 구간 $[a, b]$에서 리만 적분 가능하지 않음을 보이시오.

풀이 $\wp = \{x_0, \cdots, x_n \mid x_0 = a < x_1 < \cdots < x_n = b\}$를 $[a, b]$의 임의의 분할이라 하면 모든 $1 \le i \le n$에 대하여 $m_i = 0$이고 $M_i = 1$이다. 따라서

$$\mathcal{U}(\wp, f) = \sum_{i=1}^{n} M_i \Delta x_i = b - a$$

$$\mathcal{L}(\wp, f) = \sum_{i=1}^{n} m_i \Delta x_i = 0$$

이다. $\wp$가 $[a, b]$의 임의의 분할이므로

$$\overline{\int_a^b} f = \inf\{\mathcal{U}(\wp, f) \mid \wp\text{는 } [a, b]\text{의 분할}\} = \inf\{b-a\} = b-a,$$

$$\underline{\int_a^b} f = \sup\{\mathcal{L}(\wp, f) \mid \wp\text{는 } [a, b]\text{의 분할}\} = \sup\{0\} = 0,$$

이다. 그러므로 $f \notin \mathcal{R}[a, b]$, 즉 f는 $[a, b]$에서 리만 적분 가능하지 않다. ◢

참고 예제 1로부터 유계인 닫힌 구간에서 유계함수가 모두 리만 적분 가능한 것은 아니라는 것을 알 수 있다. ◢

예제 2

상수함수 $f(x)=k$ ($k \in \mathbb{R}$)는 임의의 유계인 닫힌 구간 $[a,b]$에서 리만 적분 가능하며

$$\int_a^b f(x)\,dx = k(b-a)$$

임을 보이시오.

풀이 $\wp=\{x_0, \cdots, x_n \mid x_0=a<x_1<\cdots<x_n=b\}$를 $[a,b]$의 임의의 분할이라 하면 모든 $1 \le i \le n$에 대하여 $m_i = M_i = k$이다. 따라서

$$\mathcal{U}(\wp, f) = \sum_{i=1}^{n} M_i \Delta x_i = \sum_{i=1}^{n} k\,\Delta x_i = k(b-a)$$
$$\mathcal{L}(\wp, f) = \sum_{i=1}^{n} m_i \Delta x_i = \sum_{i=1}^{n} k\,\Delta x_i = k(b-a)$$

이다. $\wp$가 $[a,b]$의 임의의 분할이므로

$$\overline{\int_a^b} f = \underline{\int_a^b} f = k(b-a)$$

이다. 그러므로 $f \in \mathcal{R}[a,b]$이고 $\int_a^b f(x)\,dx = k(b-a)$이다. ◢

예제 3

$f(x)=x$가 $[a,b]$에서 리만 적분 가능하다는 것을 보이고

$$\int_a^b f(x)\,dx = \frac{1}{2}(b^2-a^2)$$

임을 보이시오.

풀이 $\wp=\{x_0, \cdots, x_n \mid x_0=a<x_1<\cdots<x_n=b\}$를 $[a,b]$의 임의의 분할이라 하자. f가 $[a,b]$에서 증가함수이므로

$$m_i = f(x_{i-1}) = x_{i-1},\ M_i = f(x_i) = x_i$$

이다. 따라서

$$\mathcal{L}(\wp, f) = \sum_{i=1}^{n} x_{i-1}\,\Delta x_i$$

$$\mathcal{U}(\wp, f) = \sum_{i=1}^{n} x_i\,\Delta x_i$$

이다. 각 $1 \le i \le n$에 대하여

$$x_{i-1} \le \frac{1}{2}(x_{i-1} + x_i) \le x_i$$

이다. 위 부등식의 각 변에 Δx_i를 곱하고 $i=1$에서 n까지 합을 구하면

$$\mathcal{L}(\wp, f) \le \sum_{i=1}^{n} \frac{1}{2}(x_i^2 - x_{i-1}^2) \le \mathcal{U}(\wp, f)$$

이다. 그런데 $\sum_{i=1}^{n} \frac{1}{2}(x_i^2 - x_{i-1}^2) = \frac{1}{2}(x_n^2 - x_0^2) = \frac{1}{2}(b^2 - a^2)$이므로

$$\mathcal{L}(\wp, f) \le \frac{1}{2}(b^2 - a^2) \le \mathcal{U}(\wp, f)$$

이다. 위 부등식의 왼쪽과 오른쪽 변에 $[a, b]$의 모든 분할 $\wp$에 대한 상한과 하한을 각각 취하면

$$\underline{\int_a^b} f(x)\,dx \le \frac{1}{2}(b^2 - a^2) \le \overline{\int_a^b} f(x)\,dx$$

를 얻는다. 한편, $[a, b]$의 임의의 분할 $\wp$에 대하여

$$\begin{aligned} 0 \le \overline{\int_a^b} f - \underline{\int_a^b} f &\le \mathcal{U}(\wp, f) - \mathcal{L}(\wp, f) \\ &= \sum_{i=1}^{n} (x_i - x_{i-1})\,\Delta x_i \\ &\le \|\wp\|(b-a) \end{aligned}$$

가 성립한다. 그러므로 임의의 $\epsilon > 0$과 모든 $1 \le i \le n$에 대하여

$$\Delta x_i < \frac{\epsilon}{b-a+1}, \text{ 즉 } \|\wp^*\| < \frac{\epsilon}{b-a+1}$$

인 분할 $\wp^*$를 택하면

$$\overline{\int_a^b} f - \underline{\int_a^b} f < \epsilon$$

이다. 임의의 $\epsilon > 0$에 대하여 위 부등식이 성립하므로

$$\overline{\int_a^b} f = \underline{\int_a^b} f$$

이다. 그러므로 $f \in \mathcal{R}[a, b]$이고 $\int_a^b f(x)\, dx = \frac{1}{2}(b^2 - a^2)$이다. ◢

예제 4

이차함수 $f(x) = x^2$은 $[0, 1]$에서 리만 적분 가능하고

$$\int_0^1 f(x)\, dx = \frac{1}{3}$$

임을 보이시오.

풀이 각 $n \in \mathbb{N}$에 대하여 $[0, 1]$의 분할

$$\wp_n = \left\{0, \frac{1}{n}, \frac{2}{n}, \cdots, 1\right\}$$

을 생각하자. f가 $[0, 1]$에서 증가함수이므로 각 부분구간 $\left[\frac{i-1}{n}, \frac{i}{n}\right]$에서

$$m_i = \frac{(i-1)^2}{n^2}, \quad M_i = \frac{i^2}{n^2}$$

이다. 모든 $1 \le i \le n$에 대하여 $\Delta x_i = \frac{1}{n}$이므로

$$\mathcal{L}(\wp_n, f) = \frac{1}{n^3}[1^2 + 2^2 + \cdots + (n-1)^2]$$

$$\mathcal{U}(\wp, f) = \frac{1}{n^3}[1^2 + 2^2 + \cdots + n^2]$$

이다. 그런데 $1^2 + 2^2 + \cdots + k^2 = \frac{1}{6}k(k+1)(2k+1)$이므로

$$\mathcal{L}(\wp_n, f) = \frac{1}{6}\left(1 - \frac{1}{n}\right)\left(2 - \frac{1}{n}\right)$$

$$\mathcal{U}(\wp_n, f) = \frac{1}{6}\left(1 + \frac{1}{n}\right)\left(2 + \frac{1}{n}\right)$$

이다. 따라서

$$\sup\{\mathcal{L}(\wp_n, f) : n \in \mathbb{N}\} = \frac{1}{3}$$

$$\inf\{\mathcal{U}(\wp_n, f) : n \in \mathbb{N}\} = \frac{1}{3}$$

이다. 한편, $\{\wp_n \mid n \in \mathbb{N}\}$은 $[0,1]$의 모든 분할들의 집합의 한 부분집합이므로

$$\frac{1}{3} = \sup\{\mathcal{L}(\wp_n, f) \mid n \in \mathbb{N}\} \le \sup\{\mathcal{L}(\wp, f) \mid \wp\text{는 } [0, 1]\text{의 분할}\} = \underline{\int_0^1} f$$
$$\frac{1}{3} = \inf\{\mathcal{U}(\wp_n, f) \mid n \in \mathbb{N}\} \ge \inf\{\mathcal{U}(\wp, f) \mid \wp\text{는 } [0, 1]\text{의 분할}\} = \overline{\int_0^1} f$$

이다. 그러므로 $f \in \mathcal{R}[0,1]$이고 $\int_0^1 f(x)\,dx = \frac{1}{3}$이다. ◢

예제 5

함수

$$f(x) = \begin{cases} x, & x \in \mathbb{Q} \\ 0, & x \in \mathbb{R} \setminus \mathbb{Q} \end{cases}$$

에 대하여 다음을 보이시오.

(1) $\underline{\int_0^1} f = 0$ (2) $\overline{\int_0^1} f = \frac{1}{2}$

풀이 (1) $[0,1]$의 임의의 분할 $\wp$에 대하여 $\mathcal{L}(\wp, f) = 0$이고,

따라서 $\underline{\int_0^1} f = \sup\{\mathcal{L}(\wp, f) \mid \wp\text{는 } [0,1]\text{의 분할}\} = \sup\{0\} = 0$이다.

(2) $\wp_n$을 구간 $[0,1]$을 n등분한 분할, 즉

$$\wp_n = \left\{ x_i \mid x_i = \frac{i}{n},\ 0 \le i \le n \right\}$$

이라 하면 모든 $1 \le i \le n$에 대하여 $\Delta x_i = \frac{1}{n}$이고, 따라서

$$\mathcal{U}(\wp_n, f) = \sum_{i=1}^{n} M_i \Delta x_i = \frac{1}{n} \sum_{i=1}^{n} \frac{i}{n} = \frac{n+1}{2n}$$

이다. 임의의 분할 $\wp$에 대하여 $\overline{\int_0^1} f \le \mathcal{U}(\wp, f)$이므로 모든 $n \in \mathbb{N}$에 대하여

$$\overline{\int_0^1} f \le \frac{n+1}{2n}$$

이고, 따라서

$$\overline{\int_0^1} f \le \frac{1}{2}$$

이다.

이제 $\frac{1}{2} \le \overline{\int_0^1} f$ 임을 보이기 위해 $\epsilon > 0$이라 하자. 연습문제 4에 의해서 $\|\wp\| < \delta$인 모든 $[0,1]$의 분할 $\wp$에 대하여 $\mathcal{U}(\wp, f) < \overline{\int_0^1} f + \epsilon$이 성립하는 $\delta > 0$가 존재한다.

따라서 $\frac{1}{n} < \delta$인 $n \in \mathbb{N}$에 대하여

$$\mathcal{U}(\wp_n, f) = \frac{n+1}{2n} < \overline{\int_0^1} f + \epsilon$$

이고, 그러므로

$$\frac{1}{2} < \overline{\int_0^1} f + \epsilon$$

이다. $\epsilon > 0$이 임의의 실수이므로 $\frac{1}{2} \le \overline{\int_0^1} f$ 이다. ◢

다음으로 $[a, b]$에서 유계함수 $f : [a, b] \to \mathbb{R}$의 리만 적분 가능성에 대한 필요충분조건을 제시해 주는 적분에 대한 리만 판정법(Riemann s criterion for integrals)을 소개한다.

정리 02 적분에 대한 리만 판정법(Riemann's criterion for integrals)

$[a, b]$에서 유계함수 $f : [a, b] \to \mathbb{R}$가 $[a, b]$에서 리만 적분 가능할 필요충분조건은 임의의 $\epsilon > 0$에 대하여

$$\mathcal{U}(\wp, f) - \mathcal{L}(\wp, f) < \epsilon \quad \cdots\cdots (6.1)$$

을 만족시키는 $[a, b]$의 적당한 분할 $\wp$가 존재하는 것이다.

증명 **필요성** : 임의의 $\epsilon > 0$과 적당한 $[a, b]$의 분할 $\wp$에 대하여 부등식 (6.1)이 성립한다고 가정하면

$$0 \le \overline{\int_a^b} f - \underline{\int_a^b} f \le \mathcal{U}(\wp, f) - \mathcal{L}(\wp, f) < \epsilon$$

이다. $\epsilon > 0$이 임의의 실수이므로 $\overline{\int_a^b} f = \underline{\int_a^b} f$ 이고, 따라서 f는 $[a, b]$에서 적분 가능하다.

충분성 : f가 $[a, b]$에서 적분 가능하다고 가정하고 $\epsilon > 0$이라 하자. 그러면 1.4절 정리 2에 의해서

$$\mathcal{U}(\wp_2, f) - \overline{\int_a^b} f < \frac{\epsilon}{2} \text{ 이고 } \underline{\int_a^b} f - \mathcal{L}(\wp_1, f) < \frac{\epsilon}{2}$$

인 $[a, b]$의 분할 $\wp_1$과 $\wp_2$를 택할 수 있다. $\underline{\int_a^b} f = \overline{\int_a^b} f = \int_a^b f$ 이므로

$$\mathcal{U}(\wp_2, f) - \int_a^b f < \frac{\epsilon}{2} \text{ 이고 } \int_a^b f - \mathcal{L}(\wp_1, f) < \frac{\epsilon}{2}$$

이다.

이제 $\wp^*$를 $\wp_1$과 $\wp_2$의 공통 세분할이라 하면 보조정리 2에 의해서

$$\mathcal{L}(\wp_1, f) \le \mathcal{L}(\wp^*, f) \le \int_a^b f \le \mathcal{U}(\wp^*, f) \le \mathcal{U}(\wp_2, f)$$

이고, 따라서

$$\begin{aligned}\mathcal{U}(\wp^*, f) - \mathcal{L}(\wp^*, f) &\le \mathcal{U}(\wp_2, f) - \mathcal{L}(\wp_1, f) \\ &< \left(\int_a^b f + \frac{\epsilon}{2}\right) - \left(\int_a^b f - \frac{\epsilon}{2}\right) = \epsilon\end{aligned}$$

이다. ◢

적분에 대한 리만 판정법을 이용하면 $[a, b]$에서 연속이거나 또는 단조성을 갖는 모든 함수 $f: [a, b] \to \mathbb{R}$ 가 $[a, b]$에서 리만 적분 가능하다는 것을 보일 수 있다.

정리 03

$a < b$ 이고 함수 $f: [a, b] \to \mathbb{R}$ 이다.

(1) f 가 $[a, b]$에서 연속이면 f는 $[a, b]$에서 리만 적분 가능하다.

(2) f 가 $[a, b]$에서 단조함수이면 f는 $[a, b]$에서 리만 적분 가능하다.

증명 (1) $\epsilon > 0$이라 하고 $(b-a)\eta < \epsilon$인 $\eta > 0$를 택하자. f가 $[a, b]$에서 연속이므로 4.3절 따름정리 1에 의해서 f는 $[a, b]$에서 균등연속이다. 그러므로 $|x-y| < \delta$인 모든 $x, y \in [a, b]$에 대하여

$$|f(x) - f(y)| < \eta \quad \cdots\cdots (6.2)$$

인 $\delta > 0$가 존재한다. $\|\wp\| < \delta$인 $[a, b]$의 분할

$$\wp = \{x_0, \cdots, x_n \mid x_0 = a < x_1 < \cdots < x_n = b\}$$

를 택하면 부등식 (6.2)에 의해서 모든 $1 \le i \le n$에 대하여

$$M_i - m_i < \eta$$

이다. 따라서

$$\begin{aligned}\mathcal{U}(\wp, f) - \mathcal{L}(\wp, f) &= \sum_{i=1}^{n} (M_i - m_i)\Delta x_i \\ &< \eta \sum_{i=1}^{n} \Delta x_i = \eta(b-a) < \epsilon\end{aligned}$$

이다. 그러므로 적분에 대한 리만 판정법에 의해서 f는 $[a, b]$에서 적분 가능하다.

(2) f가 $[a, b]$에서 상수함수이면 예제 2에 의해서 원하는 결과가 성립한다. 그러므로 일반성을 잃지 않고, f가 $[a, b]$에서 상수함수가 아닌 단조증가함수라 가정하자. 그러면 $f(a) < f(b)$가 성립한다. 임의의 $\epsilon > 0$에 대하여

$$\|\wp\| < \frac{\epsilon}{f(b) - f(a)}$$

인 $[a, b]$의 임의의 분할을 $\wp = \{x_0, \cdots, x_n \mid x_0 = a < x_1 < \cdots < x_n = b\}$라 하면 f가 $[a, b]$에서 증가하므로 각 $1 \le i \le n$에 대하여

$$M_i = f(x_i),\ m_i = f(x_{i-1})$$

이다. 따라서

$$\begin{aligned} \mathcal{U}(\wp, f) - \mathcal{L}(\wp, f) &= \sum_{i=1}^{n}(M_i - m_i)\Delta x_i \\ &< \frac{\epsilon}{f(b) - f(a)} \sum_{i=1}^{n}(M_i - m_i) \\ &= \frac{\epsilon}{f(b) - f(a)}(f(x_n) - f(x_0)) = \epsilon \end{aligned}$$

이다. 그러므로 f는 $[a, b]$에서 적분 가능하다. ◢

예제 6

(1) $a > 0$일 때 $f(x) = \begin{cases} \dfrac{\sin x}{x}, & x \neq 0 \\ 1, & x = 0 \end{cases}$는 $[0, a]$에서 연속이므로(이유는?) 정리 3의 (1)에 의해서 $f \in \mathcal{R}[0, a]$이다.

(2) $g(x) = [x]$는 $[0, 3]$에서 단조증가하는 함수이므로 정리 3의 (2)에 의해서 $[0, 3]$에서 리만 적분 가능하다. ◢

다음으로 리만 적분 가능한 함수 f와 연속함수 φ의 합성함수 $\varphi \circ f$가 리만 적분 가능하다는 것을 보인다.

정리 04 합성정리(The composition theorem)

$f : [a, b] \to \mathbb{R}$는 $[a, b]$에서 유계이고 리만 적분 가능한 함수이다. $range(f) \subset [c, d]$이고 $\varphi : [c, d] \to \mathbb{R}$가 연속함수이면 $\varphi \circ f$는 $[a, b]$에서 리만 적분 가능하다.

증명 φ가 $[c, d]$에서 연속이므로 φ는 $[a, b]$에서 유계일 뿐만 아니라 균등연속이다.

$$K = \sup\{|\varphi(t)| \mid t \in [c, d]\}$$

라 하고 임의의 $\epsilon > 0$에 대하여

$$\epsilon' = \frac{\epsilon}{b-a+2K}$$

이라 하자. φ가 $[c, d]$에서 균등연속이므로 $|s-t| < \delta$인 모든 $s, t \in [c, d]$에 대하여

$$|\varphi(s) - \varphi(t)| < \epsilon' \quad \cdots\cdots (6.3)$$

인 적당한 $0 < \delta < \epsilon'$가 존재한다. 또한 $f \in \mathcal{R}[a, b]$이므로 적분에 대한 리만 판정법(정리 2)에 의해서

$$\mathcal{U}(\wp, f) - \mathcal{L}(\wp, f) < \delta^2$$

인 $[a, b]$의 적당한 분할

$$\wp = \{x_0, x_1, \cdots, x_n \mid a = x_0 < x_1 < \cdots < x_n = b\}$$

가 존재한다. 그러면 원하는 결과를 얻기 위하여 적분에 대한 리만 판정법(정리 2)에 의해서

$$\mathcal{U}(\wp, \varphi \circ f) - \mathcal{L}(\wp, \varphi \circ f) \leq \epsilon$$

임을 보이면 충분하다.(위 부등식에서 등호가 성립하여도 되는 이유를 생각하여 보라)
각 $1 \leq k \leq n$에 대하여

$$\begin{aligned} m_k &= \inf\{f(x) \mid x \in [x_{k-1}, x_k]\} \\ M_k &= \sup\{f(x) \mid x \in [x_{k-1}, x_k]\} \\ m_k^* &= \inf\{\varphi(f(x)) \mid x \in [x_{k-1}, x_k]\} \\ M_k^* &= \sup\{\varphi(f(x)) \mid x \in [x_{k-1}, x_k]\} \end{aligned}$$

라 하자. 그리고

$$\begin{aligned} A &= \{k \mid M_k - m_k < \delta\} \\ B &= \{k \mid M_k - m_k \geq \delta\} \end{aligned}$$

라 정의하자. 그러면 $A \cap B = \varnothing$이고, 모든 $x, y \in [x_{k-1}, x_k]$에 대하여

$$|f(x) - f(y)| \leq M_k - m_k$$

가 성립한다. 따라서 $k \in A$이면 부등식 (6.3)에 의해서 모든 $x, y \in [x_{k-1}, x_k]$에 대하여

$$|\varphi(f(x)) - \varphi(f(y))| < \epsilon'$$

이다. 한편,

$$M_k^* - m_k^* = \sup\{\varphi(f(x)) - \varphi(f(y)) \mid x, y \in [x_{k-1}, x_k]\}$$

이므로 $k \in A$이면 $M_k^* - m_k^* \leq \epsilon'$이고, $k \in B$이면 $M_k^* - m_k^* \leq 2K$이다. 따라서

$$\begin{aligned}\mathcal{U}(\wp, \varphi\circ f)-\mathcal{L}(\wp, \varphi\circ f) &= \sum_{k\in A}(M_k^*-m_k^*)\Delta x_k+\sum_{k\in B}(M_k^*-m_k^*)\Delta x_k \\ &\le \epsilon'\sum_{k\in A}\Delta x_k + 2K\sum_{k\in B}\Delta x_k \\ &\le \epsilon'(b-a)+2K\sum_{k\in B}\Delta x_k\end{aligned}$$

가 성립한다. 그런데 $k\in B$ 이면 $\delta\le M_k-m_k$ 이므로

$$\sum_{k\in B}\Delta x_k \le \frac{1}{\delta}\sum_{k\in B}(M_k-m_k)\Delta x_k \le \frac{1}{\delta}[\,\mathcal{U}(\wp, f)-\mathcal{L}(\wp, f)] < \delta < \epsilon'$$

이다. 그러므로

$$\mathcal{U}(\wp, \varphi\circ f)-\mathcal{L}(\wp, \varphi\circ f) \le \epsilon'(b-a)+2K\epsilon' = \epsilon$$

이다. ◢

따름정리 01

f 가 $[a,b]$에서 리만 적분 가능하면 $|f|$와 f^2 도 $[a,b]$에서 리만 적분 가능하다.

이제 $[a,b]$에서 유계함수 $f:[a,b]\to\mathbb{R}$ 가 리만 적분 가능할 필요충분조건을 제시해 주는 르베그 정리(Lebesgue's theorem)를 소개한다. 르베그 정리의 증명은 다소 어려우므로 여기서는 증명 없이 기술만 하도록 한다. 이를 위해서 우선 측도가 영(measure zero)인 집합에 관하여 정의하도록 하자. 아래의 정의에서는 7장에서 다룰 기초적인 무한급수의 개념이 필요할 수도 있지만 여기에서는 미적분학에서 이미 다루었다고 가정할 것이다.

정의 05

다음을 만족시키는 $\mathbb{R}$ 의 부분집합 E를 **측도가 영**(measure zero)이라고 한다.

임의의 $\epsilon>0$에 대하여

$$E\subset\bigcup_n I_n \text{ 이고 } \sum_n |I_n|<\epsilon$$

인 적당한 열린 구간들의 가산개의 모임 $\{I_n\}$이 존재한다.

여기서 $|I_n|$은 구간 I_n 의 길이를 나타낸다.

예제 7

$\mathbb{R}$ 의 모든 유한 부분집합은 측도가 영임을 보이시오.

풀이 일반성을 잃지 않고, $\mathbb{R}$의 임의의 유한 부분집합을

$$E = \{ x_1, x_2, \cdots, x_N \}$$

이라 하자. 각 $1 \le n \le N$에 대하여

$$I_n = \left(x_n - \frac{\epsilon}{2N}, \ x_n + \frac{\epsilon}{2N} \right)$$

이라 하면

$$E \subset \bigcup_{n=1}^{N} I_n \text{ 이고 } \sum_{n=1}^{N} |I_n| = \epsilon$$

이다. 그러므로 E는 측도가 영이다.($\sum_{n=1}^{N} |I_n| = \epsilon$ 이어도 되는 이유를 생각하여 보라) ◢

예제 8

$\mathbb{R}$의 모든 가산 부분집합은 측도가 영임을 보이시오.

풀이 $E = \{ x_n \mid n \in \mathbb{N} \}$을 $\mathbb{R}$의 임의의 가산 부분집합이라 가정하고 $\epsilon > 0$이라 하자. 각 $n \in \mathbb{N}$에 대하여

$$I_n = \left(x_n - \frac{\epsilon}{2^{n+1}}, \ x_n + \frac{\epsilon}{2^{n+1}} \right)$$

이라 하면, 모든 $n \in \mathbb{N}$에 대하여 $x_n \in I_n$이므로

$$E \subset \bigcup_{n=1}^{\infty} I_n$$

이다. 또한 $|I_n| = \frac{\epsilon}{2^n}$이므로

$$\sum_{n=1}^{\infty} |I_n| = \epsilon \sum_{n=1}^{\infty} \frac{1}{2^n} = \epsilon$$

이다. 그러므로 E는 측도가 영이다. ◢

참고 예제 8에 의해서 유리수의 집합 $\mathbb{Q}$는 측도가 영임을 알 수 있다. ◢

다음은 1902년 르베그(Henri Lebesgue, 1875–1941)에 의해서 증명된 리만 적분 가능성에 대한 필요충분조건을 제시해 주는 매우 아름다운 결과이다.

정리 05 **르베그 정리(Lebesgue's theorem)**

$[a, b]$에서 유계함수 $f : [a, b] \to \mathbb{R}$ 가 리만 적분 가능할 필요충분조건은 f의 불연속인 점들의 집합의 측도가 영인 것이다.

참고 (1) f가 $[a, b]$에서 연속이면 르베그 정리에 의해서 $f \in \mathcal{R}[a, b]$임을 쉽게 알 수 있다. 뿐만 아니라, f가 $[a, b]$에서 유계이고 유한개의 점들을 제외하고 연속인 함수이면 예제 7에 의해서 f의 불연속인 점들의 집합은 측도가 영이고, 따라서 르베그 정리에 의해서 $f \in \mathcal{R}[a, b]$이다.

(2) f가 $[a, b]$에서 단조함수이면 4.4절 따름정리 1에 의해서 f는 기껏해야 가산개의 불연속점들을 가질 수 있다. 따라서 예제 8에 의해서 f의 불연속인 점들의 집합은 측도가 영이고, 그러므로 $f \in \mathcal{R}[a, b]$이다.

(3) 르베그 정리를 이용하면 정리 4(합성정리)를 다음과 같이 쉽게 증명할 수 있다.

[정리 4의 증명]

두 함수 f와 $\varphi \circ f$의 $[a, b]$에서 불연속인 점들의 집합을 각각 E와 F라 하면 4.2절 정리 3에 의해서 $F \subset E$이다. 가정에 의해서 $f \in \mathcal{R}[a, b]$이므로 E는 측도가 영이고, 따라서 F도 측도가 영이다. 그러므로 $\varphi \circ f \in \mathcal{R}[a, b]$이다. ◢

예제 9 (Revisited)

4.2절의 예제 3에서 정의된 토매함수

$$f(x) = \begin{cases} 1, & x = 0 \\ \dfrac{1}{q}, & x\text{가 유리수로서 기약분수 } \dfrac{p}{q}\,(q > 0)\text{로 나타내어질 때} \\ 0, & x\text{가 무리수일 때} \end{cases}$$

는 $[0, 1]$에서 리만 적분 가능하고 $\displaystyle\int_0^1 f(x)\,dx = 0$임을 보이시오.

풀이 f가 유리수를 제외한 $[0, 1]$의 모든 점에서 연속이므로 f의 불연속인 점들의 집합은 측도가 영이고, 따라서 르베그 정리에 의해서 $f \in \mathcal{R}[0, 1]$이다. 또한 $[0, 1]$의 모든 분할 $\wp$에 대하여 $\mathcal{L}(\wp, f) = 0$이므로

$$\int_0^1 f(x)\,dx = 0$$

이다. ◢

다음의 마지막 예제에서 리만 적분 가능한 두 함수의 합성함수가 항상 리만 적분 가능한 것만은 아니라는 것을, 즉 정리 4에서 함수 φ의 연속성은 필수적인 가정이라는 것을 보인다.

예제 10

예제 9에서 정의된 토매함수 f와 다음과 같이 정의된 함수 g에 대하여 g는 $[0,1]$에서 리만 적분 가능하지만 $g \circ f$는 $[0,1]$에서 리만 적분 가능하지 않음을 보이시오.

$$g(x) = \begin{cases} 0, & x = 0 \\ 1, & 0 < x \le 1 \end{cases}$$

풀이 g가 0을 제외하고 연속이므로 $g \in \mathscr{R}[0,1]$이다. 그러나 각 $x \in [0,1]$에 대하여

$$(g \circ f)(x) = \begin{cases} 1, & x \in \mathbb{Q} \\ 0, & x \in \mathbb{R} \setminus \mathbb{Q} \end{cases}$$

이고, 따라서 예제 1에 의해서 $g \circ f \notin \mathscr{R}[0,1]$이다. ◢

6.1 연습문제

01 다음 각 함수가 $[0,1]$에서 리만 적분 가능함을 보이고 $\int_0^1 f(x)\,dx$ 를 구하시오.

(1) $f(x)=\begin{cases} 0, & 0 \le x < \frac{1}{2} \\ 1, & \frac{1}{2} \le x \le 1 \end{cases}$

(2) $f(x)=\begin{cases} 0, & 0 \le x < a \\ \frac{1}{2}, & x = a \\ 1, & a < x \le 1 \end{cases} \quad (0 < a < 1)$

(3) $f(x)=[3x]$ (4) $f(x)=x[2x]$

02 $f, g \in \mathscr{R}[a,b]$이고 모든 $x \in [a,b]$에 대하여 $f(x) \le g(x)$이면

$$\int_a^b f(x)\,dx \le \int_a^b g(x)\,dx$$

임을 보이시오.

03 (1) 함수 $f:[a,b] \to \mathbb{R}$ 는 모든 $x \in [a,b]$에 대하여 $f(x) \ge 0$인 연속함수이다. $\int_a^b f(x)\,dx = 0$이면 모든 $x \in [a,b]$에 대하여 $f(x)=0$임을 보이시오.

(2) f가 연속이 아니면 (1)의 결과가 성립하지 않는다는 것을 예를 들어 설명하시오.

04 $f:[a,b]\to\mathbb{R}$ 가 $[a,b]$에서 유계함수일 때 임의의 $\epsilon>0$에 대하여 다음이 성립함을 보이시오.

> $\|\wp\|<\delta$인 모든 $[a,b]$의 분할 $\wp$에 대하여
>
> $$\underline{\int_a^b} f-\epsilon<\mathcal{L}(\wp,f)\le\mathcal{U}(\wp,f)<\overline{\int_a^b} f+\epsilon$$
>
> 이 성립하는 적당한 $\delta>0$가 존재한다.

05 모든 $r\in\mathbb{Q}\cap[a,b]$에 대하여 $f(r)=0$을 만족시키는 $[a,b]$에서 리만 적분 가능한 함수 $f:[a,b]\to[0,\infty)$에 대하여 $\int_a^b f(x)\,dx=0$임을 보이시오.

06 예제 3의 방법을 이용하여 $0\le a<b$일 때

$$\int_a^b x^2\,dx=\frac{1}{3}(b^3-a^3)$$

임을 보이시오.

07 예제 5를 1.4절 정리 2의 (2)를 이용하여 보이시오.

08 $f:[0,1]\to\mathbb{R}$ 가 $[0,1]$에서 단조증가 함수이고 $\wp_n=\left\{\dfrac{i}{n} \mid 0\le i\le n\right\}$일 때 다음을 보이시오.

(1) $0 \le \mathcal{U}(\wp_n, f)-\int_0^1 f \le \dfrac{1}{n}[f(1)-f(0)]$

(2) $\int_0^1 f = \lim_{n\to\infty}\mathcal{U}(\wp_n, f)$

09 다음 두 명제가 참인지 조사하시오.

(1) $|f|\in\mathcal{R}[a,b]$이면 $f\in\mathcal{R}[a,b]$이다.

(2) $f^2\in\mathcal{R}[a,b]$이면 $f\in\mathcal{R}[a,b]$이다.

10 적분에 대한 리만 판정법(정리 2)을 이용하여 $[a,b]$에서 유계함수 $f:[a,b]\to\mathbb{R}$ 가 단지 유한개의 불연속점을 갖는다면 $f\in\mathcal{R}[a,b]$임을 보이시오.

11 적분에 대한 리만 판정법(정리 2)을 이용하여 예제 9에서 정의된 토매함수 f가 $[0,1]$에서 리만 적분 가능함을 보이시오.

12 $f:[a,b]\to\mathbb{R}$ 가 연속함수일 때 모든 리만적분 가능한 함수 $g:[a,b]\to\mathbb{R}$에 대하여 $fg\in\mathcal{R}[a,b]$이고 $\int_a^b fg=0$이면 모든 $x\in[a,b]$에 대하여 $f(x)=0$임을 보이시오.

13 $f,g,h:[a,b]\to\mathbb{R}$ 가 모두 유계함수이고 모든 $x\in[a,b]$에 대하여 $f(x)\le g(x)\le h(x)$이다. $f,h\in\mathcal{R}[a,b]$이고 $\int_a^b f(x)dx=\int_a^b h(x)dx=A$일 때 $g\in\mathcal{R}[a,b]$이고 $\int_a^b g(x)dx=A$임을 보이시오.

14 $f(x)=\begin{cases}\sin\dfrac{1}{x}, & 0<x\le 1\\ 0, & x=0\end{cases}$일 때 $f\in\mathcal{R}[0,1]$임을 적분에 대한 리만 판정법(정리 2)을 이용하여 보이시오.

15 $f(x)=\begin{cases} \sin\dfrac{1}{x}, & x\in\mathbb{R}\setminus\mathbb{Q} \\ 0, & x\in\mathbb{Q}\end{cases}$ 일 때 f는 $[0,1]$에서 리만 적분 가능하지 않다는 것을 보이시오.

16 닫힌 구간 $[0, 2]$에서 아래와 같이 정의된 함수 f 의 리만 적분 가능성을 조사하시오.

$$f(x)=\begin{cases} x, & x\in\mathbb{Q} \\ x^2, & x\in\mathbb{R}\setminus\mathbb{Q}\end{cases}$$

17 다음을 읽고 물음에 답하시오.

> 유계인 닫힌 구간 $[a, b]$에서 유계 함수 $f:[a, b]\to\mathbb{R}$ 와 구간 $[a, b]$의 분할 $\wp$ 에 대한 하합과 상합을 각각 $\mathcal{L}(\wp, f)$, $\mathcal{U}(\wp, f)$로 나타내고
>
> $$A = \inf\{\ \mathcal{U}(\wp, f)\ \mid\ \wp\text{는 } [a,b]\text{의 분할}\},$$
> $$B = \sup\{\ \mathcal{L}(\wp, f)\ \mid\ \wp\text{는 } [a,b]\text{의 분할}\}$$
>
> 이라 두자.
>
> 이때, $[a, b]$의 임의의 분할 $\wp_1$, $\wp_2$에 대하여 $\mathcal{L}(\wp, f)\le U(\wp, f)$이므로
>
> $$A \le B \quad \cdots\cdots (가)$$
>
> 가 성립한다. 만약
>
> $$A \ge B \quad \cdots\cdots (나)$$
>
> 도 성립하면 f 는 $[a, b]$에서 리만적분가능하다고 한다.
>
> 한편, 고등학교 교과서에서는
>
> "함수 f 가 $[a, b]$에서 연속이면 극한
>
> $$\lim_{n\to\infty}\sum_{k=1}^{n} f(x_k)\Delta x \quad \left(\Delta x = \frac{b-a}{n},\ x_k = a + k\Delta x\right) \quad \cdots\cdots (다)$$
>
> 는 항상 존재함이 알려져 있다."
>
> 라고 설명하고 이 극한을 정적분의 정의로 사용하고 있다.

부등식 (가)를 증명하고, $[a, b]$에서 정의된 연속함수 f 에 대하여 (나)가 성립함을 보이시오. 그리고 이를 토대로 $[a, b]$에서 정의된 연속함수 f 의 경우, (다)의 극한 $\lim_{n\to\infty}\sum_{k=1}^{n} f(x_k)\Delta x$가 존재함을 보이시오.

6.2 리만 적분의 성질

이 절에서는 리만 적분의 개념을 전개하기 위하여 리만합(Riemann sum)에 기초한 리만의 접근방법을 소개하고 6.1절에서 다룬 다르부의 접근방법과 궁극적으로 같은 개념임을 설명한다. 그리고 리만 적분의 여러 가지 기본적인 성질들에 관하여 소개한다.

정의 01

$f:[a,b]\to\mathbb{R}$ 는 $[a,b]$에서 유계함수이고

$$\wp=\{x_0,\ x_1,\ \cdots,\ x_n \mid a=x_0<x_1<\cdots<x_n=b\}$$

는 $[a,b]$의 분할이다. 각 $1\le i\le n$에 대하여 $[x_{i-1},x_i]$에서 임의의 점 ξ_i 를 택하고 $\xi=\{\xi_i \mid 1\le i\le n\}$이라 하자. 이 경우 다음의 합

$$S(\wp,f,\xi)=\sum_{i=1}^{n}f(\xi_i)\Delta x_i$$

를 $[a,b]$에서 분할 $\wp$와 집합 ξ에 대한 함수 f의 **리만합**(Riemann sum)이라 부른다.

참고 정의 1로부터

$$\mathcal{L}(\wp,f)\le S(\wp,f,\xi)\le\mathcal{U}(\wp,f)$$

임을 쉽게 알 수 있다.

정의 02

$f:[a,b]\to\mathbb{R}$ 가 $[a,b]$에서 유계함수이고 $\epsilon>0$이라 하자. $\|\wp\|<\delta$인 $[a,b]$의 임의의 분할 $\wp$와 각 $[x_{i-1},x_i]$에서 임의로 선택된 점들 $\xi=\{\xi_i\}$에 대하여

$$\left|\sum_{i=1}^{n}f(\xi_i)\Delta x_i-I\right|<\epsilon$$

이 성립하는 적당한 $\delta>0$가 존재하면

$$\lim_{\|\wp\|\to 0}S(\wp,f,\xi)=I$$

라 정의한다.

다음 정리에서 6.1절의 다르부에 의한 리만 적분의 개념과 리만합의 극한을 이용한 리만의 접근 방법이 궁극적으로 같다는 것을 보인다.

정리 01

$f : [a, b] \to \mathbb{R}$ 는 $[a, b]$에서 유계함수이다.

(1) $\lim_{\|\wp\| \to 0} S(\wp, f, \xi) = I$ 이면 $f \in \mathscr{R}[a, b]$이고 $\int_a^b f = I$이다.

(2) $f \in \mathscr{R}[a, b]$이면 $\lim_{\|\wp\| \to 0} S(\wp, f, \xi)$가 존재하고

$$\lim_{\|\wp\| \to 0} S(\wp, f, \xi) = \int_a^b f$$

이다.

증명 (1) $\epsilon > 0$이라 하자. 정의에 의해서 $\|\wp\| < \delta$인 $[a, b]$의 모든 분할 $\wp$와 각 $[x_{i-1}, x_i]$에서 임의로 선택된 점들 $\xi = \{\xi_i\}$에 대하여

$$|S(\wp, f, \xi) - I| < \frac{\epsilon}{2}$$

인 적당한 $\delta > 0$가 존재한다.

$\wp^*$를 $\|\wp^*\| < \delta$인 $[a, b]$의 분할이라 하자. 각 $1 \le i \le n$에 대하여

$$f(\hat{\xi}_i) > M_i - \frac{\epsilon}{2(b-a)}$$

$$f(\tilde{\xi}_i) < m_i + \frac{\epsilon}{2(b-a)}$$

인 $\hat{\xi}_i, \tilde{\xi}_i \in [x_{i-1}, x_i]$를 택하면(이러한 $\hat{\xi}_i, \tilde{\xi}_i$를 택할 수 있는 이유를 생각하여 보라)

$$\begin{aligned} S(\wp^*, f, \{\hat{\xi}_i\}) &= \sum_{i=1}^{n} f(\hat{\xi}_i) \Delta x_i \\ &> \sum_{i=1}^{n} \left[M_i - \frac{\epsilon}{2(b-a)} \right] \Delta x_i \\ &= \mathscr{U}(\wp^*, f) - \frac{\epsilon}{2} \end{aligned}$$

이고

$$\begin{aligned} S(\wp^*, f, \{\tilde{\xi}_i\}) &= \sum_{i=1}^{n} f(\tilde{\xi}_i) \Delta x_i \\ &< \sum_{i=1}^{n} \left[m_i + \frac{\epsilon}{2(b-a)} \right] \Delta x_i \\ &= \mathscr{L}(\wp^*, f) + \frac{\epsilon}{2} \end{aligned}$$

이다. 따라서 $\|\wp^*\| < \delta$ 이므로

$$\overline{\int_a^b} f \le \mathcal{U}(\wp^*, f) < S(\wp^*, f, \{\tilde{\xi}_i\}) + \frac{\epsilon}{2} < \left(I + \frac{\epsilon}{2}\right) + \frac{\epsilon}{2} = I + \epsilon$$

이고

$$\underline{\int_a^b} f \ge \mathcal{L}(\wp^*, f) > S(\wp^*, f, \{\tilde{\xi}_i\}) - \frac{\epsilon}{2} > \left(I - \frac{\epsilon}{2}\right) - \frac{\epsilon}{2} = I - \epsilon$$

이다. 즉,

$$I - \epsilon < \underline{\int_a^b} f \le \overline{\int_a^b} f < I + \epsilon$$

이고, 따라서 $\underline{\int_a^b} f = \overline{\int_a^b} f = I$ 이다. 그러므로 $f \in \mathcal{R}[a, b]$이고 $\int_a^b f = I$ 이다.

(2) $\epsilon > 0$이라 하자. 연습문제 6.1의 4에 의해서 $\|\wp\| < \delta$인 $[a, b]$의 모든 분할 $\wp$에 대하여

$$\int_a^b f - \epsilon < \mathcal{L}(\wp, f) \le \mathcal{U}(\wp, f) < \int_a^b f + \epsilon$$

인 적당한 $\delta > 0$가 존재한다. 따라서 $\|\wp\| < \delta$인 $[a, b]$의 모든 분할 $\wp$와 각 $[x_{i-1}, x_i]$에서 선택된 임의의 점들 $\xi = \{\xi_i\}$에 대하여

$$\int_a^b f - \epsilon < S(\wp, f, \xi) < \int_a^b f + \epsilon$$

즉

$$\left| S(\wp, f, \xi) - \int_a^b f \right| < \epsilon$$

이다. 그러므로 $\lim_{\|\wp\| \to 0} S(\wp, f, \xi) = \int_a^b f$ 이다. ◢

예제 1 (Revisited)

$f(x) = x$일 때 리만합을 이용하여 $\int_a^b f(x)\,dx = \frac{1}{2}(b^2 - a^2)$임을 보이시오.(6.1절의 예제 3과 비교하여 보라)

풀이 f가 $[a, b]$에서 연속이므로 6.1절 정리 3의 (1)에 의해서 $f \in \mathcal{R}[a, b]$이다. 정리 1에 의해서 $[a, b]$의 임의의 분할

$$\wp = \{x_0, x_1, \cdots, x_n | x_0 = a < x_1 < \cdots < x_n = b\}$$

와 각 $[x_{i-1}, x_i]$에서 선택된 임의의 점들 $\xi = \{\xi_i\}$에 대하여

$$\int_a^b f(x)\,dx = \lim_{\|\wp\| \to 0} S(\wp, f, \xi)$$

이다. 특히 $\xi_i = \frac{1}{2}(x_i + x_{i-1})$로 택하면

$$\begin{aligned} S(\wp, f, \xi) &= \sum_{i=1}^{n} f(\xi_i)\Delta x_i \\ &= \frac{1}{2}\sum_{i=1}^{n}(x_i + x_{i-1})(x_i - x_{i-1}) \\ &= \frac{1}{2}\sum_{i=1}^{n}(x_i^2 - x_{i-1}^2) \\ &= \frac{1}{2}(b^2 - a^2) \end{aligned}$$

이다. 그러므로 $\int_a^b f(x)\,dx = \lim_{\|\wp\| \to 0} S(\wp, f, \xi) = \frac{1}{2}(b^2 - a^2)$이다. ◢

리만합의 개념을 이용하여 다음의 리만 적분의 선형성과 곱의 성질을 쉽게 보일 수 있다.

정리 02

$f, g \in \mathscr{R}[a, b]$이면 다음이 성립한다.

(1) $f + g \in \mathscr{R}[a, b]$이고 $\int_a^b (f + g) = \int_a^b f + \int_a^b g$ 이다.

(2) 모든 $k \in \mathbb{R}$ 에 대하여 $kf \in \mathscr{R}[a, b]$이고 $\int_a^b kf = k\int_a^b f$ 이다.

(3) $fg \in \mathscr{R}[a, b]$이다.

증명 (1) $\epsilon > 0$이라 하자. $\|\wp\| < \delta_1$인 $[a, b]$의 모든 분할 $\wp$와 각 부분구간에서 임의로 선택된 점들 ξ에 대하여

$$\left| S(\wp, f, \xi) - \int_a^b f \right| < \frac{\epsilon}{2}$$

인 $\delta_1 > 0$이 존재한다. 또한 $\|\wp\| < \delta_2$인 $[a, b]$의 모든 분할 $\wp$와 각 부분구간에서 임의로 선택된 점들 ξ에 대하여

$$\left| S(\wp, g, \xi) - \int_a^b g \right| < \frac{\epsilon}{2}$$

인 $\delta_2 > 0$가 존재한다.

이제 $\delta = \min\{\delta_1, \delta_2\}$라 하면 $\|\wp\| < \delta$인 임의의 분할 $\wp$와 각 부분구간에서 임의로 선택된 점들 ξ에 대하여

$$\begin{aligned} \left| S(\wp, f+g, \xi) - \left(\int_a^b f + \int_a^b g \right) \right| &= \left| S(\wp, f, \xi) + S(\wp, g, \xi) - \int_a^b f - \int_a^b g \right| \\ &\le \left| S(\wp, f, \xi) - \int_a^b f \right| + \left| S(\wp, g, \xi) - \int_a^b g \right| \\ &< \frac{\epsilon}{2} + \frac{\epsilon}{2} = \epsilon \end{aligned}$$

이고, 따라서 $\lim_{\|\wp\| \to 0} S(\wp, f+g, \xi) = \int_a^b f + \int_a^b g$ 이다.

그러므로 정리 1에 의해서 $f+g \in \mathscr{R}[a,b]$이고 $\int_a^b (f+g) = \int_a^b f + \int_a^b g$ 이다.

(2) $k=0$이면 자명하므로 $k \neq 0$이라 가정하자. $\epsilon > 0$이라 하면 $\|\wp\| < \delta$인 모든 분할 $\wp$와 각 부분구간에서 임의로 택해진 점들 $\xi = \{\xi_i\}$에 대하여

$$\left| S(\wp, f, \xi) - \int_a^b f \right| < \frac{\epsilon}{|k|}$$

인 $\delta > 0$가 존재한다. $\|\wp\| < \delta$이면

$$\begin{aligned} \left| S(\wp, kf, \xi) - k\int_a^b f \right| &= \left| \sum_{k=1}^{n} kf(\xi_i)\Delta x_i - k\int_a^b f \right| \\ &= |k| \left| \sum_{k=1}^{n} f(\xi_i)\Delta x_i - \int_a^b f \right| \\ &= |k| \left| S(\wp, f, \xi) - \int_a^b f \right| \\ &\le |k| \left| S(\wp, f, \xi) - \int_a^b f \right| \\ &< |k| \frac{\epsilon}{|k|} = \epsilon \end{aligned}$$

이다. 그러므로 정리 1에 의해서 원하는 결과를 얻는다.

(3) 우선

$$fg = \frac{1}{4}[(f+g)^2 - (f-g)^2]$$

임에 주목하자. (1)에 의해서 $f+g$와 $f-g$는 $[a,b]$에서 모두 리만 적분 가능하고, 따라서 6.1절 따름정리 1에 의해서 $(f+g)^2$과 $(f-g)^2$도 적분 가능하다. 그러므로 (1)과 (2)에 의해서 $fg \in \mathscr{R}[a,b]$이다. ◢

정리 03

$f \in \mathscr{R}[a,b]$이면 $|f| \in \mathscr{R}[a,b]$이고

$$\left|\int_a^b f\right| \le \int_a^b |f|$$

이다.

증명 $f \in \mathscr{R}[a,b]$이므로 6.1절 따름정리 1에 의해서 $|f| \in \mathscr{R}[a,b]$이다. $\left|\int_a^b f\right| = c\int_a^b f$가 되도록 상수 c를 1 또는 -1로 택하자. 그러면 모든 $x \in [a,b]$에 대하여 $cf(x) \le |f(x)|$이고, 그래서 $[a,b]$의 임의의 분할 $\wp$에 대하여

$$\mathcal{U}(\wp, cf) \le \mathcal{U}(\wp, |f|)$$

이다. 따라서 cf와 $|f|$가 $[a,b]$에서 리만 적분 가능하므로

$$\int_a^b cf \le \int_a^b |f|$$

이고, 그러므로

$$\left|\int_a^b f\right| = c\int_a^b f = \int_a^b cf \le \int_a^b |f|$$

이다. ◢

정리 04

$f : [a,b] \to \mathbb{R}$는 $[a,b]$에서 유계함수이고 $c \in (a,b)$이다. 그러면 $f \in \mathscr{R}[a,b]$일 필요충분조건은 $f \in \mathscr{R}[a,c]$이고 $f \in \mathscr{R}[c,b]$인 것이다. 이 경우

$$\int_a^b f = \int_a^c f + \int_c^b f \quad \cdots\cdots (6.4)$$

가 성립한다.

증명 $\wp_1$과 $\wp_2$를 각각 $[a,c]$와 $[c,b]$의 분할들이라 하면 $\wp = \wp_1 \cup \wp_2$는 $c \in \wp$인 $[a,b]$의 분할이다. 반대로, $\wp$가 $c \in \wp$인 $[a,b]$의 임의의 분할이면 $\wp = \wp_1 \cup \wp_2$인 $[a,c]$와 $[c,b]$의 분할 $\wp_1$과 $\wp_2$가 각각 존재한다. 게다가, 이런 분할 $\wp$에 대하여

$$\mathcal{U}(\wp, f) = \mathcal{U}(\wp_1, f) + \mathcal{U}(\wp_2, f) \ge \overline{\int_a^c} f + \overline{\int_c^b} f$$

가 성립한다.

[주장 1] $\overline{\int_a^b} f \ \geq \ \overline{\int_a^c} f + \overline{\int_c^b} f$

$\wp^*$가 $[a, b]$의 임의의 분할이면 $\wp = \wp^* \cup \{c\}$는 c를 포함하는 분할 $\wp^*$의 세분할이므로

$$\mathcal{U}(\wp^*, f) \ \geq \ \mathcal{U}(\wp, f) = \mathcal{U}(\wp \cap [a, c], f) + \mathcal{U}(\wp \cap [c, b], f) \ \geq \ \overline{\int_a^c} f + \overline{\int_c^b} f$$

이다. 그러므로

$$\overline{\int_a^b} f = \inf \{ \mathcal{U}(\wp^*, f) \mid \wp^*\text{는 } [a, b]\text{의 분할} \} \ \geq \ \overline{\int_a^c} f + \overline{\int_c^b} f$$

이다.

[주장 2] $\overline{\int_a^b} f \ \leq \ \overline{\int_a^c} f + \overline{\int_c^b} f$

$\epsilon > 0$이라 하면 1.4절 정리 2의 (2)에 의해서

$$\mathcal{U}(\wp_1, f) < \overline{\int_a^c} f - \frac{\epsilon}{2}\text{이고 } \mathcal{U}(\wp_2, f) < \overline{\int_c^b} f + \frac{\epsilon}{2}$$

인 $[a, c]$와 $[c, b]$의 분할 $\wp_1$과 $\wp_2$가 각각 존재한다. $\wp = \wp_1 \cup \wp_2$라 하면

$$\overline{\int_a^b} f \ \leq \ \mathcal{U}(\wp, f) = \mathcal{U}(\wp_1, f) + \mathcal{U}(\wp_2, f) < \overline{\int_a^c} f + \overline{\int_c^b} f + \epsilon$$

이다. $\epsilon > 0$이 임의의 상수이므로

$$\overline{\int_a^b} f \ \leq \ \overline{\int_a^c} f + \overline{\int_c^b} f$$

이다.

위 주장1과 주장2로부터 다음 등식이 성립함을 알 수 있다.

$$\overline{\int_a^b} f = \overline{\int_a^c} f + \overline{\int_c^b} f \qquad \cdots\cdots (6.5)$$

또한 주장1, 주장2와 비슷하게 다음 주장3이 성립함을 보일 수 있다.

[주장 3] $\underline{\int_a^b} f = \underline{\int_a^c} f + \underline{\int_c^b} f$ ⋯⋯ (6.6)

필요성 : $f \in \mathscr{R}[a,c]$이고 $f \in \mathscr{R}[c,b]$라 가정하면 등식 (6.5)와 (6.6)에 의해서

$$\int_a^c f + \int_c^b f = \underline{\int_a^b} f \le \overline{\int_a^b} f = \int_a^c f + \int_c^b f$$

이다. 그러므로 $f \in \mathscr{R}[a,b]$이고 등식 (6.4)가 성립한다.

충분성 : 반대로, $f \in \mathscr{R}[a,b]$라 가정하면 등식 (6.5)와 (6.6)에 의해서

$$\underline{\int_a^c} f + \underline{\int_c^b} f = \overline{\int_a^c} f + \overline{\int_c^b} f$$

이다. 그런데 f의 상적분은 항상 f의 하적분보다 크거나 같으므로 위 등식이 성립할 필요충분조건은

$$\underline{\int_a^c} f = \overline{\int_a^c} f \quad \text{이고} \quad \underline{\int_c^b} f = \overline{\int_c^b} f$$

가 성립하는 것이다. 그러므로 $f \in \mathscr{R}[a,c]$이고 $f \in \mathscr{R}[c,b]$이며 등식 (6.4)가 성립한다. ◢

6.2 연습문제

01 예제 1과 같은 방법으로 리만합을 이용하여 다음 적분을 계산하시오.

(1) $\int_a^b x^2\,dx$　　　(2) $\int_a^b x^3\,dx$

(3) $\int_a^b \frac{1}{x^2}\,dx\,,\ a>0$　　　(4) $\int_a^b \frac{1}{\sqrt{x}}\,dx\,,\ a>0$

02 (1) $[a,b]$에서 유계함수 $f:[a,b]\to\mathbb{R}$ 가 유한개를 제외한 모든 점에서 $f(x)=0$ 이면 $f\in\mathcal{R}[a,b]$ 이고 $\int_a^b f=0$ 임을 보이시오.

(2) $[a,b]$에서 가산개의 점들을 제외하고 $f(x)=0$이 성립하면 위 (1)의 결과가 성립하는지 조사하시오.

03 함수 $f:[a,b]\to\mathbb{R}$ 에 대하여

$$f^+(x):=\max\{f(x),0\},\quad f^-(x):=\min\{-f(x),0\}$$

이라 정의하자. $f,g\in\mathcal{R}[a,b]$일 때 다음을 차례대로 보이시오.

(1) $f^+\in\mathcal{R}[a,b]$이고 $f^-\in\mathcal{R}[a,b]$이다

(2) $|f|\in\mathcal{R}[a,b]$이다.

(3) 모든 $x\in[a,b]$에 대하여 $f(x)\ge 0,\ g(x)\ge 0$이면 $fg\in\mathcal{R}[a,b]$이다.

(4) $fg=(f^+-f^-)(g^+-g^-)\in\mathcal{R}[a,b]$

04 $a>0$이고 $f \in \mathcal{R}[-a, a]$일 때 다음을 보이시오.

(1) f가 **우함수**(even function), 즉 모든 $x \in [-a, a]$에 대하여 $f(-x)=f(x)$이면 $\int_{-a}^{a} f = 2\int_{0}^{a} f$ 이다.

(2) f가 **기함수**(odd function), 즉 모든 $x \in [-a, a]$에 대하여 $f(-x)=-f(x)$이면 $\int_{-a}^{a} f = 0$이다.

05 $f:[a, b] \to \mathbb{R}$는 $[a, b]$에서 유계함수이다. $a<c<b$인 모든 c에 대하여 $f \in \mathcal{R}[c, b]$이면 $f \in \mathcal{R}[a, b]$이고 $\int_{a}^{b} f = \lim_{c \to a+} \int_{c}^{b} f$임을 보이시오.

06 f가 $[0, 1]$에서 연속일 때 다음이 성립함을 보이시오.

$$\lim_{n \to \infty} \frac{1}{n} \sum_{k=1}^{n} f\left(\frac{k}{n}\right) = \int_{0}^{1} f(x)\, dx$$

07 연습문제 6을 이용하여 다음 각 극한을 구하시오.

(1) $\lim_{n \to \infty} \frac{1}{n^3} \sum_{k=1}^{n} k^2$

(2) $\lim_{n \to \infty} \sum_{k=1}^{n} \frac{k}{n^2+k^2}$

(3) $\lim_{n \to \infty} \sum_{k=1}^{n} \frac{n}{n^2+k^2}$

(4) $\lim_{n \to \infty} \left(\frac{1}{n+1} + \frac{1}{n+2} + \cdots + \frac{1}{2n}\right)$

(5) $\lim_{n \to \infty} \frac{\sqrt{n+1}+\sqrt{n+2}+\cdots+\sqrt{2n}}{\sqrt{1}+\sqrt{2}+\cdots+\sqrt{n}}$

(6) $\lim_{n \to \infty} \frac{\sqrt[n]{n(n+1)(n+2)\cdots(2n-1)}}{n}$

08 함수 $f:\mathbb{R}\setminus\{0\}\to\mathbb{R}$를 $f(x)=\lim_{n\to\infty}\sum_{k=1}^{n}\frac{1}{kx^2+2n}$, $x\in\mathbb{R}$로 정의할 때 $\lim_{x\to 0}f(x)$의 값을 구하시오.

09 $f\in\mathcal{R}[a,b]$이고 $[c,d]\subset[a,b]$이면 $f\in\mathcal{R}[c,d]$임을 보이시오.

10 (**적분에 대한 코시-슈바르츠 부등식,** Cauchy-Schwarz inequality for integrals)
f, $g\in\mathcal{R}[a,b]$일 때 다음 부등식이 성립흔을 보이시오.(도움말 : α, $\beta\in\mathbb{R}$에 대하여 $\int_a^b(\alpha f-\beta g)^2$을 생각하여 보라)

$$\left(\int_a^b|fg|\right)^2\le\left(\int_a^b f^2\right)\left(\int_a^b g^2\right)$$

11 f, $g\in\mathcal{R}[a,b]$일 때 다음 부등식이 성립함을 보이시오.

$$\left[\int_a^b(f(x)+g(x))^2dx\right]^{\frac{1}{2}}\le\left[\int_a^b(f(x))^2dx\right]^{\frac{1}{2}}+\left[\int_a^b(g(x))^2dx\right]^{\frac{1}{2}}$$

6.3 미적분학의 기본정리

이 절에서는 미적분학의 기본정리로 잘 알려진 두 가지의 매우 중요한 결과들을 소개하고, 그 응용에 관하여 살펴본다.

정의 01

$I \subset \mathbb{R}$ 가 구간이고 함수 $f: I \to \mathbb{R}$ 이다. 모든 $x \in I$ 에 대하여

$$F'(x) = f(x)$$

를 만족시키는 함수 $F: I \to \mathbb{R}$ 를 I 에서 f 의 **역도함수**(antiderivative) 또는 **원시함수**(primitive)라 한다.

참고 역도함수가 존재하면 유일하지는 않다. F가 f의 역도함수이면 임의의 상수 C에 대하여 $F+C$도 역시 f 의 역도함수이다. 반대로, F와 G가 $[a, b]$에서 f 의 역도함수이면 모든 $x \in [a, b]$에 대하여 $F'(x) - G'(x) = 0$이고, 따라서 5.2절 정리 5의 (3)에 의해서 적당한 상수 C 에 대하여 $F(x) = G(x) + C$가 성립한다. ◢

우선 코시에 의해 증명된 첫 번째 미적분학의 기본정리를 소개한다. 이 정리를 통하여 연속함수에 대한 적분은 미분의 역연산(inverse operation)임을 알 수 있다.

정리 01 **미적분학의 기본정리 I (Fundamental theorem of Calculus I)**

$f \in \mathscr{R}[a, b]$일 때

$$F(x) = \int_a^x f(t)\,dt \ , \ a \le x \le b$$

라 정의하면 F 는 $[a, b]$에서 연속이다. 또한 f 가 $c \in [a, b]$에서 연속이면 F 는 c 에서 미분가능하고

$$F'(c) = f(c)$$

이다.

증명 F 가 $[a, b]$에서 연속함수라는 것을 보이는 것은 독자들에게 연습문제(연습문제 1)로 남긴다. f가 $c \in (a, b]$에서 연속일 때 $F_-'(c) = f(c)$임을 보이는 증명은 $F_+'(c) = f(c)$, $c \in [a, b)$의 경우와 증명이 비슷하므로 여기서는 f가 $c \in [a, b)$에서 연속일 때 $F_+'(c) = f(c)$라는 것만을 보이도록 하자.

$h>0$라 하면 6.2절 정리 4에 의해서

$$F(c+h)-F(c)=\int_a^{c+h} f(t)\,dt-\int_a^c f(t)\,dt=\int_c^{c+h} f(t)\,dt$$

이고, 따라서

$$\begin{aligned}\frac{F(c+h)-F(c)}{h}-f(c) &= \frac{1}{h}\int_c^{c+h} f(t)\,dt-f(c)\\ &= \frac{1}{h}\int_c^{c+h}[f(t)-f(c)]\,dt\end{aligned}$$

이다. $\epsilon>0$이라 하자. f가 c에서 연속이므로 $c\le t<c+\delta$인 모든 t에 대하여

$$|f(t)-f(c)|<\epsilon$$

인 $\delta>0$가 존재한다. 따라서 $0<h<\delta$이면

$$\begin{aligned}\left|\frac{F(c+h)-F(c)}{h}-f(c)\right| &\le \frac{1}{h}\int_c^{c+h}|f(t)-f(c)|\,dt\\ &< \frac{1}{h}\int_c^{c+h}\epsilon\,dt=\epsilon\end{aligned}$$

이다. 그러므로

$$\lim_{h\to 0+}\frac{F(c+h)-F(c)}{h}=f(c)$$

즉 $F_+'(c)=f(c)$이다. ◢

참고 (1) 정리 1에서 정의된 함수

$$F(x)=\int_a^x f(t)\,dt,\ a\le x\le b$$

를 $[a,\ x]$에서 f의 **부정적분**(indefinite integral)이라 부른다.

(2) f가 $[a,\ b]$에서 연속이면 모든 $x\in[a,\ b]$에 대하여

$$F'(x)=\frac{d}{dx}\int_a^x f(t)\,dt=f(x)$$

이므로 f의 역도함수가 항상 존재함을 알 수 있다. 또한 f가 $[a,\ b]$에서 연속이고 G가 f의 임의의 역도함수이면

$$\int_a^b f=G(b)-G(a)$$

임을 쉽게 보일 수 있다.(연습문제 2) 그렇지만 이보다 더욱 일반적으로 f가 연속이 아니더라도 $f\in\mathcal{R}[a,\ b]$이면 위 등식이 성립한다.(미적분학의 기본정리 Ⅱ와 예제 2 참고)

(3) $[a\,,\,b]$에서 함수 f의 적분 가능성은 f의 역도함수의 존재성을 의미하지는 않는다. 예를 들어, $x \in [0\,,\,2]$에 대하여 $f(x) = [x]$라 하면

$$F(x) = \int_0^x f(t)\,dt = \begin{cases} 0 \;\;, & 0 \le x < 1 \\ x-1\,, & 1 \le x \le 2 \end{cases}$$

이다. 이 경우 F는 $[0\,,\,2]$에서 연속이지만 $x=1$에서 미분이 불가능함을 알 수 있다. 즉, $0 \le x \le 2$일 때 $[0,\,x]$에서 f의 부정적분 F는 f의 역도함수가 아니다. 사실, 도함수에 대한 중간값 정리(5.2절 정리 7)를 이용하면 f의 역도함수가 존재하지 않는다는 것을 쉽게 보일 수 있다.(연습문제 5.2의 15 참고) ◢

다음으로 리만 적분의 실제 계산에 매우 유용하게 사용되는 두 번째 미적분학의 기본정리를 소개한다. 참고로 앞선 두 절의 여러 예들에서 볼 수 있듯이 다르부 또는 리만의 정의를 이용하여 어떤 함수의 적분을 구체적으로 구하는 것은 쉽지 않다.

정리 02 미적분학의 기본정리 Ⅱ (Fundamental theorem of Calculus Ⅱ)

$f \in \mathscr{R}[a,b]$이고 G가 $[a,b]$에서 f의 역도함수이면, 즉 모든 $x \in [a,b]$에 대하여 $G'(x) = f(x)$이면

$$\int_a^b f(x)\,dx = G(b) - G(a)$$

이다.

증명 $\wp = \{x_0\,,\,x_1\,,\,\cdots\,,\,x_n\}$을 $[a\,,b]$의 임의의 분할이라 하자. G가 f의 역도함수이면 평균값 정리에 의해서 각 $1 \le i \le n$에 대하여

$$G(x_i) - G(x_{i-1}) = f(t_i)\,\Delta x_i$$

인 적당한 $t_i \in (x_{i-1}\,,\,x_i)$가 존재한다. 따라서

$$\sum_{i=1}^n f(t_i)\,\Delta x_i = \sum_{i=1}^n [\,G(x_i) - G(x_{i-1})\,] = G(b) - G(a)$$

이다. 그런데

$$\mathcal{L}(\wp\,,\,f) \le \sum_{i=1}^n f(t_i)\,\Delta x_i \le \mathcal{U}(\wp\,,\,f)$$

이므로

$$\underline{\int_a^b} f(x)\,dx \le G(b) - G(a) \le \overline{\int_a^b} f(x)\,dx$$

이다. 그러므로 f가 $[a, b]$에서 리만 적분 가능하면

$$\int_a^b f(x)\,dx = G(b) - G(a)$$

이다. ◢

예제 1

$f(x) = x^n$, $n \in \mathbb{N}$ 이라 하면 $G(x) = \dfrac{1}{n+1} x^{n+1}$ 은 f의 역도함수이다. 그러므로 임의의 $a, b \in \mathbb{R}$ 에 대하여

$$\int_a^b x^n\,dx = \frac{1}{n+1}(b^{n+1} - a^{n+1})$$

이다. ◢

예제 2

$[0, 1]$에서 다음과 같이 함수 G를 정의하자.

$$G(x) = \begin{cases} x^2 \sin\dfrac{1}{x}, & 0 < x \le 1 \\ 0, & x = 0 \end{cases}$$

그러면

$$f(x) = G'(x) = \begin{cases} -\cos\dfrac{1}{x} + 2x\sin\dfrac{1}{x}, & 0 < x \le 1 \\ 0, & x = 0 \end{cases}$$

이다. f는 $[0, 1]$에서 유계이고 $x = 0$을 제외한 모든 점에서 연속이므로 르베그 정리(6.1절 정리 5)에 의해서 $f \in \mathscr{R}[0, 1]$이다. 또한 미적분학의 기본정리 II에 의해서

$$\int_0^1 f(x)\,dx = G(1) - G(0) = \sin 1$$

이다. ◢

이제 미적분학의 기본정리의 결과로 얻어지는 몇 가지 정리들을 소개한다.

정리 03 **적분에 대한 평균값 정리(Mean value theorem for integrals)**

$f : [a, b] \to \mathbb{R}$ 가 $[a, b]$에서 연속함수이면

$$\int_a^b f(x)\, dx = f(c)(b-a)$$

를 만족시키는 적당한 $c \in (a, b)$가 존재한다.

증명 $F(x) = \int_a^x f(t)dt$라 하면 f가 $[a, b]$에서 연속이므로 모든 $x \in [a, b]$에 대하여 $F'(x) = f(x)$이다.

따라서 평균값 정리(5.2절 정리 4)에 의해서

$$\int_a^b f(t)\, dt = F(b) - F(a) = F'(c)(b-a) = f(c)(b-a)$$

인 적당한 $c \in (a, b)$가 존재한다. ◢

정리 04 **부분적분법(Integration by parts)**

함수 $f, g : [a, b] \to \mathbb{R}$ 가 $[a, b]$에서 미분가능하고 $f', g' \in \mathcal{R}[a, b]$이면

$$\int_a^b f g' = f(b)g(b) - f(a)g(a) - \int_a^b g f'$$

이 성립한다.

증명 f와 g가 $[a, b]$에서 미분가능하므로 f와 g는 $[a, b]$에서 연속이다. 그러므로 6.1절 정리 3의 (1)에 의해서 $f, g \in \mathcal{R}[a, b]$이며 6.2절 정리 2의 (3)에 의해서 $fg', gf' \in \mathcal{R}[a, b]$이다. 또한

$$(fg)' = gf' + fg'$$

이므로 6.2절 정리 2의 (1)에 의해서 $(fg)' \in \mathcal{R}[a, b]$이다. 미적분학의 기본정리 II에 의해서

$$f(b)g(b) - f(a)g(a) = \int_a^b (fg)' = \int_a^b gf' + \int_a^b fg'$$

이고, 따라서 원하는 결과를 얻는다. ◢

정리 05 **치환 적분법(Change of variable theorem)**

$\varphi : [a, b] \to \mathbb{R}$ 는 $[a, b]$에서 미분가능한 함수이고 $\varphi' \in \mathcal{R}[a, b]$이다. $I = range(\varphi)$일 때 $f : I \to \mathbb{R}$ 가 I에서 연속함수이면

$$\int_a^b f(\varphi(t))\,\varphi'(t)\;dt = \int_{\varphi(a)}^{\varphi(b)} f(x)\;dx$$

가 성립한다.

증명 φ가 $[a, b]$에서 연속이므로 $I = range(\varphi)$는 유계이고 닫힌 구간이다. 또한 $f \circ \varphi$ 가 $[a, b]$에서 연속이고 $\varphi' \in \mathcal{R}[a, b]$이므로 6.2절 정리 2의 (3)에 의해서 $(f \circ \varphi)\varphi' \in \mathcal{R}[a, b]$이다. 만약 I가 한 원소 집합(singleton)이면 φ는 $[a, b]$에서 상수함수이며, 이 경우 모든 $t \in [a, b]$에 대하여 $\varphi'(t) = 0$이고, 따라서 원하는 결과를 얻는다. 그렇지 않으면, $x \in I$에 대하여

$$F(x) = \int_{\varphi(a)}^{x} f(s)\;ds$$

라 정의하자. f가 $[a, b]$에서 연속이므로 모든 $x \in I$에 대하여 $F'(x) = f(x)$이다. 연쇄법칙(합성함수의 미분법)에 의해서 모든 $t \in [a, b]$에 대하여

$$\frac{d}{dt}\{F(\varphi(t))\} = F'(\varphi(t))\,\varphi'(t) = f(\varphi(t))\,\varphi'(t)$$

이다. 미적분학의 기본정리 II에 의해서

$$\int_a^b f(\varphi(t))\,\varphi'(t)\;dt = F(\varphi(b)) - F(\varphi(a)) = \int_{\varphi(a)}^{\varphi(b)} f(s)\,ds$$

이다. ◢

6.3 연습문제

01 $f \in \mathcal{R}[a, b]$일 때 $F(x) = \int_a^x f(t)dt \, (a \le x \le b)$는 $[a, b]$에서 연속임을 보이시오.

02 $f : [a, b] \to \mathbb{R}$ 가 $[a, b]$에서 연속함수이고 G가 $[a, b]$에서 f의 역도함수이면, 즉 모든 $x \in [a, b]$에 대하여 $G'(x) = f(x)$이면

$$\int_a^b f = G(b) - G(a)$$

가 성립함을 미적분학의 기본정리 I 을 이용하여 보이시오.

03 (**적분에 대한 일반화된 평균값 정리**, Generalized mean value theorem for integrals) $f, g : [a, b] \to \mathbb{R}$ 는 $[a, b]$에서 연속인 함수이다. 모든 $x \in [a, b]$에 대하여 $g(x) \ge 0$ 또는 $g(x) \le 0$이면

$$\int_a^b f(x)\, g(x)\, dx = f(c) \int_a^b g(x)\, dx$$

를 만족시키는 적당한 $c \in (a, b)$가 존재함을 보이시오.

04 **(자연로그함수)** $x>0$일 때

$$L(x)=\int_1^x \frac{1}{t}\,dt$$

라 하자. 다음 각 명제가 성립함을 보이시오.($L(x)$를 일반적으로 $\ln x$ 또는 $\log_e x$로 나타내고 자연로그함수라 부른다)

(1) $range(L)=\mathbb{R}$ 이고 L 은 $(0,\infty)$에서 순증가함수이다.

(2) $L(ab)=L(a)+L(b)$, $a, b>0$

(3) $L\left(\frac{1}{b}\right)=-L(b)$, $b>0$

(4) $L(b^r)=r\,L(b)$, $b>0$, $r\in\mathbb{R}$

(5) $L(e)=1$

(6) $\lim_{x\to 0+} \ln(1+x)^{\frac{1}{x}}=1$ (로피탈의 법칙을 사용하지 말고 보이시오.)

05 **(자연지수함수)** 연습문제 4에서 정의된 자연로그함수 L 의 역함수를 $E:\mathbb{R}\to(0,\infty)$라 하자.($E(x)$를 $\exp(x)$ 또는 e^x 로 나타내고 자연지수함수라 부른다) 모든 $x, y\in\mathbb{R}$ 에 대하여 다음이 성립함을 보이시오.

$$E(x+y)=E(x)\,E(y)$$

06 $h, g:[c,d]\to[a,b]$가 $[c,d]$에서 미분가능한 함수이고 $f:[a,b]\to\mathbb{R}$ 가 $[a,b]$에서 연속인 함수일 때 다음과 같이 정의된 함수 F 의 도함수 $F'(x)$를 구하시오.

$$F(x)=\int_{h(x)}^{g(x)} f(t)\,dt\,,\quad c\le x\le d$$

07 **(일반화된 라이프니츠 공식, Generalized Leibniz rule)** 잘 정의된 함수 $a(x)$, $b(x)$, $f(x,t)$에 대하여 다음이 성립함을 보이시오.

$$\frac{d}{dx}\int_{a(x)}^{b(x)} f(x,t)\,dt=f(x,b(x))b'(x)-f(x,a(x))a'(x)+\int_{a(x)}^{b(x)}\left(\frac{\partial}{\partial x}f(x,t)\right)dt$$

08 f가 $[0, 1]$에서 연속함수일 때 $\lim_{n\to\infty}\int_0^1 f(x^n)\,dx = f(0)$임을 보이시오.

09 $f:[a, b]\to\mathbb{R}$가 $[a, b]$에서 연속함수이고 $M=\max\{|f(x)| \mid x\in[a, b]\}$일 때 $\lim_{n\to\infty}\left(\int_a^b |f(x)|^n\,dx\right)^{\frac{1}{n}} = M$임을 보이시오.

10 $f:[0, 1]\to\mathbb{R}$가 연속함수일 때 모든 $n\in\mathbb{N}$에 대하여

$$(n+1)\int_0^1 f(x)x^n\,dx = f(c)$$

를 만족시키는 적당한 $c\in[0, 1]$가 존재함을 보이시오.

11 다음 관계식을 만족시키는 다항함수 $f(x)$와 상수 a를 구하시오.

$$\int_1^{x^2}(x^2-t)f(t)\,dt = \frac{1}{2}x^6 + ax^4 + x^2 + a + 1$$

12 함수 $f:\mathbb{R}\to\mathbb{R}$를

$$f(x) = \int_{1+2x}^{1-2x}(1-t^3\sqrt{1+3t^2})\,dt$$

로 정의할 때, $f'(0)$의 값을 구하시오.

13 $f:[0, 1]\to\mathbb{R}$가 연속함수이고 임의의 $x\in[0, 1]$에 대하여 $\int_0^x f(t)\,dt = \int_x^1 f(t)\,dt$이면 모든 $x\in[0, 1]$에 대하여 $f(x)=0$임을 보이시오.

6.4 이상적분

이 절에서는 유계인 구간에서 정의된 유계가 아닌 함수의 적분 또는 유계가 아닌 구간에서 정의된 함수의 적분을 앞선 절들에서 소개한 리만 적분의 개념을 이용하여 정의한다.

유계인 구간에서 정의된 유계가 아닌 함수의 적분

정의 01

(1) $f:(a, b]\to\mathbb{R}$ 는 모든 $c\in(a, b)$에 대하여 $f\in\mathscr{R}[c,b]$이지만 $x=a$에서 유계가 아닌 함수이다. 만약

$$\lim_{c\to a+}\int_c^b f$$

가 존재하면 극한을

$$\int_a^b f$$

로 표기하고 $(a, b]$에서 함수 f의 **이상적분**(improper integral) 또는 **특이적분**이라 부른다. 이 경우 이상적분 $\int_a^b f$는 **수렴한다**(the improper integral converges)고 한다.

(2) 비슷하게, $f:[a, b)\to\mathbb{R}$ 가 모든 $c\in(a, b)$에 대하여 $f\in\mathscr{R}[a, c]$이지만 $x=b$에서 유계가 아닌 함수일 때 극한

$$\lim_{c\to b-}\int_a^c f$$

가 존재하면 극한을

$$\int_a^b f$$

로 표기하고 $[a, b)$에서 함수 f의 **이상적분**이라 부르며, 이 경우 이상적분 $\int_a^b f$는 **수렴한다**고 한다.

(3) $a<p<b$이고 $f:[a, p)\cup(p, b]\to\mathbb{R}$ 가 점 p에서 유계가 아닌 함수일 때 이상적분 $\int_a^p f$ 와 $\int_p^b f$ 가 존재하면 $[a, b]$에서 함수 f의 이상적분 $\int_a^b f$를 다음과 같이 정의한다.

$$\int_a^b f=\int_a^p f+\int_p^b f$$

예제 1

$p>0$일 때 이상적분 $\int_0^1 \frac{1}{x^p}\,dx$ 가 수렴하는지 조사하시오.

풀이 $(0,1]$에서 $f(x)=\frac{1}{x^p}$ $(p>0)$이라 하면 f는 $x=0$에서 유계가 아니지만 f가 $(0,1]$에서 연속이므로 모든 $c\in(0,1)$에 대하여 $f\in\mathcal{R}[c,1]$이다.

[경우 1] $p=1$

$$\lim_{c\to0+}\int_c^1 \frac{1}{x}\,dx = \lim_{c\to0+}\ln|c| = -\infty$$

이므로 $(0,1]$에서 $f(x)=\frac{1}{x}$ 의 이상적분은 발산한다.

[경우 2] $0<p<1$ 또는 $p>1$

$$\lim_{c\to0+}\int_c^1 \frac{1}{x^p}\,dx = \lim_{c\to0+}\frac{1-c^{1-p}}{1-p} = \begin{cases} \infty\ , & p>1 \\ \frac{1}{1-p}\ , & 0<p<1 \end{cases}$$

이므로 $p>1$이면 $(0,1]$에서 f의 이상적분은 발산하지만 $0<p<1$이면 $(0,1]$에서 f의 이상적분은 수렴하고

$$\int_0^1 \frac{1}{x^p}\,dx = \frac{1}{1-p}$$

이다. ◢

참고 리만 적분과 이상적분 사이에는 몇 가지 중요한 차이점이 있다.
예를 들면, $f\in\mathcal{R}[a,b]$이면 6.2절 정리 2의 (3) (또는 6.1절 따름정리 1)에 의해서 $f^2\in\mathcal{R}[a,b]$이다. 그러나 이것은 이상적분의 경우에는 일반적으로 성립하지 않는다. 좀 더 자세히 살펴보면, 예제 1에 의해서 $f(x)=\frac{1}{\sqrt{x}}$일 때

$$\int_0^1 \frac{1}{\sqrt{x}}\,dx = 2$$

이지만 $(0,1]$에서 $f^2(x)=\frac{1}{x}$ 의 이상적분은 발산한다.

뿐만 아니라, $f\in\mathcal{R}[a,b]$이면 $|f|\in\mathcal{R}[a,b]$이지만 이 성질도 이상적분의 경우에는 일반적으로 성립하지 않는다.(연습문제 4 참고) ◢

예제 2

$(0, 1]$에서 함수 $f(x) = \ln x$ 의 이상적분이 존재하는지 조사하시오.

풀이 $f(x) = \ln x$ 가 $(0, 1]$에서 연속이므로 모든 $c \in (0, 1)$에 대하여 $f \in \mathcal{R}[c, 1]$이다. 부분적분법에 의해서

$$\int_c^1 \ln x\, dx = [\, x \ln x\,]_c^1 - \int_c^1 dx$$
$$= -c \ln c - 1 + c$$

이다.

한편, 로피탈의 법칙에 의해서

$$\lim_{c \to 0+} \int_c^1 \ln x\, dx = \lim_{c \to 0+} (-c \ln c - 1 + c) = -1$$

이다. 그러므로 $(0, 1]$에서 $f(x) = \ln x$ 의 이상적분은 수렴하고

$$\int_0^1 \ln x\, dx = -1$$

이다. ◢

예제 3

$f(x) = \dfrac{1}{x}$이라 하면 예제 1에 의해서 $(0, 1]$에서 f의 이상적분은 발산함을 알 수 있다.

그러므로 $\displaystyle\int_{-1}^1 \frac{1}{x}\, dx$는 존재하지 않는다. ◢

참고 위 예제 3에서 $\displaystyle\int_{-1}^1 \frac{1}{x}\, dx = [\, \ln|x|\,]_{-1}^1 = 0$ 이 아니라는 사실에 유의하라. ◢

유계가 아닌 구간에서 정의된 함수의 적분

정의 02

(1) $f : [a, \infty) \to \mathbb{R}$ 는 모든 $c > a$에 대하여 $f \in \mathcal{R}[a, c]$인 함수이다. 만약

$$\lim_{c \to \infty} \int_a^c f$$

가 존재하면 극한을

$$\int_a^{\infty} f$$

로 표기하고 $[a, \infty)$에서 함수 f의 **이상적분**이라 부른다. 그리고 이 경우 이상적분 $\int_a^b f$ 는 **수렴한다**고 한다.

(2) 비슷하게, $f : (-\infty, b] \to \mathbb{R}$ 가 모든 $c < b$에 대하여 $f \in \mathcal{R}[c, b]$인 함수일 때 극한

$$\lim_{c \to -\infty} \int_c^b f$$

가 존재하면 그 극한을

$$\int_{-\infty}^b f$$

로 표기하고 $(-\infty, b]$에서 함수 f의 **이상적분**이라 부르며, 이 경우 이상적분 $\int_{-\infty}^b f$는 **수렴한다**고 한다.

(3) 함수 $f : (-\infty, \infty) \to \mathbb{R}$ 가 적당한 점 $p \in \mathbb{R}$에 대하여 $(-\infty, p)$와 (p, ∞)에서 모두 이상적분 가능한 함수이면 $(-\infty, \infty)$에서 f의 이상적분을 다음과 같이 정의한다.

$$\int_{-\infty}^{\infty} f = \int_{-\infty}^{p} f + \int_{p}^{\infty} f$$

참고 $(-\infty, \infty)$에서 f의 이상적분을 조사하기 위하여

$$\lim_{c \to \infty} \int_{-c}^{c} f$$

를 계산하면 틀린다는 것에 유의하라. 예를 들면, $f(x) = x$ 일 때

$$\lim_{c\to\infty}\int_{-c}^{c} x\,dx = \lim_{c\to\infty}\frac{1}{2}[x^2]_{-c}^{c} = 0$$

이지만, 사실 $(-\infty, \infty)$에서 f는 이상적분이 존재하지 않는다.(예제 4 참고) ◢

예제 4

이상적분 $\int_{-\infty}^{\infty} x\,dx$가 존재하는지 조사하시오.

풀이 임의의 고정된 점 $p\in\mathbb{R}$에 대하여

$$\lim_{c\to\infty}\int_{p}^{c} x\,dx = \lim_{c\to\infty}\frac{1}{2}(c^2-p^2) = \infty$$

이므로 $[p,\infty)$에서 발산한다. 그러므로 $\mathbb{R}$에서 f의 이상적분은 발산한다. ◢

참고 $f:[a,\infty)\to[0,\infty)$가 모든 $c>a$에 대하여 $f\in\mathscr{R}[a,c]$인 함수일 때 $\int_a^c f$는 $[a,\infty)$에서 c에 대한 단조증가함수로 생각할 수 있다. 그러므로 $\lim_{c\to\infty}\int_a^c f$는 양의 실수로 수렴하거나 또는 ∞로 발산할 수밖에 없다.(이 경우 진동 발산은 불가능하다) 이런 이유로, 모든 $x\in[a,\infty)$에 대하여 $f(x)\ge 0$이면 $[a,\infty)$에서 f의 이상적분이 수렴한다 또는 발산한다는 것을 나타내기 위하여 각각 다음의 기호를 사용하기도 한다.

$$\int_a^{\infty} f(x)\,dx < \infty \quad \text{또는} \quad \int_a^{\infty} f(x)\,dx = \infty$$

◢

예제 5

$p>0$일 때 이상적분 $\int_1^{\infty}\frac{1}{x^p}\,dx$가 존재하는지 조사하시오.

풀이 $f(x)=\frac{1}{x^p}$, $x\in[1,\infty)$라 하면 f가 $[1,\infty)$에서 연속이므로 모든 $c>1$에 대하여 $f\in\mathscr{R}[1,c]$이다.

[경우 1] $p=1$

$$\lim_{c\to\infty}\int_1^c \frac{1}{x}\,dx = \lim_{c\to\infty}[\ln|x|]_1^c = \lim_{c\to\infty}\ln|c| = \infty$$

이므로 $\int_1^\infty \frac{1}{x}\,dx$ 는 존재하지 않는다.

[경우 2] $0<p<1$ 또는 $p>1$

$$\lim_{c\to\infty}\int_1^c \frac{1}{x^p}\,dx = \lim_{c\to\infty}\frac{c^{1-p}-1}{1-p} = \begin{cases} \frac{1}{p-1}, & p>1 \\ \infty, & 0<p<1 \end{cases}$$

이므로 $0<p<1$ 이면 $\int_1^\infty \frac{1}{x^p}\,dx=\infty$ 이고 $p>1$ 이면 $\int_1^\infty \frac{1}{x^p}\,dx=\frac{1}{p-1}$ 이다.

그러므로 경우1과 경우2에 의해서

$$\int_1^\infty \frac{1}{x^p}\,dx = \begin{cases} \frac{1}{p-1}, & p>1 \\ \infty, & 0<p\le 1 \end{cases}$$

이다. ◢

예제 6

$\int_{-\infty}^\infty \frac{1}{1+x^2}\,dx=\pi$ 임을 보이시오.

풀이 정의에 의해서 $\int_{-\infty}^\infty \frac{1}{1+x^2}\,dx=\int_{-\infty}^0 \frac{1}{1+x^2}\,dx+\int_0^\infty \frac{1}{1+x^2}\,dx$ 이다.

$f(x)=\frac{1}{1+x^2}\ (x\in\mathbb{R})$ 이라 하면 f가 $\mathbb{R}$ 에서 연속이므로 모든 $c>0$에 대하여 $f\in\mathcal{R}[0,c]$이다.

계산에 의해서

$$\lim_{c\to\infty}\int_0^c \frac{1}{1+x^2}\,dx = \lim_{c\to\infty}[\tan^{-1}x]_0^c = \lim_{c\to\infty}\tan^{-1}c = \frac{\pi}{2}$$

이므로

$$\int_0^\infty \frac{1}{1+x^2}\,dx = \pi$$

이다. 그런데 f가 우함수이므로 연습문제 12에 의해서

$$\int_{-\infty}^\infty \frac{1}{1+x^2}\,dx = 2\int_0^\infty \frac{1}{1+x^2}\,dx=\pi$$

이다. ◢

다음 정리를 통하여 이상적분의 수렴 여부를 결정하는 데 매우 유용한 비교판정법을 소개하고 이 절을 마치도록 한다. 자세한 정리의 증명은 독자들에게 연습문제(연습문제 6)로 남긴다.

정리 01 **이상적분에 대한 비교판정법**

$g:[a, \infty)\to[0, \infty)$는 모든 $c>a$에 대하여 $g\in\mathcal{R}[a,c]$이고 $\int_a^\infty g(x)<\infty$를 만족시키는 함수이다. 만약 함수 $f:[a, \infty)\to\mathbb{R}$가

(a) 모든 $c>a$에 대하여 $f\in\mathcal{R}[a,c]$이고,
(b) 모든 $x\in[a, \infty)$에 대하여 $|f(x)|\le g(x)$

를 만족시키면 $[a, \infty)$에서 f의 이상적분 $\int_a^\infty f$는 수렴하고

$$\left|\int_a^\infty f(x)\,dx\right| \le \int_a^\infty g(x)\,dx$$

이다.

예제 7

이상적분 $\int_0^\infty \frac{1}{x^2+\sqrt{x}}\,dx$가 수렴하는지 조사하시오.

풀이 우선 주어진 이상적분의 수렴여부를 조사하기 위하여

$$\int_0^1 \frac{1}{x^2+\sqrt{x}}\,dx + \int_1^\infty \frac{1}{x^2+\sqrt{x}}\,dx$$

를 생각하자. $(0, 1]$에서

$$0<\frac{1}{x^2+\sqrt{x}}<\frac{1}{\sqrt{x}}$$

이고, 예제 1에 의해서 $\int_0^1 \frac{1}{\sqrt{x}}dx=2$이므로 연습문제 7에 의해서 이상적분 $\int_0^1 \frac{1}{x^2+\sqrt{x}}dx$는 수렴한다. 또한 $[1, \infty)$에서

$$0<\frac{1}{x^2+\sqrt{x}}<\frac{1}{x^2}$$

이고, 예제 5에 의해서 $\int_1^\infty \frac{1}{x^2}dx<\infty$이므로 정리 1에 의해서 이상적분 $\int_1^\infty \frac{1}{x^2+\sqrt{x}}dx$도 수렴한다. 그러므로 주어진 이상적분 $\int_0^\infty \frac{1}{x^2+\sqrt{x}}dx$는 수렴한다. ◢

6.4 연습문제

01 $(0, 1)$에서 정의된 다음 각 함수 f의 이상적분이 수렴하는지 조사하고, 수렴하는 경우 $\int_0^1 f(x)dx$를 구하시오.

(1) $f(x) = \dfrac{\ln x}{x}$ (2) $f(x) = \tan\left(\dfrac{\pi}{2}x\right)$ (3) $f(x) = \operatorname{cosec}\dfrac{\pi}{2}x$

02 다음 이상적분이 수렴하는지 조사하시오.

(1) $\displaystyle\int_0^\infty \frac{1}{e^x+1}\,dx$ (2) $\displaystyle\int_1^\infty \frac{\ln x}{x}\,dx$

(3) $\displaystyle\int_2^\infty \frac{1}{x(\ln x)^p}\,dx \ , \quad p \geq 1$ (4) $\displaystyle\int_2^\infty \frac{1}{\ln x}\,dx$

(5) $\displaystyle\int_0^\infty e^{-x^2}\,dx$ (6) $\displaystyle\int_0^\infty \frac{x}{(x^2+1)(x+1)}\,dx$

(7) $\displaystyle\int_0^\infty \frac{1}{x^3+x^{\frac{1}{3}}}\,dx$ (8) $\displaystyle\int_1^\infty \frac{x+1}{x\sqrt{x^4+1}}\,dx$

(9) $\displaystyle\int_1^\infty \frac{1}{\sqrt{1+2\sin^2 x+x^2}}\,dx$ (10) $\displaystyle\int_0^{\frac{\pi}{2}} \frac{1}{\cos x+\sqrt{1-\sin x}}\,dx$

03 다음 이상적분이 수렴하도록 p, q의 범위를 결정하시오.

(1) $\displaystyle\int_0^{\frac{1}{2}} x^p|\ln x|^q\,dx$ (2) $\displaystyle\int_0^\infty \frac{x^p}{1+x^q}dx \ (p,\ q>0)$

04 $(0, 1]$에서 정의된 함수

$$f(x) = \frac{d}{dx}\left(x^2 \sin\frac{1}{x^2}\right) = 2x \sin\frac{1}{x^2} - \frac{2}{x}\cos\frac{1}{x^2}$$

에 대하여 이상적분 $\int_0^1 f$ 는 수렴하지만 $\int_0^1 |f|$는 발산함을 보이시오.

05 $f : [a, \infty) \to \mathbb{R}$ 가 모든 $c > a$에 대하여 $f \in \mathcal{R}[a, c]$이고 $\int_a^\infty |f(x)|dx < \infty$인 함수일 때 $[a, \infty)$에서 f의 이상적분 $\int_a^\infty f$ 가 수렴함을 보이시오.

06 정리 1을 보이시오.

07 $f, g : (a, b] \to [0, \infty)$는 모든 $a < c < b$에 대하여 $f \in \mathcal{R}[c, b]$이고, 모든 $x \in (a, b]$에 대하여 $f(x) \le g(x)$를 만족시키는 함수이다. $\int_a^b g(x)\,dx$ 가 수렴하면 $\int_a^b f(x)\,dx$ 가 수렴한다는 것을 보이시오.

08 $f(x) = \dfrac{\sin x}{x}$, $x \ge \pi$ 라 하자.

(1) $\int_\pi^\infty |f(x)|\,dx = \infty$ 임을 보이시오.

(2) $c > \pi$일 때 $[\pi, c]$에서 부분적분법을 적용하여 $\int_\pi^\infty \frac{\sin x}{x}\,dx$ 가 존재함을 보이시오.

09 $0 < p < 2$인 모든 p에 대하여 $\int_0^\infty \frac{\sin x}{x^p}\,dx$가 수렴함을 보이시오.

10 (감마 함수, Gamma function) $x>0$일 때 감마함수 Γ를

$$\Gamma(x)=\int_0^\infty e^{-t}t^{x-1}\,dt$$

라 정의한다.

(1) 모든 $x>0$에 대하여 주어진 이상적분이 수렴함을 보이시오.

(2) $x>0$일 때 부분적분법을 이용하여 $\Gamma(x+1)=x\,\Gamma(x)$임을 보이시오.

(3) $\Gamma(1)=1$임을 보이시오.

(4) $n\in\mathbb{N}$ 에 대하여 $\Gamma(n+1)=n!$ 임을 보이시오.

11 연습문제 6.2의 6을 이용하여 $\lim_{n\to\infty}\frac{1}{n}\ln\frac{n!}{n^n}=-1$ 임을 보이시오.

12 다음 각 명제가 참이면 증명하고 거짓이면 반례를 들어 설명하시오.

(1) $f:\mathbb{R}\to\mathbb{R}$ 가 우함수이면 $\int_{-\infty}^{\infty}f(x)\,dx=2\int_0^\infty f(x)\,dx$ 이다.

(2) $f:\mathbb{R}\to\mathbb{R}$ 가 기함수이면 $\int_{-\infty}^{\infty}f(x)\,dx=0$이다.

13 이차함수 $f(x)=\frac{1}{2}(x-10)^2$과 양의 정수 n에 대하여 a_n을 이상적분 $\int_1^\infty (f(n))^t\,dt$의 수렴 또는 발산에 따라 다음과 같이 정의할 때, $\sum_{n=1}^{\infty}a_n$의 값을 구하시오.

$$a_n=\begin{cases}\int_1^\infty (f(n))^t\,dt\ , & \int_1^\infty (f(n))^t\,dt\text{가 수렴}\\ 0\ , & \int_1^\infty (f(n))^t\,dt\text{가 발산}\end{cases}$$

6.5 리만-스틸체스 적분

이 절에서는 리만 적분의 개념을 확장하여 스틸체스가 정립한 리만–스틸체스 적분에 관하여 소개한다.

정의 01

$[a, b]$에서, $\alpha : [a, b] \to \mathbb{R}$ 는 단조증가함수이고 $f : [a, b] \to \mathbb{R}$ 는 유계함수이다.
$[a, b]$의 각 분할 $\wp = \{x_0, x_1, \cdots, x_n | x_0 = a < x_1 < \cdots < x_n = b\}$에 대하여

$$\Delta \alpha_i = \alpha(x_i) - \alpha(x_{i-1}) \geq 0, \ 1 \leq i \leq n$$

이라 하고

$$m_i = \inf\{f(x) \mid x \in [x_{i-1}, x_i]\}$$
$$M_i = \sup\{f(x) \mid x \in [x_{i-1}, x_i]\}$$

라 하자.
리만 적분의 경우와 비슷하게, α와 분할 $\wp$에 관한 함수 f의 **상 리만–스틸체스 합**(the upper Riemann–Stieltjes sum)

$$\mathcal{U}(\wp, f, \alpha)$$

와 **하 리만–스틸체스 합**(the lower Riemann–Stieltjes sum)

$$\mathcal{L}(\wp, f, \alpha)$$

를 다음과 같이 정의한다.

$$\mathcal{U}(\wp, f, \alpha) = \sum_{i=1}^{n} M_i \Delta \alpha_i$$
$$\mathcal{L}(\wp, f, \alpha) = \sum_{i=1}^{n} m_i \Delta \alpha_i$$

참고 정의 1에서 모든 $1 \leq i \leq n$ 에 대하여 $m_i \leq M_i$ 이고 $\Delta\alpha_i \geq 0$이므로

$$\mathcal{L}(\wp, f, \alpha) \leq \mathcal{U}(\wp, f, \alpha)$$

이다. ◢

보조정리 01

$[a, b]$에서 단조증가함수 $\alpha : [a, b] \to \mathbb{R}$ 와 유계함수 $f : [a, b] \to \mathbb{R}$ 에 대하여

$$m = \inf\{f(x) \mid x \in [a, b]\}$$
$$M = \sup\{f(x) \mid x \in [a, b]\}$$

라 하면

$$m[\alpha(b) - \alpha(a)] \leq \mathcal{L}(\wp, f, \alpha) \leq \mathcal{U}(\wp, f, \alpha) \leq M[\alpha(b) - \alpha(a)]$$

이다.

증명 연습문제 1. ◢

리만 적분에서와 같이 $[a, b]$에서 단조증가함수 α에 관한 유계함수 f의 상 리만-스틸체스 적분(the upper Riemann-Stieltjes integral)과 하 리만-스틸체스 적분(the lower Riemann-Stieltjes integral)을 다음과 같이 정의한다.

정의 02

$[a, b]$에서, 단조증가함수 $\alpha : [a, b] \to \mathbb{R}$ 와 유계함수 $f : [a, b] \to \mathbb{R}$ 에 대하여 다음과 같이 **상 리만-스틸체스 적분**

$$\overline{\int_a^b} f \, d\alpha$$

와 **하 리만-스틸체스 적분**

$$\underline{\int_a^b} f \, d\alpha$$

를 정의한다.

$$\overline{\int_a^b} f \, d\alpha = \infty\{\mathcal{U}(\wp, f, \alpha) \mid \wp \text{ 는 } [a, b] \text{의 분할}\}$$
$$\underline{\int_a^b} f \, d\alpha = \sup\{\mathcal{L}(\wp, f, \alpha) \mid \wp \text{ 는 } [a, b] \text{의 분할}\}$$

참고 보조정리 1에 의해서 집합

$$\{\mathcal{U}(\wp, f, \alpha) \mid \wp \text{는 } [a, b] \text{의 분할}\}$$

은 아래로 유계이고, 따라서 α에 관한 f의 상 리만-스틸체스 적분은 $\mathbb{R}$에서 항상 존재한다. 비슷하게, α에 관한 f의 하 리만-스틸체스 적분도 $\mathbb{R}$에서 항상 존재함을 알 수 있다. ◢

정리 01

$[a, b]$에서, $f : [a, b] \to \mathbb{R}$ 가 유계함수이고 $\alpha : [a, b] \to \mathbb{R}$ 가 단조증가함수이면

$$\underline{\int_a^b} f\, d\alpha \le \overline{\int_a^b} f\, d\alpha$$

이다.

증명 6.1절 보조정리 2의 증명에서와 같이 $\wp^*$가 분할 $\wp$의 세분할이면

$$\mathcal{L}(\wp, f, \alpha) \le \mathcal{L}(\wp^*, f, \alpha) \le \mathcal{U}(\wp^*, f, \alpha) \le \mathcal{U}(\wp, f, \alpha)$$

이고, 따라서 $[a, b]$의 임의의 분할 $\wp_1$과 $\wp_2$에 대하여

$$\mathcal{L}(\wp_1, f, \alpha) \le \mathcal{L}(\wp_1 \cup \wp_2, f, \alpha) \le \mathcal{U}(\wp_1 \cup \wp_2, f, \alpha) \le \mathcal{U}(\wp_2, f, \alpha)$$

이다. 즉, 임의의 분할 $\wp_1$과 $\wp_2$에 대하여

$$\mathcal{L}(\wp_1, f, \alpha) \le \mathcal{U}(\wp_2, f, \alpha)$$

가 성립한다. 그러므로 임의의 분할 $\wp_2$에 대하여

$$\underline{\int_a^b} f\, d\alpha = \sup\{\mathcal{L}(\wp_1, f, \alpha) \mid \wp_1 \text{은 } [a, b]\text{의 분할}\} \le \mathcal{U}(\wp_2, f, \alpha)$$

이다. 마지막으로 $\wp_2$에 대하여 하한을 잡으면 원하는 결과를 얻는다. ◢

정의 03

(1) $[a, b]$에서 유계함수 $f : [a, b] \to \mathbb{R}$ 와 단조증가함수 $\alpha : [a, b] \to \mathbb{R}$ 에 대하여

$$\overline{\int_a^b} f\, d\alpha = \underline{\int_a^b} f\, d\alpha$$

이면 f는 $[a, b]$에서 α에 관하여 **리만-스틸체스 적분 가능하다**(f is Riemann-Stieltjes integrable with respect to α)고 한다. 이 경우 그 공통된 값을

$$\int_a^b f\, d\alpha \quad \text{또는} \quad \int_a^b f(x)\, d\alpha(x)$$

로 나타내고 α에 관한 f의 **리만-스틸체스 적분**(the Riemann-Stieltjes integral of f with respect to α)이라 부른다.

(2) $[a, b]$에서 α에 관하여 리만-스틸체스 적분 가능한 모든 함수들의 집합을 $\mathcal{R}_\alpha[a, b]$로 나타낸다.

참고 정의 3에서 단조증가함수 $\alpha : [a, b] \to \mathbb{R}$ 를 $\alpha(x) = x$ 로 택하면 $[a, b]$에서 α 에 관한 f 의 리만-스틸체스 적분은 정확하게 $[a, b]$에서 f 의 리만 적분과 같아진다. ◢

다음과 같이 정의된 함수 $I : \mathbb{R} \to \mathbb{R}$ 를 **단위도약함수**(unit jump function)라 한다.

$$I(x) = \begin{cases} 0, & x < 0 \\ 1, & x \geq 0 \end{cases}$$

예제 1

$a < c \leq b$일 때 $I_c(x) = I(x-c)$를 c에서 단위도약함수, 즉

$$I_c(x) = \begin{cases} 0, & x < c \\ 1, & x \geq c \end{cases}$$

라 하자. $f : [a, b] \to \mathbb{R}$ 가 $[a, b]$에서 유계이고 점 c에서 연속인 함수이면 f는 $[a, b]$에서 I_c에 관하여 리만-스틸체스 적분 가능하며

$$\int_a^b f\, dI_c = \int_a^b f(x)\, dI_c(x) = f(c)$$

임을 보이시오.

풀이 $\alpha(x) = I_c(x)$ 라 하면 α는 명백히 $[a, b]$에서 단조증가함수이다.
$\wp = \{x_0, x_1, \cdots, x_n\}$을 $[a, b]$의 임의의 분할이라 하면 $a < c \leq b$ 이므로

$$x_{k-1} < c \leq x_k$$

인 적당한 $1 \leq k \leq n$가 존재한다. 그러면

$$\Delta\alpha_k = \alpha(x_k) - \alpha(x_{k-1}) = 1 - 0 = 1$$

이고, 모든 $i \neq k$에 대하여

$$\Delta\alpha_i = 0$$

이다. 그러므로

$$\mathcal{U}(\wp, f, \alpha) = M_k \Delta\alpha_k = M_k$$
$$\mathcal{L}(\wp, f, \alpha) = m_k \Delta\alpha_k = m_k$$

이다. f가 c에서 연속이므로 임의의 $\epsilon > 0$에 대하여 $|x - c| < \delta$ 이고 $x \in [a, b]$이면

$$f(c) - \epsilon < f(x) < f(c) + \epsilon$$

인 적당한 $\delta > 0$가 존재한다.

만약 $\wp$가 모든 j에 대하여 $x_j - x_{j-1} < \delta$, 즉 $\|\wp\| < \delta$인 $[a, b]$의 임의의 분할이면

$$f(c) - \epsilon \le m_k \le M_k \le f(c) + \epsilon$$

이고, 따라서 $f(c) - \epsilon \le \mathcal{L}(\wp, f, \alpha) \le \mathcal{U}(\wp, f, \alpha) \le f(c) + \epsilon$ 이다. 그러므로

$$f(c) - \epsilon \le \underline{\int_a^b} f\, d\alpha \le \overline{\int_a^b} f\, d\alpha \le f(c) + \epsilon$$

이다. $\epsilon > 0$이 임의의 상수이므로 $\overline{\int_a^b} f\, d\alpha = \underline{\int_a^b} f\, d\alpha$ 이고, 즉 f는 $[a, b]$에서 α에 관하여 리만-스틸체스 적분 가능하고

$$\int_a^b f\, d\alpha = f(c)$$

이다. ◢

참고 예제 1에서 f가 $x = c$에서 연속이라는 가정을 $x = c$에서 왼쪽 연속이라는 가정으로 바꾸어도 같은 결과가 성립한다.(연습문제 3) ◢

예제 2 (Revisited)

디리클레 함수

$$f(x) = \begin{cases} 1, & x \in \mathbb{Q} \\ 0, & x \in \mathbb{R} \setminus \mathbb{Q} \end{cases}$$

에 대하여 다음을 보이시오.

(1) 모든 $x \in [a, b]$에 대하여 $\alpha(x) = k$ $(k \in \mathbb{R})$이면 $f \in \mathcal{R}_\alpha[a, b]$이고 $\int_a^b f\, d\alpha = 0$이다.

(2) $\alpha : [a, b] \to \mathbb{R}$ 가 상수함수가 아닌 단조증가함수이면 $f \notin \mathcal{R}_\alpha[a, b]$이다.

풀이 (1) $[a, b]$의 임의의 분할 $\wp = \{x_0, x_1, \cdots, x_n\}$에 대하여

$$\Delta\alpha_i = \alpha(x_i) - \alpha(x_{i-1}) = 0$$

이므로

$$\mathcal{L}(\wp, f, \alpha) = \mathcal{U}(\wp, f, \alpha) = 0$$

이다. 그러므로 $f \in \mathcal{R}_\alpha[a, b]$이고 $\int_a^b f\, d\alpha = 0$이다.

(2) α가 $[a, b]$에서 상수함수가 아닌 단조증가함수라 가정하면 $\alpha(a) < \alpha(b)$이다. $\wp = \{x_0, x_1, \cdots, x_n\}$를 $[a, b]$의 임의의 분할이라 하면 모든 $1 \le i \le n$에 대하여 $m_i = 0$ 이고 $M_i = 1$ 이다. 따라서,

$$\mathcal{L}(\wp, f, \alpha) = 0$$

이고

$$\mathcal{U}(\wp, f, \alpha) = \sum_{i=1}^{n} \Delta\alpha_i = \alpha(b) - \alpha(a) > 0$$

이다. $\wp$가 $[a, b]$의 임의의 분할이므로 $\underline{\int_a^b} f\, d\alpha = 0$이고 $\overline{\int_a^b} f d\alpha = \alpha(b) - \alpha(a)$이다. 그러므로 f는 α에 관하여 리만-스틸체스 적분 가능하지 않다. ◢

다음은 리만 적분에 대한 6.1절 정리 2와 비슷하게 리만-스틸체스 적분 가능성에 대한 필요충분조건을 제시해 주는 정리이다. 정리의 증명은 6.1절 정리 2과 같으므로 여기서는 생략한다.

정리 02

α는 $[a, b]$에서 단조증가함수이다. $[a, b]$에서 유계함수 $f : [a, b] \to \mathbb{R}$가 $[a, b]$에서 α에 관하여 리만-스틸체스 적분 가능할 필요충분조건은 임의의 $\epsilon > 0$에 대하여

$$\mathcal{U}(\wp, f, \alpha) - \mathcal{L}(\wp, f, \alpha) < \epsilon$$

을 만족시키는 $[a, b]$의 적당한 분할 $\wp$가 존재하는 것이다.

정리 03

$f : [a, b] \to \mathbb{R}$는 $[a, b]$에서 유계함수이고 α는 $[a, b]$에서 단조증가함수이다.

(1) f가 $[a, b]$에서 연속이면 $f \in \mathcal{R}_\alpha[a, b]$이다.

(2) f가 $[a, b]$에서 단조함수이고 α가 $[a, b]$에서 연속이면 $f \in \mathcal{R}_\alpha[a, b]$이다.

증명 (1) 6.1절 정리 3의 (1)의 증명에서, 임의의 $\epsilon > 0$ 에 대하여

$$[\alpha(b) - \alpha(a)]\eta < \epsilon$$

인 $\eta > 0$를 택한다는 점을 제외하면 모든 증명이 같으므로 나머지 부분의 증명은 독자들에게 맡긴다.

(2) 임의의 $n \in \mathbb{N}$ 에 대하여

$$\Delta\alpha_i = \alpha(x_i) - \alpha(x_{i-1}) = \frac{1}{n}[\alpha(b) - \alpha(a)]$$

가 성립하는 $[a, b]$의 분할 $\wp = \{x_0, x_1, \cdots, x_n\}$을 택하자.($\alpha$가 연속이므로 중간값 정리에 의해서 위와 같은 분할 $\wp$를 택할 수 있다) 일반성을 잃지 않고, f가 $[a, b]$에서 단조증가함수라 가정하면 $M_i = f(x_i)$이고 $m_i = f(x_{i-1})$이므로

$$\begin{aligned}\mathcal{U}(\wp, f, \alpha) - \mathcal{L}(\wp, f, \alpha) &= \sum_{i=1}^{n}[f(x_i) - f(x_{i-1})]\Delta\alpha_i \\ &= \frac{\alpha(b) - \alpha(a)}{n}\sum_{i=1}^{n}[f(x_i) - f(x_{i-1})] \\ &= \frac{\alpha(b) - \alpha(a)}{n}[f(b) - f(a)]\end{aligned}$$

이다. 이제 임의의 $\epsilon > 0$에 대하여

$$\frac{\alpha(b) - \alpha(a)}{N}[f(b) - f(a)] < \epsilon$$

인 자연수 N을 택하면 자연수 N과 이에 대응하는 분할 $\wp$에 대하여

$$\mathcal{U}(\wp, f, \alpha) - \mathcal{L}(\wp, f, \alpha) < \epsilon$$

이다. 그러므로 정리 2에 의해서 $f \in \mathcal{R}_\alpha[a, b]$이다. ◢

참고 정리 3의 (2)에서 α가 연속이 아니면 주어진 결과가 항상 성립하지는 않는다.(연습문제 5 참고) ◢

이제 리만-스틸체스 적분의 여러 가지 기본적인 성질들에 관하여 살펴본다.

정리 04

(1) $f, g \in \mathscr{R}_\alpha[a,b]$이면 모든 $k \in \mathbb{R}$ 에 대하여 $f+g$, $kf \in \mathscr{R}_\alpha[a,b]$이고

$$\int_a^b (f+g)\,d\alpha = \int_a^b f\,d\alpha + \int_a^b g\,d\alpha$$

$$\int_a^b kf\,d\alpha = k\int_a^b f\,d\alpha$$

이다.

(2) $i=1,2$ 에 대하여 $f \in \mathscr{R}_{\alpha_i}[a,b]$이면 $f \in \mathscr{R}_{\alpha_1+\alpha_2}[a,b]$이고

$$\int_a^b f\,d(\alpha_1+\alpha_2) = \int_a^b f\,d\alpha_1 + \int_a^b f\,d\alpha_2$$

이다.

(3) $a<c<b$ 이고 $f \in \mathscr{R}_\alpha[a,b]$이면 $f \in \mathscr{R}_\alpha[a,c] \cap \mathscr{R}_\alpha[c,b]$이고

$$\int_a^b f\,d\alpha = \int_a^c f\,d\alpha + \int_c^b f\,d\alpha$$

이다.

(4) 모든 $x \in [a,b]$에 대하여 $f(x) \le g(x)$이고 $f, g \in \mathscr{R}_\alpha[a,b]$이면

$$\int_a^b f\,d\alpha \le \int_a^b g\,d\alpha$$

이다.

(5) 모든 $x \in [a,b]$에 대하여 $|f(x)| \le M$이고 $f \in \mathscr{R}_\alpha[a,b]$이면 $|f| \in \mathscr{R}_\alpha[a,b]$이고

$$\left|\int_a^b f\,d\alpha\right| \le \int_a^b |f|\,d\alpha \le M[\alpha(b)-\alpha(a)]$$

이다.

증명 여기서는 (2)와 (5)만을 보이도록 하고 나머지는 독자들에게 연습문제(연습문제 7)로 남긴다.

(2) 각 $i=1,2$ 에 대하여 $f \in \mathscr{R}_{\alpha_i}[a,b]$이므로

$$\mathscr{U}(\wp_i, f, \alpha_i) - \mathscr{L}(\wp_i, f, \alpha_i) < \frac{\epsilon}{2}$$

인 적당한 분할 $\wp_i$가 존재한다. $\wp = \wp_1 \cup \wp_2$라 하면 $\wp$는 $\wp_1$과 $\wp_2$의 첫 번째 공통 세분할이므로 위 부등식은 분할 $\wp$에 대하여도 성립한다. 따라서 모든 $1 \le i \le n$에 대하여

$$\Delta(\alpha_1+\alpha_2)_i = \Delta(\alpha_1)_i + \Delta(\alpha_2)_i$$

이므로

$$\begin{aligned}&\mathcal{U}(\wp, f, \alpha_1+\alpha_2) - \mathcal{L}(\wp, f, \alpha_1+\alpha_2)\\&= \mathcal{U}(\wp, f, \alpha_1) - \mathcal{L}(\wp, f, \alpha_1) + \mathcal{U}(\wp, f, \alpha_2) - \mathcal{L}(\wp, f, \alpha_2)\\&< \frac{\epsilon}{2} + \frac{\epsilon}{2} = \epsilon\end{aligned}$$

이다. 그러므로 정리 2에 의해서 $f \in \mathcal{R}_{\alpha_1+\alpha_2}[a,b]$이다. 거다가 $[a,b]$의 임의의 분할 $\wp$에 대하여

$$\begin{aligned}\mathcal{L}(\wp, f, \alpha_1+\alpha_2) &= \mathcal{L}(\wp, f, \alpha_1) + \mathcal{L}(\wp, f, \alpha_2)\\&\le \int_a^b f\,d\alpha_1 + \int_a^b f\,d\alpha_2\\&\le \mathcal{U}(\wp, f, \alpha_1) + \mathcal{U}(\wp, f, \alpha_2)\\&= \mathcal{U}(\wp, f, \alpha_1+\alpha_2)\end{aligned}$$

이다. 따라서 $f \in \mathcal{R}_{\alpha_1+\alpha_2}[a,b]$이므로

$$\int_a^b f\,d(\alpha_1+\alpha_2) = \int_a^b f\,d\alpha_1 + \int_a^b f\,d\alpha_2$$

이다.

(5) $f \in \mathcal{R}_\alpha[a,b]$이고 $\wp = \{x_0, x_1, \cdots, x_n\}$을 $[a,b]$의 분할이라 하자. 각 $1 \le i \le n$에 대하여

$$\begin{aligned}M_i &= \sup\{f(x) \mid x \in [x_{i-1}, x_i]\}\\M_i^* &= \sup\{|f(x)| \mid x \in [x_{i-1}, x_i]\}\\m_i &= \inf\{f(x) \mid x \in [x_{i-1}, x_i]\}\\m_i^* &= \inf\{|f(x)| \mid x \in [x_{i-1}, x_i]\}\end{aligned}$$

라 하자. $t, x \in [x_{i-1}, x_i]$이면

$$||f(t)|-|f(x)|| \le |f(t)-f(x)| \le M_i - m_i$$

이므로 모든 $1 \le i \le n$에 대하여 $M_i^* - m_i^* \le M_i - m_i$ 이다. 따라서

$$\mathcal{U}(\wp, |f|, \alpha) - \mathcal{L}(\wp, |f|, \alpha) \le \mathcal{U}(\wp, f, \alpha) - \mathcal{L}(\wp, f, \alpha)$$

이다. 그러므로 정리 2에 의해서 $|f| \in \mathcal{R}_\alpha[a,b]$이다.

이제 $k\int_a^b f\,d\alpha \ge 0$이 성립하도록 상수 k를 1 또는 -1로 택하면

$$\left|\int_a^b f\,d\alpha\right| = k\int_a^b f\,d\alpha = \int_a^b kf\,d\alpha$$
$$\leq \int_a^b |f|\,d\alpha$$
$$\leq M\int_a^b d\alpha = M[\alpha(b)-\alpha(a)]$$

이다. ◢

정리 05 **리만-스틸체스 적분에 대한 평균값 정리 (Mean value theorem for the Riemann-Stieltjes integrals)**

$f:[a,b]\to\mathbb{R}$ 는 $[a,b]$에서 연속함수이고 $\alpha:[a,b]\to\mathbb{R}$ 가 $[a,b]$에서 단조증가함수이면

$$\int_a^b f\,d\alpha = f(c)\,[\,\alpha(b)-\alpha(a)\,]$$

를 만족시키는 적당한 $c\in[a,b]$가 존재한다.

증명 $[a,b]$에서 f의 최댓값과 최솟값을 각각 M과 m이라 하면 정리 4의 (4)에 의해서

$$m[\,\alpha(b)-\alpha(a)\,] \leq \int_a^b f\,d\alpha \leq M[\,\alpha(b)-\alpha(a)\,]$$

이다. 만약 $\alpha(b)-\alpha(a)=0$이면 임의의 $c\in[a,b]$에 대하여 항상 원하는 결과가 성립함을 알 수 있다. 한편, $\alpha(b)-\alpha(a)\neq 0$이면 중간값 정리에 의해서

$$f(c) = \frac{1}{\alpha(b)-\alpha(a)}\int_a^b f\,d\alpha$$

인 $c\in[a,b]$가 존재하고, 따라서 원하는 결과를 얻는다. ◢

정리 06 **부분적분법(Integration by parts formula)**

$\alpha,\beta:[a,b]\to\mathbb{R}$ 는 $[a,b]$에서 단조증가함수이다.
그러면 $\alpha\in\mathcal{R}_\beta[a,b]$일 필요충분조건은 $\beta\in\mathcal{R}_\alpha[a,b]$인 것이다. 이 경우

$$\int_a^b \alpha\,d\beta = \alpha(b)\beta(b) - \alpha(a)\beta(a) - \int_a^b \beta\,d\alpha$$

가 성립한다.

증명 $\wp$ 를 $[a, b]$의 임의의 분할이라 하면 연습문제 10에 의해서

$$\mathcal{U}(\wp, \alpha, \beta) = \alpha(b)\beta(b) - \alpha(a)\beta(a) - \mathcal{L}(\wp, \beta, \alpha)$$
$$\mathcal{L}(\wp, \alpha, \beta) = \alpha(b)\beta(b) - \alpha(a)\beta(a) - \mathcal{U}(\wp, \beta, \alpha)$$

이고, 따라서

$$\mathcal{U}(\wp, \alpha, \beta) - \mathcal{L}(\wp, \alpha, \beta) = \mathcal{U}(\wp, \beta, \alpha) - \mathcal{L}(\wp, \beta, \alpha)$$

이다. 그러므로 정리 2에 의해서 $\alpha \in \mathcal{R}_\beta[a, b]$일 필요충분조건은 $\beta \in \mathcal{R}_\alpha[a, b]$임을 알 수 있다. 또한 $\beta \in \mathcal{R}_\alpha[a, b]$이면 임의의 $\epsilon > 0$에 대하여

$$\mathcal{L}(\wp, \beta, \alpha) > \int_a^b \beta \, d\alpha - \epsilon$$

인 $[a, b]$의 분할 $\wp$가 존재한다. 따라서

$$\int_a^b \alpha \, d\beta \le \mathcal{U}(\wp, \alpha, \beta) < \alpha(b)\beta(b) - \alpha(a)\beta(a) - \int_a^b \beta \, d\alpha + \epsilon$$

이다. $\epsilon > 0$이 임의의 상수이므로

$$\int_a^b \alpha \, d\beta \le \alpha(b)\beta(b) - \alpha(a)\beta(a) - \int_a^b \beta \, d\alpha$$

이다. 비슷한 방법을 하 리만–스틸체스 합에 적용하면

$$\int_a^b \alpha \, d\beta \ge \alpha(b)\beta(b) - \alpha(a)\beta(a) - \int_a^b \beta \, d\alpha$$

가 성립함을 보일 수 있다. 그러므로 원하는 결고를 얻는다. ◢

이 절을 마치기 전에 경우에 따라서 리만–스틸체스 적분을 구체적으로 구하는 데 매우 유용하게 사용될 수 있는 두 개의 정리를 소개한다. 첫 번째 정리에서는 7장에서 다룰 무한급수의 기초적인 개념을 포함하고 있으나 여기서는 미적분학에서 배웠다고 가정하고 이론을 전개하도록 한다.

정리 07

$(a, b]$의 가산 부분집합 $\{s_n \mid n \in \mathbb{N}\}$과 $\sum_{n=1}^{\infty} c_n$이 수렴하는 음이 아닌 수열 $\{c_n \mid n \in \mathbb{N}\}$에 대하여 $[a, b]$에서 단조증가함수 α를

$$\alpha(x) = \sum_{n=1}^{\infty} c_n I(x - s_n)$$

이라 정의하자. $f : [a, b] \to \mathbb{R}$가 $[a, b]$에서 연속함수이면 $f \in \mathscr{R}_\alpha[a, b]$이고

$$\int_a^b f \, d\alpha = \sum_{n=1}^{\infty} c_n f(s_n)$$

이다.

증명 f가 $[a, b]$에서 연속이므로 정리 3의 (1)에 의해서 $f \in \mathscr{R}_\alpha[a, b]$이다.

$\epsilon > 0$이라 하고 $M = \max\{|f(x)| \mid x \in [a, b]\}$라 하면 $\sum_{n=1}^{\infty} c_n$이 수렴하므로 급수에 대한 코시판정법(7.1절 정리 1)에 의해서

$$\sum_{n=N+1}^{\infty} c_n < \frac{\epsilon}{M}$$

인 적당한 자연수 N이 존재한다. 다음과 같이 β_1과 β_2를 정의하자.

$$\beta_1(x) = \sum_{n=1}^{N} c_n I(x - s_n), \quad \beta_2(x) = \sum_{n=N+1}^{\infty} c_n I(x - s_n)$$

그러면 $\alpha = \beta_1 + \beta_2$이고, 예제 1과 정리 4의 (2)에 의해서

$$\int_a^b f \, d\beta_1 = \sum_{n=1}^{N} c_n \int_a^b f(x) \, dI(x - s_n) = \sum_{n=1}^{N} c_n f(s_n)$$

이다. 정리 4의 (2)와 (5)에 의해서

$$\begin{aligned} \left| \int_a^b f \, d\alpha - \sum_{n=1}^{N} c_n f(s_n) \right| &= \left| \int_a^b f \, d\beta_2 \right| \\ &\le M[\beta_2(b) - \beta_2(a)] \\ &= M \sum_{n=N+1}^{\infty} c_n \\ &< \epsilon \end{aligned}$$

이고, 그러므로 원하는 결과를 얻는다. ◢

예제 3

정리 7을 이용하여 $\int_0^2 e^x \, d[x]$를 계산하시오.

풀이 각 $x \in [0,2]$에 대하여

$$[x] = I(x-1) + I(x-2)$$

이다. $f(x) = e^x$라 하면 f가 $[0,2]$에서 연속이므로 정리 7에 의해서 $f \in \mathscr{R}_{[x]}[0,2]$이고

$$\int_0^2 e^x \, d[x] = e + e^2$$

이다. ◢

정리 08

$f : [a,b] \to \mathbb{R}$는 $[a,b]$에서 리만 적분 가능한 함수이고 α는 $[a,b]$에서 미분가능한 단조증가함수이다. $f \in \mathscr{R}_\alpha[a,b]$이고 $\alpha' \in \mathscr{R}[a,b]$이면 $f\alpha' \in \mathscr{R}[a,b]$이고

$$\int_a^b f \, d\alpha = \int_a^b f(x)\alpha'(x) \, dx$$

이다.

증명 $f, \alpha' \in \mathscr{R}[a,b]$이므로 6.2절 정리 2의 (3)에 의해서 $f\alpha' \in \mathscr{R}[a,b]$이다. $\epsilon > 0$이라 하자. $\alpha' \in \mathscr{R}[a,b]$이므로 적분에 대한 리만 판정법(6.1절 정리 2)에 의해서

$$\mathscr{U}(\wp, \alpha') - \mathscr{L}(\wp, \alpha') < \epsilon \quad \cdots\cdots (6.7)$$

인 $[a,b]$의 분할 $\wp$가 존재한다.

$\wp^* = \{x_0, \cdots, x_n\}$을 $\wp$의 임의의 세분할이라 하자. 6.2절 정리 1의 (1)의 증명에서와 같이 각 $1 \le i \le n$에 대하여

$$\mathscr{U}(\wp^*, f, \alpha) < \sum_{i=1}^{n} f(\hat{\xi}_i) \Delta\alpha_i + \epsilon \quad \cdots\cdots (6.8)$$

이 성립하는 $\hat{\xi}_i \in [x_{i-1}, x_i]$을 택할 수 있다. 한편, 평균값 정리에 의해서 각 $1 \le i \le n$에 대하여

$$\Delta\alpha_i = \alpha(x_i) - \alpha(x_{i-1}) = \alpha'(t_i) \Delta x_i$$

인 $t_i \in [x_{i-1}, x_i]$가 존재하고, 따라서

$$\sum_{i=1}^{n} f(\hat{\xi}_i)\,\Delta\alpha_i = \sum_{i=1}^{n} f(\hat{\xi}_i)\,\alpha'(t_i)\,\Delta x_i \quad \cdots\cdots (6.9)$$

이다. $M=\sup\{|f(x)| \mid x\in[a,b]\}$라 하고, 각 $1 \le i \le n$에 대하여 m_i와 M_i를 구간 $[x_{i-1}, x_i]$에서 각각 $\alpha'(x)$의 하한과 상한이라 하자. 그러면 모든 $1 \le i \le n$ 에 대하여

$$\left|\alpha'(\hat{\xi}_i) - \alpha'(t_i)\right| \le M_i - m_i$$

이다. 따라서

$$\begin{aligned}
&\left| \sum_{i=1}^{n} f(\hat{\xi}_i)\,\alpha'(t_i)\,\Delta x_i - \sum_{i=1}^{n} f(\hat{\xi}_i)\,\alpha'(\hat{\xi}_i)\,\Delta x_i \right| \\
&\le \sum_{i=1}^{n} |f(\hat{\xi}_i)||\alpha'(t_i) - \alpha'(\hat{\xi}_i)|\Delta x_i \\
&\le M\sum_{i=1}^{n}(M_i - m_i)\,\Delta x_i \\
&= M(\mathcal{U}(\wp^*, \alpha') - \mathcal{L}(\wp^*, \alpha')) \\
&< M\epsilon
\end{aligned}$$

이다.(위의 마지막 부등호는 $\wp^*$가 $\wp$의 세분할이므로 부등식 (6.7)에 의해서 성립한다) 그러므로

$$\begin{aligned}
\sum_{i=1}^{n} f(\hat{\xi}_i)\,\alpha'(t_i)\,\Delta x_i &\le \sum_{i=1}^{n} f(\hat{\xi}_i)\,\alpha'(\hat{\xi}_i)\,\Delta x_i + M\epsilon \\
&\le \mathcal{U}(\wp^*, f\alpha') + M\epsilon
\end{aligned}$$

이고, 따라서 부등식 (6.8)과 (6.9)에 의해서

$$\mathcal{U}(\wp^*, f, \alpha) < \mathcal{U}(\wp^*, f\alpha') + (M+1)\,\epsilon \quad \cdots\cdots (6.10)$$

이다.

이제 $f\alpha' \in \mathcal{R}[a,b]$이므로

$$\mathcal{U}(\overline{\wp}, f\alpha') < \int_a^b f\alpha' + \epsilon$$

인 $[a,b]$의 분할 $\wp$의 세분할 $\overline{\wp}$가 존재한다. 따라서 부등식 (6.10)에 의해서

$$\overline{\int_a^b} f\,d\alpha < \int_a^b f\alpha' + (M+2)\,\epsilon$$

이다. $\epsilon > 0$이 임의의 상수이므로 $\overline{\int_a^b} f\,d\alpha \le \int_a^b f\alpha'$ 이다. 비슷한 방법을 하합들에 적용하면

$$\underline{\int_a^b} f\,d\alpha \ge \int_a^b f\alpha'$$

이 성립함을 보일 수 있다. 그러므로 $f \in \mathcal{R}_\alpha[a,b]$이고

$$\int_a^b f\, d\alpha = \int_a^b f\, \alpha'$$

이다. ◢

예제 4

정리 8을 이용하여 다음 리만-스틸체스 적분을 구하시오.

(1) $\int_0^1 \sin \pi x \; dx^2$ (2) $\int_0^3 [\,x\,]\, d(e^{2x})$

풀이 (1) 정리 8과 부분적분법에 의해서

$$\begin{aligned}\int_0^1 \sin \pi x \; dx^2 &= 2\int_0^1 x \sin \pi x \; dx \\ &= -\left[\frac{1}{\pi} x \cos \pi x\right]_0^1 + \frac{1}{\pi}\int_0^1 \cos \pi x \; dx \\ &= -\frac{1}{\pi}\cos \pi + \left[\frac{1}{\pi^2}\sin \pi x\right]_0^1 \\ &= \frac{1}{\pi}\end{aligned}$$

이다.

(2) 정리 8에 의해서

$$\begin{aligned}\int_0^3 [\,x\,]\, d(e^{2x}) &= 2\int_0^3 [\,x\,] e^{2x}\, dx \\ &= 2\int_1^2 e^{2x}\, dx + 2\int_2^3 2e^{2x}\, dx \\ &= 2e^6 - e^4 - e^2\end{aligned}$$

이다. ◢

6.2절 정의 1에서와 같이 리만-스틸체스 합을 다음과 같이 정의할 수 있다.

정의 04

$f:[a,b]\to\mathbb{R}$ 는 $[a,b]$에서 유계함수이고, $\alpha:[a,b]\to\mathbb{R}$ 는 $[a,b]$에서 단조증가함수이며

$$\wp=\{x_0, x_1, \cdots, x_n \mid x_0=a<x_1<\cdots<x_n=b\}$$

는 $[a,b]$의 분할이다. 각 $1\le i\le n$에 대하여 $[x_{i-1}, x_i]$에서 임의의 점 ξ_i를 택하고 $\xi=\{\xi_i \mid 1\le i\le n\}$이라 하자. 이 경우 다음의 합

$$\mathrm{S}(\wp, f, \alpha, \xi)=\sum_{i=1}^{n} f(\xi_i)\Delta\alpha_i$$

를 $[a,b]$에서 분할 $\wp$와 단조증가함수 α 그리고 점들 $\xi=\{\xi_i\}$에 관한 함수 f의 **리만-스틸체스 합**(Riemann-Stieltjes sum)이라 부른다.

정리 09

$f:[a,b]\to\mathbb{R}$ 는 $[a,b]$에서 유계함수이고 α는 $[a,b]$에서 단조증가함수이다. $\lim_{\|\wp\|\to 0} S(\wp, f, \alpha, \xi)=I$이면 $f\in\mathcal{R}_\alpha[a,b]$이고

$$\int_a^b f\,d\alpha=I$$

이다.

증명 연습문제 12. ◢

참고 위 정리 9에서 볼 수 있듯이 리만-스틸체스 적분에 대하여 6.2절 정리 1의 (1)과 비슷한 결과가 성립함을 알 수 있다. 그렇지만 이 결과의 역인, 즉 6.2절 정리 1의 (2)에 상응하는 결과는 일반적으로 성립하지 않는다는 것에 유의하자.(예제 5 참고) ◢

예제 5

$[0,2]$에서 정의된 두 함수

$$f(x)=\begin{cases} 0\,, & 0 \le x \le 1 \\ 1\,, & 1 < x \le 2 \end{cases}, \qquad \alpha(x)=\begin{cases} 0\,, & 0 \le x < 1 \\ 1\,, & 1 \le x \le 2 \end{cases}$$

에 대하여 정리 9의 역이 성립하지 않음을 보이시오.

풀이 (1) f가 1에서 왼쪽 연속이므로 예제 1에 으해서 $f \in \mathscr{R}_\alpha[0,2]$이고 $\int_0^2 f d\alpha = f(1) = 0$이다.

(2) $\wp = \{x_0, x_1, \cdots, x_n\}$을 $1 \notin \wp$ 인 $[0,2]$의 임의의 분할이라 하고 $x_{k-1} < 1 < x_k$ 라 하자. 그러면

$$\Delta\alpha_i = \begin{cases} 1\,, & i = k \\ 0\,, & i \ne k \end{cases}$$

이다. $\xi_k \in (1, x_k]$이면 $S(\wp, f, \alpha, \{\xi_i\}) = 1$이지만 $\xi_k = 1$이면 $S(\wp, f, \alpha, \{\xi_i\}) = 0$이다. 그러므로

$$\lim_{\|\wp\| \to 0} S(\wp, f, \alpha, \{\xi_i\})$$

는 존재하지 않는다. ◢

6.5 연습문제

01 보조정리 1을 보이시오.

02 f가 $[-1, 1]$에서 유계이고 $x=0$에서 연속인 함수이고 α가 다음과 같이 주어진 함수일 때 $\int_{-1}^{1} f(x)\, d\alpha(x)$를 구하시오.

$$\alpha(x) = \begin{cases} -1, & x < 0 \\ 0, & x = 0 \\ 1, & x > 0 \end{cases}$$

03 예제 1에서 f가 $x=c$에서 왼쪽 연속이면 f가 $[a, b]$에서 I_c에 관하여 리만-스틸체스 적분 가능함을 보이시오.

04 $[0, 2]$에서 다음과 같이 정의된 함수 f와 α에 대하여 $f \in \mathscr{R}_\alpha[0, 2]$임을 보이고 $\int_0^2 f(x)\, d\alpha(x)$를 구하시오.

$$f(x) = \begin{cases} x, & 0 \le x < 1 \\ 2x, & 1 \le x \le 2 \end{cases}, \qquad \alpha(x) = \begin{cases} 1, & 0 \le x \le 1 \\ 2, & 1 < x \le 2 \end{cases}$$

05 $c \in (a, b]$에서 단위도약함수 $I_c(x) = I(x-c)$는 $[a, b]$에서 I_c에 관하여 리만-스틸체스 적분 가능하지 않음을 보이시오.

06 α가 $[a,\ b]$에서 단조증가함수이다. f가 $[a,\ b]$에서 유계이고 $f \in \mathscr{R}_\alpha[a,\ b]$일 때 각 $x \in [a,\ b]$에 대하여 $F(x) = \int_a^x f\,d\alpha$ 라 정의하자. 다음 각 명제를 보이시오.

(1) 모든 $x,\ y \in [a, b]$와 적당한 상수 $M > 0$에 대하여

$$|F(x) - F(y)| \le M|\alpha(x) - \alpha(y)|$$

이다.

(2) α가 $c \in [a, b]$에서 연속이면 F도 c에서 연속이다.

07 (1) 정리 4의 (1)을 보이시오.

(2) 정리 4의 (3)을 보이시오.

(3) 정리 4의 (4)를 보이시오.

08 다음 리만-스틸체스 적분을 구하시오.

(1) $\int_0^{\frac{\pi}{2}} x\ d(\sin x)$

(2) $\int_0^3 [x]\ dx^2$

(3) $\int_0^3 x^2\ d[x]$

(4) $\int_1^3 ([x] + x)\ d(x^2 + e^x)$

(5) $\int_1^3 e^x\ d[x]$

(6) $\int_1^4 (x - [x])\ dx^3$

(7) $\int_0^1 \sin \pi x\ d[4x]$

09 $\alpha(x) = \sum_{n=1}^{\infty} \frac{1}{2^n} I\left(x - \frac{1}{n}\right)$일 때 다음 각 적분을 계산하여 무한급수 형태를 나타내시오.

(1) f가 $[0, 1]$에서 연속함수일 때 $\int_0^1 f\ d\alpha$

(2) $\int_0^1 x\ d\alpha(x)$

(3) $\int_0^1 \alpha(x)\ dx$

10 α, β가 $[a, b]$에서 단조증가함수이고 $\wp$가 $[a, b]$의 임의의 분할일 때 다음이 성립함을 보이시오.

$$\mathcal{U}(\wp, \alpha, \beta) = \alpha(b)\beta(b) - \alpha(a)\beta(a) - \mathcal{L}(\wp, \beta, \alpha)$$

11 f가 $[a, b]$에서 연속함수이고 α가 $[a, b]$에서 단조증가함수이면 $\lim_{\|\wp\|\to 0} S(\wp, f, \alpha, \xi)$가 존재하고 $\lim_{\|\wp\|\to 0} S(\wp, f, \alpha, \xi) = \int_a^b f\, d\alpha$임을 보이시오.

12 정리 9를 보이시오.

13 (1) α가 $[a, b]$에서 단조증가함수이고 $f \in \mathcal{R}_\alpha[a, b]$일 때 $f^2 \in \mathcal{R}_\alpha[a, b]$임을 보이시오.

(2) $f, g \in \mathcal{R}_\alpha[a, b]$이면 $fg \in \mathcal{R}_\alpha[a, b]$임을 보이시오.

14 α가 $[a, b]$에서 단조증가함수일 때 $f \in \mathcal{R}_\alpha[a, b]$인 함수 $f : [a, b] \to [c, d]$와 $[c, d]$에서 연속인 함수 $\varphi : [c, d] \to \mathbb{R}$에 대하여 $\varphi \circ f \in \mathcal{R}_\alpha[a, b]$임을 보이시오.

15 $f : [a, b] \to [0, \infty)$가 $[a, b]$에서 연속함수이고 α가 $[a, b]$에서 단조증가함수일 때 각 $x \in [a, b]$에 대하여 $\beta(x) = \int_a^x f\, d\alpha$라 정의하자. g가 $[a, b]$에서 연속이면 $\int_a^b g\, d\beta = \int_a^b fg\, d\alpha$임을 보이시오.

16 극한 $\lim_{n\to\infty} \int_{\frac{1}{n}}^1 x\, d\frac{1}{\left[\frac{1}{x}\right]}$이 존재하면 구하시오.

7 무한급수

이 장에서는 실수들의 무한급수를 정의하고 주어진 급수의 수렴성에 관한 충분조건 또는 필요조건에 관하여 살펴본다.

7.1절에서는 무한급수에 관하여 정의하고 무한급수에 대한 코시 판정법을 소개한다.

7.2절에서는 각 항들이 양수 또는 음이 아닌 실수로 이루어진 무한급수의 수렴과 발산을 결정하는 데 매우 유용한 여러 가지 판정법을 소개하고, 7.3절에서는 디리클레 판정법을 다루며 이를 교대급수와 삼각급수에 적용한다. 마지막으로, 7.4절에서는 음수인 항들을 갖는 일반적인 무한급수의 절대수렴과 조건부수렴 그리고 급수의 재배열에 관하여 살펴본다.

7.1 무한급수

이 절에서는 실수들의 무한급수를 정의하고 주어진 급수의 수렴성에 관한 필요충분조건을 제시해 주는 코시 판정법을 소개한다.

정의 01

$\{a_n \mid n \geq 1\}$이 수열일 때 각 $n \in \mathbb{N}$에 대하여

$$S_n = \sum_{k=1}^{n} a_k = a_1 + a_2 + \cdots + a_n$$

으로 정의되는 수열 $\{S_n\}$을 **무한급수**(infinite series) 또는 간단히 **급수**(series)라 하고

$$\sum_{k=1}^{\infty} a_k \quad \text{또는} \quad a_1 + a_2 + \cdots + a_n + \cdots$$

으로 나타낸다. 각 $n \in \mathbb{N}$에 대하여 S_n을 급수의 **제n번째 부분합**(partial sum)이라 하고 a_n을 급수의 **일반항**(general term) 또는 **제n항**(n-th term)이라 부른다.

급수 $\sum_{k=1}^{\infty} a_k$의 제n번째 부분합의 수열 $\{S_n\}$이 수렴하면, 그리고 그때에만 급수 $\sum_{k=1}^{\infty} a_k$가 $\mathbb{R}$에서 **수렴한다**(converge)고 한다. 만약 $\lim_{n\to\infty} S_n = S$이면 S를 급수의 **합**(sum)이라 부르고

$$S = \sum_{k=1}^{\infty} a_k$$

로 나타낸다. 한편, 수열 $\{S_n\}$이 발산하면 주어진 급수 $\sum_{k=1}^{\infty} a_k$는 **발산한다**(diverge)고 한다.

예제 1 **(기하급수, Geometric series)**

기하급수 $\sum_{k=1}^{\infty} r^k$ 에 대하여 다음을 보이시오.

(1) $|r|<1$ 이면 $\sum_{k=1}^{\infty} r^k = \dfrac{r}{1-r}$ 이다.

(2) $|r| \geq 1$ 이면 $\sum_{k=1}^{\infty} r^k$ 는 발산한다.

풀이 각 $n \in \mathrm{N}$ 에 대하여

$$S_n = \sum_{k=1}^{n} r^k = r + r^2 + \cdots + r^n$$

이고, 따라서

$$(1-r)\,S_n = S_n - r S_n = r - r^{n+1}$$

이다. 그러므로

$$S_n = \begin{cases} \dfrac{r(1-r^n)}{1-r} & , \ r \neq 1 \\ n & , \ r = 1 \end{cases}$$

이다.

(1) $|r|<1$ 이면 2.2절 정리 5의 (5)에 의해서 $\lim_{n\to\infty} r^n = 0$ 이므로

$$\lim_{n\to\infty} S_n = \frac{r}{1-r}$$

이고, 따라서

$$\sum_{k=1}^{\infty} r^k = \frac{r}{1-r} \quad , \quad |r|<1$$

이다.

(2) $r=1$ 이면 $\lim_{n\to\infty} S_n = \lim_{n\to\infty} n = \infty$ 이고, $r=-1$ 이면 수열 $\{S_n\}$은 진동발산한다.

또한 $|r|>1$ 일 때 수열 $\{r^n\}$이 발산하므로 $\{S_n\}$도 발산한다.

그러므로 $|r| \geq 1$ 일 때 기하급수 $\sum_{k=1}^{\infty} r^k$ 는 발산한다. ◢

예제 2

$a_k = \dfrac{1}{k(k+1)}$ 일 때 급수 $\sum_{k=1}^{\infty} a_k$ 가 수렴함을 보이고, 그 합을 구하시오.

풀이 $a_k = \dfrac{1}{k(k+1)} = \dfrac{1}{k} - \dfrac{1}{k+1}$ 이므로

$$\begin{aligned} S_n &= \sum_{k=1}^{n} a_k \\ &= \left(1-\frac{1}{2}\right) + \left(\frac{1}{2}-\frac{1}{3}\right) + \cdots + \left(\frac{1}{n}-\frac{1}{n+1}\right) \\ &= 1-\frac{1}{n+1} \end{aligned}$$

이다. $\lim_{n\to\infty} S_n = \lim_{n\to\infty}\left(1-\dfrac{1}{n+1}\right) = 1$ 이므로 주어진 급수 $\sum_{k=1}^{\infty}\dfrac{1}{k(k+1)}$ 은 수렴하고

$$\sum_{k=1}^{\infty}\frac{1}{k(k+1)} = 1$$

이다.

예제 3

2.6절의 예제 1에 의해서,

$$S_n = 1 + \frac{1}{2^2} + \cdots + \frac{1}{n^2}$$

이라 하면 수열 $\{S_n\}$은 코시 수열이고, 따라서 수열에 대한 코시 수렴 판정법(2.6절 정리 2)에 의해서 $\{S_n\}$은 수렴한다. 그러므로 급수

$$\sum_{k=1}^{\infty}\frac{1}{k^2} = 1 + \frac{1}{2^2} + \frac{1}{3^2} + \cdots + \frac{1}{k^2} + \cdots$$

은 수렴한다.

예제 4

$\sum_{k=1}^{\infty}(-1)^k$ 일 때 제n 번째 부분합은

$$S_n = \sum_{k=1}^{n}(-1)^k = \begin{cases} 0, & n\text{이 짝수일 때} \\ -1, & n\text{이 홀수일 때} \end{cases}$$

이다. 따라서 수열 $\{S_n\}$이 발산하므로(이유는?) 주어진 급수는 발산한다.

다음은 주어진 급수가 수렴할 필요충분조건을 제시해 주는 1821년에 코시(Augustin-Louis Cauchy, 1789-1857)에 의해서 공식화된 판정법으로 수열에 대한 코시 수렴 판정법(2.6절 정리 2)의 직접적인 결과이다.

정리 01 **코시 판정법(Cauchy criterion)**

급수 $\sum_{k=1}^{\infty} a_k$ 가 수렴할 필요충분조건은 수열 $\{S_n\}$이 코시 수열인 것, 즉 임의의 $\epsilon > 0$에 대하여 $m > n \geq N$이면

$$|S_m - S_n| = \left|\sum_{k=n+1}^{m} a_k\right| = |a_{n+1} + a_{n+2} + \cdots + a_m| < \epsilon$$

인 $N \in \mathbb{N}$이 존재하는 것이다.

참고 급수에 대한 코시 판정법은 다음의 두 명제와 동치이다.

(a) 임의의 $\epsilon > 0$과 모든 $p \in \mathbb{N}$에 대하여 적당한 자연수 N이 존재하여 $n \geq N$이면

$$|a_{n+1} + a_{n+2} + \cdots + a_{n+p}| < \epsilon$$

이다.

(b) 임의의 $\epsilon > 0$에 대하여 적당한 자연수 N이 존재하여 $n \geq N$이면

$$\left|\sum_{k=n+1}^{\infty} a_k\right| = |a_{n+1} + a_{n+2} + \cdots| < \epsilon$$

이다.

급수에 대한 코시 판정법으로부터 무한급수의 처음 유한개의 항들은 주어진 급수의 수렴 여부에 영향을 미치지 않는다는 것을 알 수 있다. 좀 더 자세히 말하면, 다음 보조정리가 성립한다. 증명은 급수에 대한 코시 판정법으로부터 직접적으로 얻을 수 있으므로 여기서는 생략한다.

보조정리 01

(1) $\sum_{k=1}^{\infty} a_k$ 가 수렴하면 임의의 $N \in \mathbb{N}$에 대하여 급수 $\sum_{k=N}^{\infty} a_k$ 가 수렴한다.

(2) 적당한 자연수 N에 대하여 $\sum_{k=N}^{\infty} a_k$ 가 수렴하면 $\sum_{k=1}^{\infty} a_k$ 가 수렴한다.

예제 5 (조화급수, Harmonic series)

코시 판정법을 이용하여 무한급수 $\sum_{k=1}^{\infty}\frac{1}{k}$ 이 발산함을 보이시오.

풀이 제n 번째 부분합을 S_n 이라 하면 각 $n\in\mathbb{N}$ 에 대하여

$$S_{2n}-S_n=\frac{1}{n+1}+\cdots+\frac{1}{2n}$$

이다. 우변은 정확히 n 개의 항으로 되어 있고, 각 항은 $\frac{1}{2n}$ 보다 크거나 같다. 그러므로

$$S_{2n}-S_n\ge n\cdot\frac{1}{2n}=\frac{1}{2}$$

이다. 즉, $\{S_n\}$은 코시 수열이 아니고, 따라서 $\sum_{k=1}^{\infty}\frac{1}{k}$ 은 발산한다. ◢

따름정리 02

$\sum_{k=1}^{\infty}a_k$ 가 수렴하면 $\lim_{k\to\infty}a_k=0$ 이다.

증명 $a_k=S_k-S_{k-1}\ (k\ge 2)$ 이므로 코시 판정법으로부터 원하는 결과를 직접적으로 얻는다. ◢

위 따름정리의 대우 명제로써 다음의 기본적인 일반항 발산 판정법을 얻는다.

정리 02 일반항 발산 판정법(Non-Null test)

수열 $\{a_k\}$의 극한이 존재하지 않거나 또는 존재하더라도 0이 아니면 급수 $\sum_{k=1}^{\infty}a_k$ 는 발산한다.

참고 조건 $\lim_{k\to\infty}a_k=0$ 이 급수 $\sum_{k=1}^{\infty}a_k$ 의 수렴에 대한 충분조건이 아니라는 사실에 유의하라.

즉, $\lim_{k\to\infty}a_k=0$ 이지만 $\sum_{k=1}^{\infty}a_k$ 는 발산할 수 있다. (예제 5 참고) ◢

예제 6

(1) $\lim_{k\to\infty}\frac{k}{k+1}=1$ 이므로 정리 2에 의해서 급수 $\sum_{k=1}^{\infty}\frac{k}{k+1}$ 는 발산한다.

(2) 2.3절의 예제 4에 의해서 $\lim_{k\to\infty}\left(1+\frac{1}{k}\right)^k=e$ 이므로 $\sum_{k=1}^{\infty}\left(1+\frac{1}{k}\right)^k$ 는 발산한다.

정리 03

> 모든 $k\in\mathbb{N}$ 에 대하여 $a_k\geq 0$ 일 때 급수 $\sum_{k=1}^{\infty}a_k$ 가 수렴할 필요충분조건은 $\{S_n\}$이 위로 유계인 것이다.

증명 모든 $k\in\mathbb{N}$ 에 대하여 $a_k\geq 0$ 이므로 수열 $\{S_n\}$은 단조증가수열이다. 따라서 단조수렴정리(2.3.절 정리 1)에 의해서 $\{S_n\}$이 수렴할 필요충분조건은 $\{S_n\}$이 유계인 것이다.

참고 모든 $k\in\mathbb{N}$ 에 대하여 $a_k\geq 0$ 이면 정리 3에 의해서 무한급수 $\sum_{k=1}^{\infty}a_k$ 가 수렴할 필요충분조건은 $\lim_{n\to\infty}S_n<\infty$ 인 것이다. 이러한 이유로 각 항이 음이 아닌 실수로 이루어진 무한급수가 수렴함을 나타내기 위하여

$$\sum_{k=1}^{\infty}a_k<\infty$$

라 표기하기도 한다. 또한 위와 같이 정의된 급수의 발산을 나타내기 위하여 기호로는

$$\sum_{k=1}^{\infty}a_k=\infty$$

로 나타낼 수도 있다.

마지막으로, 무한급수의 스칼라 곱과 덧셈에 대한 선형 성질을 소개하고 이 절을 마치도록 한다. 정리의 증명은 주어진 무한급수의 제n번째 부분합으로 이루어지는 수열들에 2.2절 정리 1을 적용하면 쉽게 보일 수 있으므로 독자들에게 연습문제(연습문제 7)로 남긴다.

정리 04

> $\sum_{k=1}^{\infty}a_k=\alpha$ 이고 $\sum_{k=1}^{\infty}b_k=\beta$ 일 때 다음이 성립한다.
>
> (1) 임의의 $c\in\mathbb{R}$ 에 대하여 $\sum_{k=1}^{\infty}ca_k=c\alpha$ 이다.
>
> (2) $\sum_{k=1}^{\infty}(a_k+b_k)=\alpha+\beta$

7.1 연습문제

01 부등식 $\frac{1}{k^2} \le \frac{1}{k(k-1)}$과 정리 3을 이용하여 $\sum_{k=1}^{\infty} \frac{1}{k^2}$이 수렴함을 보이시오.

02 모든 $k \in \mathbb{N}$에 대하여 $a_k \ge 0$이다. $\sum_{k=1}^{\infty} a_k$가 수렴하면 $\sum_{k=1}^{\infty} \frac{\sqrt{a_k}}{k}$가 수렴함을 보이시오.

(도움말 : 모든 $a, b \in \mathbb{R}$에 대하여 $ab \le \frac{1}{2}(a^2 + b^2)$임을 이용하시오)

03 수열 $\{a_k\}$이 유계인 감소수열이고 수열 $\{b_k\}$이 유계인 증가수열이다. 모든 $k \in \mathbb{N}$에 대하여 $x_k = a_k - b_k$이면 $\sum_{k=1}^{\infty} |x_k - x_{k+1}|$이 수렴함을 보이시오.

04 모든 $k \in \mathbb{N}$에 대하여 $a_k \ge 0$일 때 $\sum_{k=1}^{\infty} a_k$이 수렴하면 수열 $\{a_k\}$의 임의의 부분수열 $\{a_{n_k}\}$에 대한 급수 $\sum_{k=1}^{\infty} a_{n_k}$도 수렴함을 보이시오.

05 $\sum_{k=1}^{\infty}(a_k+b_k)$가 수렴할 때 급수 $a_1+b_1+a_2+b_2+\cdots$ 가 수렴하는지 조사하시오.

06 모든 $n\in\mathbb{N}$에 대하여 $a_n\geq 0$일 때 다음을 보이시오.

(1) $a_1+\cdots+a_n\leq(1+a_1)\cdots(1+a_n)\leq e^{a_1+\cdots+a_n}$

(2) $\prod_{k=1}^{\infty}(1+a_k)$가 수렴할, 즉 극한

$$\lim_{n\to\infty}\prod_{k=1}^{n}(1+a_k)=\lim_{n\to\infty}[(1+a_1)(1+a_2)\cdots(1+a_n)]$$

이 존재할 필요충분조건은 $\sum_{k=1}^{\infty}a_k$ 가 수렴하는 것이다.

07 정리 4를 보이시오.

7.2 수렴판정법

이 절에서는 각 항들이 양수로 이루어진 양항급수 또는 음이 아닌 실수로 이루어진 무한급수의 수렴과 발산을 결정하는 데 매우 유용한 여러 가지 판정법에 관하여 살펴본다.

우선 급수의 수렴 또는 발산을 결정하는 데 아주 기본적이지만 매우 유용한 비교 판정법(comparison test)을 소개한다. 비교 판정법은 다음에 소개되는 여러 가지 판정법의 증명에도 유용하게 사용된다.

정리 01 **비교 판정법(Comparison test)**

적당한 고정된 자연수 N_0에 대하여 $k \geq N_0$이면

$$0 \leq a_k \leq M b_k$$

가 성립하는 실수 $M > 0$이 존재한다고 가정하자.

(1) $\sum_{k=1}^{\infty} b_k < \infty$이면 $\sum_{k=1}^{\infty} a_k < \infty$이다.

(2) $\sum_{k=1}^{\infty} a_k = \infty$이면 $\sum_{k=1}^{\infty} b_k = \infty$이다.

증명 (2)는 (1)의 대우명제이므로(이유는?) 여기서는 (1)만을 보이도록 한다.

가정에 의해서 $n > m \geq N_0$이면

$$0 \leq \sum_{k=m+1}^{n} a_k \leq M \sum_{k=m+1}^{n} b_k$$

이다. $\sum_{k=1}^{\infty} b_k$가 수렴한다고 가정하면, 코시 판정법(7.1절 정리 1)에 의해서 임의의 $\epsilon > 0$에 대하여 $n > m \geq N$이면

$$\sum_{k=m+1}^{n} b_k < \frac{\epsilon}{M}$$

인 적당한 자연수 $N \geq N_0$이 존재한다.

그러므로 모든 $n > m \geq N$에 대하여 $0 \leq \sum_{k=m+1}^{n} a_k < \epsilon$이고, 따라서 코시 판정법에 의해서 $\sum_{k=1}^{\infty} a_k$는 수렴한다. ◢

예제 1

다음 각 무한급수의 수렴여부를 판정하시오.

(1) $\sum_{k=1}^{\infty} \frac{1}{k!}$ (2) $\sum_{k=1}^{\infty} \frac{1}{k^p}$ $(0 < p < 1)$

풀이 (1) 연습문제 1.3의 4(2)에 의해서 모든 $k \in \mathbb{N}$ 에 대하여

$$\frac{1}{k!} \leq \frac{1}{2^{k-1}}$$

이다. $\sum_{k=1}^{\infty} \frac{1}{2^{k-1}}$ 은 기하급수로 수렴하므로(7.1절의 예제 1 참고) 비교판정법에 의해서 $\sum_{k=1}^{\infty} \frac{1}{k!}$ 도 수렴한다.

(2) 모든 $k \in \mathbb{N}$ 와 $0 < p < 1$ 에 대하여

$$\frac{1}{k^p} \geq \frac{1}{k}$$

이고 $\sum_{k=1}^{\infty} \frac{1}{k}$ 이 발산하므로(7.1절의 예제 5 참고) $\sum_{k=1}^{\infty} \frac{1}{k^p}$ 도 발산한다. ◢

예제 2

무한급수 $\sum_{k=1}^{\infty} \frac{k}{3^k}$ 가 수렴함을 보이시오.

풀이 2.2절 정리 5의 (4)에 의해서

$$\lim_{k\to\infty} k\left(\frac{2}{3}\right)^k = 0$$

이므로 $\epsilon = 1$ 이라 하면 적당한 $N \in \mathbb{N}$ 이 존재하여 $k \geq N$ 이면

$$k\left(\frac{2}{3}\right)^k \leq 1\,, \text{ 즉 } \frac{k}{3^k} \leq \frac{1}{2^k}$$

이 성립한다. 기하급수 $\sum_{k=1}^{\infty} \frac{1}{2^k}$ 이 수렴하므로(7.1절의 예제 1) 비교 판정법에 의해서 주어진 급수도 수렴한다. ◢

비교 판정법의 따름정리로 다음의 판정법을 쉽게 얻을 수 있다. 증명은 연습문제(연습문제 7)로 독자들에게 남긴다.

따름정리 01 극한 비교 판정법(Limit Comparison test)

모든 $k \in \mathbb{N}$ 에 대하여 a_k , $b_k > 0$ 이다.

(1) $\lim_{k\to\infty}\frac{a_k}{b_k} = L(0 < L < \infty)$이면 $\sum_{k=1}^{\infty} a_k$가 수렴할 필요충분조건은 $\sum_{k=1}^{\infty} b_k$가 수렴하는 것이다.

(2) $\lim_{k\to\infty}\frac{a_k}{b_k} = 0$ 이고 $\sum_{k=1}^{\infty} b_k$가 수렴하면 $\sum_{k=1}^{\infty} a_k$는 수렴한다.

(3) $\lim_{k\to\infty}\frac{a_k}{b_k} = \infty$ 이고 $\sum_{k=1}^{\infty} b_k$가 발산하면 $\sum_{k=1}^{\infty} a_k$는 발산한다.

참고 예제 2에서 $a_k = \frac{k}{3^k}$, $b_k = \frac{1}{2^k}$이라 하면 $\lim_{k\to\infty}\frac{a_k}{b_k} = 0$이고 $\sum_{k=1}^{\infty} b_k$가 수렴하므로 극한 비교 판정법에 의해서 $\sum_{k=1}^{\infty}\frac{k}{3^k}$가 수렴함을 쉽게 알 수 있다. ◢

예제 3

무한급수 $\sum_{k=1}^{\infty}\frac{k+1}{\sqrt{2k^4+1}}$의 수렴여부를 판정하시오.

풀이 $a_k = \frac{k+1}{\sqrt{2k^4+1}}$, $b_k = \frac{1}{k}$ 이라 하면

$$\lim_{k\to\infty}\frac{a_k}{b_k} = \lim_{k\to\infty}\frac{\frac{k+1}{\sqrt{2k^4+1}}}{\frac{1}{k}} = \lim_{k\to\infty}\frac{k^2+k}{\sqrt{2k^4+1}} = \frac{1}{\sqrt{2}}$$

이다. 조화급수 $\sum_{k=1}^{\infty}\frac{1}{k}$ 이 발산하므로(7.1절의 예제 5) 극한 비교 판정법에 의해서 주어진 급수 $\sum_{k=1}^{\infty}\frac{k+1}{\sqrt{2k^4+1}}$도 발산한다. ◢

정리 02 **적분 판정법(Integral test)**

$\{a_k\}$는 모든 $k \in \mathbb{N}$에 대하여 $a_k \geq 0$인 감소수열이고, $f:[1, \infty) \to [0, \infty)$는 모든 $k \in \mathbb{N}$에 대하여 $f(k) = a_k$인 단조감소함수이다. 그러면

$$\sum_{k=1}^{\infty} a_k < \infty$$

일 필요충분조건은 이상적분 $\int_1^{\infty} f(x)\,dx$가 수렴하는 것, 즉

$$\int_1^{\infty} f(x)\,dx < \infty$$

인 것이다.

증명 f가 $[1, \infty)$에서 단조감소함수이므로 6.1절 정리 3에 의해서 모든 $c > 1$에 대하여 $f \in \mathcal{R}[1, c]$이다.
n이 $n \geq 2$인 자연수일 때 $[1, n]$의 분할 $\wp = \{1, 2, \cdots, n\}$을 생각하자.
f가 단조감소함수이므로 각 $2 \leq k \leq n$에 대하여

$$\sup\{f(x) \mid x \in [k-1, k]\} = f(k-1) = a_{k-1}$$
$$\inf\{f(x) \mid x \in [k-1, k]\} = f(k) = a_k$$

이다. 그러므로

$$\sum_{k=2}^{n} a_k = \mathcal{L}(\wp, f) \leq \int_1^n f(x)\,dx \leq \mathcal{U}(\wp, f) = \sum_{k=1}^{n-1} a_k$$

이고, 따라서 원하는 결과를 얻는다. ◢

예제 4 (p-급수, p-series)

p-급수 $\sum_{k=1}^{\infty} \frac{1}{k^p}$이 수렴할 필요충분조건은 $p > 1$임을 보이시오.

풀이 [경우 1] $p \leq 0$

수열 $\left\{\frac{1}{k^p}\right\}$이 0으로 수렴하지 않으므로 일반항 발산 판정법(7.1절 정리 2)에 의해서 $\sum_{k=1}^{\infty} \frac{1}{k^p}$은 발산한다.

[경우 2] $p>0$

$f(x)=\dfrac{1}{x^p}$ 이라 하면 f는 $[1,\infty)$에서 감소하는 음이 아닌 함수이다.

6.4절의 예제 5에 의해서

$$\int_1^\infty f(x)\,dx=\lim_{c\to\infty}\int_1^c \frac{1}{x^p}\,dx=\begin{cases}\dfrac{1}{p-1}, & p>1\\ \infty, & 0<p\le 1\end{cases}$$

이므로 적분 판정법에 의해서 $p>1$이면, 그리고 그때에만 주어진 p-급수 $\sum_{k=1}^\infty \dfrac{1}{k^p}$ 이 수렴한다. ◢

예제 5

급수 $\sum_{k=2}^\infty \dfrac{1}{k\ln k}$ 의 수렴여부를 조사하시오.

풀이 $f(x)=\dfrac{1}{x\ln x}$, $x\ge 2$ 라 하면 모든 $x\ge 2$에 대하여

$$f'(x)=-\frac{1+\ln x}{(x\ln x)^2}>0$$

이므로 f는 $[2,\infty)$에서 단조감소함수이다. 한편,

$$\lim_{c\to\infty}\int_2^c \frac{1}{x\ln x}\,dx=\lim_{c\to\infty}[\ln(\ln c)-\ln(\ln 2)]=\infty$$

이므로 적분 판정법에 의해서 주어진 급수는 발산한다. ◢

다음으로 달랑베르(Jean d'Alembert, 1717−1783)에 의한 비율 판정법(ratio test)과 코시에 의한 근호 판정법(root test)을 소개한다.

정리 03 비율 판정법(Ratio test)

모든 $k\in\mathbb{N}$ 에 대하여 $a_k>0$ 이고

$$R=\overline{\lim_{k\to\infty}}\frac{a_{k+1}}{a_k}\qquad r=\underline{\lim_{k\to\infty}}\frac{a_{k+1}}{a_k}$$

(1) $R<1$ 이면 $\sum_{k=1}^\infty a_k<\infty$ 이다.

(2) $r>1$ 이면 $\sum_{k=1}^\infty a_k=\infty$ 이다.

(3) $r\le 1\le R$ 이면 이 판정법으로 수렴 여부를 판정할 수 없다.

증명 (1) $R<1$이므로 2.5절 정리 1의 (1)에 의해서 $0<\epsilon<1-R$인 임의의 $\epsilon>0$에 대하여 $k\geq N$이면

$$\frac{a_{k+1}}{a_k}< R+\epsilon<1$$

인 자연수 N이 존재한다. $k\geq N$이면 $a_{k+1}<(R+\epsilon)a_k$이고, 따라서 모든 $k\geq N$에 대하여

$$a_k<(R+\epsilon)^{k-N}a_N$$

이다. $R+\epsilon<1$ 이므로

$$\sum_{k=N+1}^{\infty}(R+\epsilon)^{k-N}a_N=a_N\sum_{k=N+1}^{\infty}(R+\epsilon)^{k-N}$$

은 수렴한다. 그러므로 비교 판정법에 의해서 $\sum_{k=1}^{\infty}a_k$도 수렴한다.

(2) $r>1$이면 2.5절 정리 2의 (1)에 의해서 $k\geq N$인 모든 k에 대하여

$$\frac{a_{k+1}}{a_k}>1$$

인 적당한 $N\in\mathbb{N}$이 존재한다. 따라서 $k\geq N$이면 $a_k>a_N>0$이고, 그러므로 $\lim_{k\to\infty}a_k\neq 0$이다. 일반항 발산 판정법(7.1절 정리 2)에 의해서 주어진 급수 $\sum_{k=1}^{\infty}a_k$는 발산한다. ◢

예제 6 (Revisited)

7.1절의 예제 2에 주어진 급수 $\sum_{k=1}^{\infty}\frac{k}{3^k}$가 수렴함을 비율 판정법을 이용하여 보이시오.

풀이 $a_k=\frac{k}{3^k}$라 하면

$$\lim_{k\to\infty}\frac{a_{k+1}}{a_k}=\lim_{k\to\infty}\frac{k+1}{3k}=\frac{1}{3}<1$$

이므로 비율 판정법에 의해서 $\sum_{k=1}^{\infty}\frac{k}{3^k}<\infty$이다. ◢

예제 7

$0<p<\infty$일 때 급수 $\sum_{k=1}^{\infty}\frac{p^k}{k!}$의 수렴여부를 조사하시오.

풀이 $a_k = \dfrac{p^k}{k!}$라 하면

$$\lim_{k\to\infty}\frac{a_{k+1}}{a_k} = \lim_{k\to\infty}\frac{p^{k+1}}{p^k}\frac{k!}{(k+1)!} = p\lim_{k\to\infty}\frac{1}{k+1} = 0$$

이다. 그러므로 비율 판정법에 의해서 주어진 급수는 수렴한다. ◢

정리 04 근호 판정법(Root test)

모든 $k\in\mathbb{N}$ 에 대하여 $a_k \geq 0$ 이고

$$\alpha = \overline{\lim_{k\to\infty}}\sqrt[k]{a_k}$$

라 하자.

(1) $\alpha < 1$ 이면 $\sum_{k=1}^{\infty} a_k < \infty$ 이다.

(2) $\alpha > 1$ 이면 $\sum_{k=1}^{\infty} a_k = \infty$ 이다.

(3) $\alpha = 1$ 이면 이 판정법으로 수렴 여부를 판정할 수 없다.

증명 (1) $\alpha < 1$이므로 2.5절 정리 1의 (1)에 의해서 $0 < \epsilon < 1-\alpha$인 임의의 $\epsilon > 0$에 대하여 $k \geq N$이면

$$\sqrt[k]{a_k} < \alpha + \epsilon < 1$$

인 자연수 $N\in\mathbb{N}$이 존재한다. $k \geq N$이면 $a_k < (\alpha+\epsilon)^k$이므로

$$\sum_{k=N+1}^{\infty} a_k \leq \sum_{k=N+1}^{\infty}(\alpha+\epsilon)^k$$

이다. $\alpha+\epsilon < 1$이므로 $\sum_{k=N+1}^{\infty}(\alpha+\epsilon)^k < \infty$이고, 따라서 비교 판정법에 의해서 $\sum_{k=1}^{\infty} a_k < \infty$이다.

(2) $\alpha > 1$이므로 2.5절 정리 1의 (1)에 의해서 $\sqrt[k]{a_k} > 1$ 인 자연수 k가 무한히 많이 존재한다. 따라서 무한히 많은 k에 대하여 $a_k > 1$ 이므로 수열 $\{a_k\}$는 0 으로 수렴하지 않는다. 그러므로 일반항 발산 판정법(7.1절 정리 2)에 의해서 $\sum_{k=1}^{\infty} a_k = \infty$ 이다. ◢

예제 8 (Revisited)

7.1절의 예제 2에 주어진 급수 $\sum_{k=1}^{\infty} \frac{k}{3^k}$ 가 수렴함을 근호판정법을 이용하여 보이시오.

풀이 $a_k = \frac{k}{3^k}$ 라 하면 2.2절 정리 5의 (3)에 의해서

$$\lim_{k\to\infty} \sqrt[k]{a_k} = \lim_{k\to\infty} \frac{k^{\frac{1}{k}}}{3} = \frac{1}{3} < 1$$

이므로 근호 판정법에 의해서 주어진 급수는 수렴한다. ◢

예제 9

$$a_n = \begin{cases} \dfrac{1}{2^k}, & n = 2k \\ \dfrac{1}{3^k}, & n = 2k+1 \end{cases}$$ 이라 하자.

(1) 비율 판정법을 이용하여 $\sum_{n=1}^{\infty} a_n$ 의 수렴여부를 판정할 수 없음을 설명하시오.

(2) 근호 판정법을 이용하여 $\sum_{n=1}^{\infty} a_n$ 이 수렴함을 보이시오.

풀이 (1) $\frac{a_{n+1}}{a_n} = \begin{cases} \left(\dfrac{2}{3}\right)^k, & n = 2k \\ \dfrac{1}{2}\left(\dfrac{3}{2}\right)^k, & n = 2k+1 \end{cases}$ 이다. n 이 짝수인 $\left\{\frac{a_{n+1}}{a_n}\right\}$의 부분수열에 대하여

$$\lim_{k\to\infty} \frac{a_{2k+1}}{a_{2k}} = \lim_{k\to\infty} \left(\frac{2}{3}\right)^k = 0$$

이고, n 이 홀수인 $\left\{\frac{a_{n+1}}{a_n}\right\}$의 부분수열에 대하여

$$\lim_{k\to\infty} \frac{a_{2k+2}}{a_{2k+1}} = \frac{1}{2} \lim_{k\to\infty} \left(\frac{3}{2}\right)^k = \infty$$

이므로 $\mathbb{R} \cup \{-\infty, \infty\}$에서 수열 $\left\{\frac{a_{n+1}}{a_n}\right\}$의 부분수열극한은 0 과 ∞ 뿐임을 알 수 있다.

(이유를 생각하여 보라) 따라서 2.5절 정리 3에 의해서 $r = 0$ 이고 $R = \infty$ 이다.

그러므로 비율 판정법으로는 어떠한 결론도 내릴 수 없다.

(2) $\sqrt[n]{a_n} = \begin{cases} \dfrac{1}{\sqrt{2}} & , \quad n = 2k \\ \dfrac{1}{\sqrt{3}}(\sqrt{3})^{\frac{1}{2k+1}} & , \quad n = 2k-1 \end{cases}$ 이고 2.2절 정리 5의 (2)에 의해서

$$\lim_{k\to\infty}(\sqrt{3})^{\frac{1}{2k+1}} = 1$$

이므로 수열 $\{\sqrt[n]{a_n}\}$의 부분수열극한은 $\dfrac{1}{\sqrt{2}}$과 $\dfrac{1}{\sqrt{3}}$뿐이다.(이유는?)

그러므로 $\alpha = \dfrac{1}{\sqrt{2}}$이고, 따라서 근호 판정법에 의해서 주어진 급수는 수렴한다. ◢

참고 예제 9에서 볼 수 있듯이 근호 판정법은 비율 판정법보다 훨씬 강력한 판정법이다. 다시 말하면, 비율 판정법으로 주어진 급수의 수렴 또는 발산을 보일 수 있다면 역시 근호판정법으로도 보일 수 있지만(정리 5 참고), 그 역은 일반적으로 참이 아니다.(예제 9 참고) ◢

정리 05

모든 $k \in \mathbb{N}$ 에 대하여 $a_k > 0$ 일 때 다음 부등식들이 성립한다.

$$\varliminf_{k\to\infty}\frac{a_{k+1}}{a_k} \le \varliminf_{k\to\infty}\sqrt[k]{a_k} \le \varlimsup_{k\to\infty}\sqrt[k]{a_k} \le \varlimsup_{k\to\infty}\frac{a_{k+1}}{a_k}$$

증명 하극한에 대한 부등식의 증명은 상극한의 경우와 비슷하므로 여기서는 상극한의 경우만 증명하도록 한다.

$R = \varlimsup_{k\to\infty}\dfrac{a_{k+1}}{a_k}$이라 하자. $R = \infty$이면 자명하므로 $R < \infty$라 가정하자. 그러면 2.5절 정리 1의 (1)에 의해서 임의의 $\epsilon > 0$에 대하여 $k \ge N$이면

$$\frac{a_{k+1}}{a_k} < R + \epsilon$$

인 자연수 N이 존재한다. 비율 판정법의 증명에서처럼 $k \ge N$이면

$$a_k < (R-\epsilon)^{k-N}a_N$$

이 성립한다. 따라서 모든 $k \ge N$에 대하여

$$\sqrt[k]{a_k} < \left[(R+\epsilon)^{1-\frac{N}{k}}(a_N)^{\frac{1}{k}}\right]$$

이다. $\lim_{k\to\infty}[(R+\epsilon)^{1-\frac{N}{k}}(a_N)^{\frac{1}{k}}]=R+\epsilon$ 이므로

$$\overline{\lim_{k\to\infty}}\sqrt[k]{a_k} \le R+\epsilon$$

이다. $\epsilon>0$이 임의의 상수이므로 $\overline{\lim_{k\to\infty}}\sqrt[k]{a_k} \le R$이고, 따라서 원하는 결과를 얻는다. ◢

예제 10

$\lim_{k\to\infty}(k!)^{\frac{1}{k}}=\infty$ 임을 보이시오.

풀이 $a_k=k!$이라 하면 $\lim_{k\to\infty}\frac{a_{k+1}}{a_k}=\lim_{k\to\infty}(k+1)=\infty$이다. 그러므로 정리 5에 의해서

$$\lim_{k\to\infty}(k!)^{\frac{1}{k}}=\infty$$

이다. ◢

7.2 연습문제

01 $a, b > 0$ 일 때 급수 $\sum_{k=1}^{\infty} \frac{1}{(ak+b)^p}$ 이 수렴할 필요충분조건은 $p > 1$ 임을 보이시오.

02 다음 급수들의 수렴 여부를 결정하시오.

(1) $\sum_{k=1}^{\infty} \frac{k}{k^2+1}$

(2) $\sum_{k=1}^{\infty} \frac{\sqrt{k}}{k^2+2k+1}$

(3) $\sum_{k=1}^{\infty} \frac{k^2}{5^k}$

(4) $\sum_{k=1}^{\infty} k^2 e^{-k}$

(5) $\sum_{k=1}^{\infty} \frac{2^k}{k^2}$

(6) $\sum_{k=1}^{\infty} \frac{2^k}{k!}$

(7) $\sum_{k=1}^{\infty} \frac{(k!)^2}{(2k)!}$

(8) $\sum_{k=1}^{\infty} \frac{k!}{k^k}$

(9) $\sum_{k=1}^{\infty} (\sqrt[k]{k}+1)^k$

(10) $\sum_{k=2}^{\infty} \frac{1}{(\ln k)^2}$

(11) $\sum_{k=1}^{\infty} \frac{1}{k} \ln\left(1+\frac{1}{k}\right)$

(12) $\sum_{k=1}^{\infty} \frac{k^n}{a^k}$, $a > 1$, $n \in \mathbb{Z}$

(13) $\sum_{k=1}^{\infty} \frac{e^{-\sqrt{k}}}{\sqrt{k}}$

(14) $\sum_{k=1}^{\infty} \frac{k!}{(k+1)^k}$

03 다음에 주어진 각 기하급수가 수렴할 $p \in \mathbb{R}$ 의 값을 결정하고 급수의 합을 구하시오.

(1) $\sum_{k=0}^{\infty} (\cos p)^k$

(2) $\sum_{k=0}^{\infty} \left(\frac{1-p}{1+p}\right)^k$, $p \neq -1$

04 모든 $k \in \mathbb{N}$ 에 대하여 $a_k \geq 0$이고 $\sum_{k=1}^{\infty} a_k < \infty$일 때 다음에 주어진 무한급수들이 수렴하면 증명하고, 발산하면 예를 들어 설명하시오.

(1) $\sum_{k=1}^{\infty} \frac{a_k}{1+a_k}$

(2) $\sum_{k=1}^{\infty} a_k^2$

(3) $\sum_{k=1}^{\infty} \sqrt{a_k}$

(4) $\sum_{k=1}^{\infty} k a_k$

(5) $\sum_{k=1}^{\infty} \sqrt[k]{k}\, a_k$

(6) $\sum_{k=1}^{\infty} \sqrt{\frac{a_k}{k}}$

05 다음 각 급수가 수렴할 p의 값을 결정하시오.

(1) $\sum_{k=2}^{\infty} \frac{\ln k}{k^p}$

(2) $\sum_{k=1}^{\infty} \sin \frac{\pi}{k^p}$

06 무한급수 $\sum_{k=2}^{\infty} \frac{1}{k^p (\ln k)^q}$이 수렴할 q의 값을 결정하시오.(도움말 : $p > 1$, $p = 1$, $p < 1$ 인 경우로 나누어 보시오)

07 따름정리 1을 보이시오.

08 모든 $k \in \mathbb{N}$에 대하여 $a_k > 0$일 때 $\displaystyle\sum_{k=1}^{\infty} \frac{a_1 + \cdots + a_k}{k}$는 발산함을 보이시오.

09 무한급수 $\dfrac{1}{1^2} + \dfrac{1}{2^3} + \dfrac{1}{3^2} + \dfrac{1}{4^3} + \cdots$ 은 수렴함을 보이시오. 그렇지만 비 판정법과 근호판정법으로는 수렴여부를 결정할 수 없음을 브이시오.

10 $a_k = \begin{cases} \dfrac{1}{2^k}, & k\text{가 짝수} \\ \dfrac{1}{2^{k+2}}, & k\text{가 홀수} \end{cases}$ 일 때 $\displaystyle\sum_{k=1}^{\infty} a_k$의 수렴여부를 비율 판정법과 근호판정법을 적용하여 조사하시오.

11 각 $k \in \mathbb{N}$에 대하여 $a_k = 1 + \dfrac{1}{2} + \cdots + \dfrac{1}{k} - \ln k$로 정의된 수열 $\{a_k\}$는 아래로 유계인 단조감소수열임을 보이시오.

7.3 디리클레 판정법

이 절에서는 디리클레(Peter Lejeune Dirichlet, 1805−1859)의 이름을 따라서 이름 붙여진 디리클레 판정법을 증명하고, 이 판정법을 교대급수와 삼각급수에 적용한다. 우선 디리클레 판정법을 증명하는 데 중요한 역할을 하는 아벨(Neils Abel, 1802−1829)에 의해 증명된 부분합 공식을 살펴본다.

정리 01 아벨의 부분합 공식(Abel's partial summation formula)

$\{a_n\}$과 $\{b_n\}$이 수열이고

$$A_0 = 0\ ,\ \ A_n = \sum_{k=1}^{n} a_k\ \ (n \geq 1)$$

라 하자. 만약 $1 \leq p < q$ 이면 등식

$$\sum_{k=p}^{q} a_k b_k = \sum_{k=p}^{q-1} A_k (b_k - b_{k+1}) + A_q b_q - A_{p-1} b_p$$

가 성립한다.

증명 $a_k = A_k - A_{k-1}$ 이므로

$$\begin{aligned}\sum_{k=p}^{q} a_k b_k &= \sum_{k=p}^{q} (A_k - A_{k-1})\, b_k \\ &= \sum_{k=p}^{q} A_k b_k - \sum_{k=p-1}^{q-1} A_k b_{k+1} \\ &= \sum_{k=p}^{q-1} A_k (b_k - b_{k+1}) + A_q b_q - A_{p-1} b_p\end{aligned}$$

이다. ◢

정리 02 디리클레 판정법(Dirichlet test)

$\{a_k\}$와 $\{b_k\}$는 다음의 세 조건을 만족시키는 수열이다.

(a) $A_n = \sum_{k=1}^{n} a_k$ 로 정의된 수열 $\{A_n\}$은 유계이다.

(b) $b_1 \geq b_2 \geq b_3 \geq \cdots \geq 0$

(c) $\lim_{k \to \infty} b_k = 0$

그러면 $\sum_{k=1}^{\infty} a_k b_k$ 는 수렴한다.

증명 수열 $\{A_n\}$이 유계이므로 모든 $n \in \mathbb{N}$ 에 대하여

$$|A_n| \leq M$$

인 적당한 $M > 0$ 이 존재한다. 또한 $\lim_{n \to \infty} b_n = 0$ 이므로 임의의 $\epsilon > 0$ 에 대하여 $n \geq N$ 이면

$$b_n < \frac{\epsilon}{2M}$$

인 $N \in \mathbb{N}$ 이 존재한다. 따라서 $N \leq p < q$ 이면 부분합 공식(정리 1)에 의해서

$$\begin{aligned}\left|\sum_{k=p}^{q} a_k b_k\right| &= \left|\sum_{k=p}^{q-1} A_k (b_k - b_{k+1}) + A_q b_q - A_{p-1} b_p\right| \\ &\leq \sum_{k=p}^{q-1} |A_k| (b_k - b_{k+1}) + |A_q| b_q + |A_{p-1}| b_p \\ &\leq M \left(\sum_{k=p}^{q-1} (b_k - b_{k+1}) + b_q + b_p \right) \\ &= 2M b_p < \epsilon\end{aligned}$$

이다. 그러므로 코시 판정법(7.1절 정리 1)에 의해서 $\sum_{k=1}^{\infty} a_k b_k$ 는 수렴한다. ◢

정의 01

모든 $k \in \mathbb{N}$ 에 대하여 $b_k > 0$ 일 때 급수

$$\sum_{k=1}^{\infty} (-1)^k b_k \quad \text{또는} \quad \sum_{k=1}^{\infty} (-1)^{k+1} b_k$$

를 **교대급수**(alternating series)라 한다.

디리클레 판정법을 교대급수에 적용하면 다음의 교대급수 판정법을 쉽게 얻을 수 있다.

정리 03 **교대급수 판정법(Alternating series test)**

$\{b_k\}$는 다음 두 조건을 만족시키는 수열이다.

(a) $b_1 \geq b_2 \geq \cdots \geq 0$

(b) $\lim_{k \to \infty} b_k = 0$

그러면 $\sum_{k=1}^{\infty} (-1)^{k+1} b_k$ 는 수렴한다.

증명 디리클레 판정법(정리 2)에서 $a_k = (-1)^{k+1}$ 이라 하면 모든 $n \in \mathbb{N}$ 에 대하여 $|A_n| \le 1$ 이므로 원하는 결과를 얻는다. ◢

참고 교대급수 판정법에서 수열 $\{b_k\}$가 감소한다는 가정은 필수적이다.
단지, $b_k \ge 0$ 이고 $\lim_{k\to\infty} b_k = 0$ 이라 가정하면 정리 3의 결론은 성립하지 않을 수 있다.
(연습문제 2 참고) ◢

교대급수 판정법의 가정을 만족시키는 수렴하는 교대급수의 경우에는 다음의 정리에서처럼 급수의 합을 제n 번째 부분합으로 쉽게 어림할 수 있다.

정리 04

$\{b_k\}$는 교대급수 판정법의 가정들을 모두 만족시키는 수열이다.

$$S_n = \sum_{k=1}^{n} (-1)^{k+1} b_k \,,\ S = \sum_{k=1}^{\infty} (-1)^{k+1} b_k$$

라 정의하면 모든 $n \in \mathbb{N}$ 에 대하여

$$|S - S_n| \le b_{n+1}$$

이다.

증명 수열 $\{S_n\}$을 생각하면

$$S_{2n} = \sum_{k=1}^{2n} (-1)^{k+1} b_k = (b_1 - b_2) + \cdots \ (b_{2n-1} - b_{2n})$$

이고, 모든 $k \in \mathbb{N}$ 에 대하여

$$b_{2k-1} - b_{2k} \ge 0$$

이므로 수열 $\{S_{2n}\}$은 단조증가한다. 비슷하게, $\{S_{2n-1}\}$은 단조감소수열임을 쉽게 보일 수 있다. $\lim_{n\to\infty} S_n = S$ 이므로 $\lim_{n\to\infty} S_{2n} = \lim_{n\to\infty} S_{2n-1} = S$ 이고, 따라서 모든 $n \in \mathbb{N}$ 에 대하여

$$S_{2n} \le S \le S_{2n-1}$$

이다. 그러므로 모든 $k \in \mathbb{N}$ 에 대하여

$$|S - S_k| \le |S_{k+1} - S_k| = b_{k+1}$$

이다. ◢

예제 1

교대급수 $\sum_{k=1}^{\infty}\frac{(-1)^{k+1}}{k}$이 수렴함을 보이고, 주어진 급수의 합을 오차가 10^{-2}보다 작게 어림하려면 최소한 몇 번째 부분합을 이용하면 되는지 조사하시오.

풀이 $\left\{\frac{1}{k}\right\}$은 0으로 감소하는 양의 수열이므로 교대급수 판정법에 의해서 주어진 급수는 수렴한다. 주어진 급수의 합을 S라 하면 정리 4에 의해서 모든 $n\in\mathbb{N}$에 대하여

$$|S-S_n|\le \frac{1}{n+1}$$

이다. 오차가 10^{-2} 보다 작기 위해서는 $\frac{1}{n+1}<10^{-2}$, 즉 $n>99$이면 충분하다. 그러므로 주어진 급수의 합을 제100번째 부분합

$$S_{100}=\sum_{k=1}^{100}\frac{(-1)^{k+1}}{k}$$

로 어림하면 된다. ◢

디리클레 판정법을 적용하여 응용수학에서 자주 접하게 되는 삼각급수의 수렴성에 대한 다음의 정리를 얻을 수 있다.

정리 05 삼각급수 판정법(Trigonometric series test)

$\{b_k\}$가 $b_1\ge b_2\ge \cdots >0$이고 $\lim_{k\to\infty}b_k=0$인 수열일 때 다음이 성립한다.

(1) 모든 $x\in\mathbb{R}$에 대하여 $\sum_{k=1}^{\infty}b_k\sin kx$는 수렴한다.

(2) $x=2m\pi\ (m\in\mathbb{Z})$를 제외한 모든 $x\in\mathbb{R}$에 대하여 $\sum_{k=1}^{\infty}b_k\cos kx$는 수렴한다.

증명 (2)의 증명도 비슷하므로 독자들에게 연습문제(연습문제 4)로 남기고 여기서는 (1)만 보이도록 한다. 우선 $x\ne 2m\pi\ (m\in\mathbb{Z})$일 때 다음 등식이 성립함을 보이도록 하자.

$$\sum_{k=1}^{n}\sin kx=\frac{\cos\frac{1}{2}x-\cos\left(n+\frac{1}{2}\right)x}{2\sin\frac{1}{2}x}$$

$A_n=\sum_{k=1}^{n}\sin kx$라 하면

$$\sin A \sin B = \frac{1}{2}[\cos(A-B)-\cos(A+B)]$$

이므로

$$\begin{aligned}\left(\sin\frac{1}{2}x\right)A_n &= \sum_{k=1}^{n} \sin\frac{1}{2}x \sin kx \\ &= \frac{1}{2}\sum_{k=1}^{n}\left[\cos\left(k-\frac{1}{2}\right)x-\cos\left(k+\frac{1}{2}\right)x\right] \\ &= \frac{1}{2}\left[\cos\frac{1}{2}x-\cos\left(n+\frac{1}{2}\right)x\right]\end{aligned}$$

이다. 따라서 $x \neq 2m\pi \ (m \in \mathbb{Z})$이면

$$A_n = \frac{\cos\frac{1}{2}x - \cos\left(n+\frac{1}{2}\right)x}{2\sin\frac{1}{2}x}$$

이다. 그러므로 $x \neq 2m\pi \ (m \in \mathbb{Z})$이면

$$|A_n| \leq \frac{\left|\cos\frac{1}{2}x\right|+\left|\cos\left(n+\frac{1}{2}\right)x\right|}{2\left|\sin\frac{1}{2}x\right|} \leq \frac{1}{\left|\sin\frac{1}{2}x\right|} < \infty$$

이다.

그러므로 디리클레 판정법에 의해서 $x \neq 2m\pi \ (m \in \mathbb{Z})$인 모든 $x \in \mathbb{R}$에 대하여 삼각급수 $\sum_{k=1}^{\infty} b_k \sin kx$는 수렴한다. 또한 $x = 2m\pi \ (m \in \mathbb{Z})$이면 모든 $k \in \mathbb{N}$에 대하여 $\sin kx = 0$이므로 모든 $x \in \mathbb{R}$에 대하여 주어진 삼각급수는 수렴한다. ◢

7.3 연습문제

01 **(아벨 판정법, Abel's test)** $\sum_{k=1}^{\infty} a_k$가 수렴하고 $\{b_k\}$가 유계인 단조수열일 때 $\sum_{k=1}^{\infty} a_k b_k$가 수렴함을 보이시오.

02 모든 $k \in \mathbb{N}$에 대하여

$$b_k = \begin{cases} \dfrac{1}{k}, & k \text{ 가 홀수} \\ \dfrac{1}{k^2}, & k \text{ 가 짝수} \end{cases}$$

일 때 교대급수 $\sum_{k=1}^{\infty} (-1)^{k+1} b_k$가 발산함을 보이시오.

03 모든 항이 양수인 **양항급수** $\sum_{k=1}^{\infty} a_k$이 수렴할 때 다음 급수가 수렴함을 보이시오.

(1) $\sum_{k=1}^{\infty} (-1)^{k+1} a_k$

(2) $\sum_{k=1}^{\infty} (e^{a_k} - 1)$

04 (1) $x \neq 2m\pi\,(m \in \mathbb{Z})$일 때 다음 부등식이 성립함을 보이시오.

$$\sum_{k=1}^{n} \cos kx = \frac{\sin\left(n+\frac{1}{2}\right)x - \sin\frac{1}{2}x}{2\sin\frac{1}{2}x}$$

(2) 위 등식을 이용하여 정리 5의 (2)를 보이시오.

05 다음 각 명제가 성립하면 보이고, 그렇지 않으면 예를 들어 설명하시오.

(1) $\sum_{k=1}^{\infty} a_k$가 수렴하면 $\sum_{k=1}^{\infty} {a_k}^2$이 수렴한다.

(2) $\sum_{k=1}^{\infty} {a_k}^2$이 수렴하면 $\sum_{k=1}^{\infty} a_k$가 수렴한다.

06 다음 각 급수의 수렴 여부를 판정하시오.

(1) $\sum_{k=1}^{\infty} \frac{(-1)^{k+1}}{k^p}$, $p > 0$

(2) $\sum_{k=2}^{\infty} \frac{(-1)^k \ln k}{k}$

(3) $\sum_{k=2}^{\infty} \frac{(-1)^k}{k \ln k}$

(4) $\sum_{k=1}^{\infty} (-1)^{k+1} \frac{k^k}{(k+1)^k}$

(5) $\sum_{k=1}^{\infty} (-1)^{k+1} \frac{k^k}{(k+1)^{k+1}}$

(6) $\sum_{k=2}^{\infty} \frac{\sin k}{\ln k}$

(7) $\sum_{k=1}^{\infty} \frac{\sin kx}{k^p}$, $x \in \mathbb{R}$, $p > 0$

(8) $\sum_{k=1}^{\infty} \frac{\cos kx}{k^p}$, $x \in \mathbb{R}$, $p > 0$

(9) $\sum_{k=1}^{\infty} (-1)^k \frac{(2k-1)!}{(2^k \cdot k!)^2}$ (도움말 : $\frac{(2k-1)!}{(2^k \cdot k!)^2} = \frac{1}{2} \times \frac{3}{4} \times \cdots \times \frac{2k-1}{2k} \times \frac{1}{2k}$)

07 $\sum_{k=1}^{\infty} a_k$가 수렴하면 $\lim_{n\to\infty}\frac{a_1+2a_2-\cdots+na_n}{n}=0$임을 보이시오.

(도움말 : $A_n=\sum_{k=1}^{n} a_k$ 일 때 $\sum_{k=1}^{n} k a_k = nA_n-\sum_{k=1}^{n-1}A_k$ 임을 보이시오)

08 모든 $n\in\mathbb{N}$에 대하여

$$b_{2n}=1-\frac{1}{2}+\frac{1}{3}-\cdots-\frac{1}{2n}=\sum_{k=1}^{2n}\frac{(-1)^{k+1}}{k}$$

일 때 $\lim_{n\to\infty} b_{2n}=\ln 2$임을 보이시오.(도움말 : 연습문제 7.2의 11에서 정의된 수열 $\{a_k\}$에 대하여 $b_{2n}=a_{2n}-a_n+\ln 2$가 성립함을 보이고 이를 이용하여 보라)

09 p, $q>0$일 때 무한급수 $\sum_{k=2}^{\infty}(-1)^k\frac{(\ln k)^p}{k^q}$는 수렴함을 보이시오.

7.4 절대수렴과 조건부수렴

이 절에서는 음수항을 갖는 일반적인 무한급수의 절대수렴, 조건부수렴 그리고 급수의 재배열에 대하여 살펴본다.

정의 01

$\sum_{k=1}^{\infty}|a_k|$가 수렴하면 급수 $\sum_{k=1}^{n} a_k$는 **절대수렴한다**(converge absolutely)고 한다.
절대수렴하지 않지만 수렴하는 급수는 **조건부수렴한다**(converge conditionally)고 한다.

예제 1

급수 $\sum_{k=1}^{\infty}\frac{(-1)^{k+1}}{k}$이 조건부수렴함을 보이시오.

증명 7.2절의 예제 4에 의해서

$$\sum_{k=1}^{\infty}\left|\frac{(-1)^{k+1}}{k}\right| = \sum_{k=1}^{\infty}\frac{1}{k} = \infty$$

이므로 주어진 급수는 절대수렴하지 않는다. 그렇지만 7.3절의 예제 1에 의해서 주어진 급수는 수렴하므로 $\sum_{k=1}^{\infty}\frac{(-1)^{k+1}}{k}$은 조건부수렴한다. ◢

참고 급수 $\sum_{k=1}^{\infty}\frac{(-1)^{k+1}}{k^2}$은 교대급수 판정법을 이용하면 수렴함을 쉽게 보일 수 있다. 그렇지만 주어진 급수는 조건부 수렴한다고 할 수 없다.
왜냐하면 $\sum_{k=1}^{\infty}\left|\frac{(-1)^{k+1}}{k^2}\right| = \sum_{k=1}^{\infty}\frac{1}{k^2} < \infty$ 이므로 주어진 급수는 절대수렴한다. ◢

정리 01

$\sum_{k=1}^{\infty} a_k$가 절대수렴하면 $\sum_{k=1}^{\infty} a_k$가 수렴하고 $\left|\sum_{k=1}^{\infty} a_k\right| \le \sum_{k=1}^{\infty}|a_k|$이다.

증명 $\sum_{k=1}^{\infty} a_k$가 절대수렴, 즉 $\sum_{k=1}^{\infty}|a_k|<\infty$라 가정하자. $1 \le n \le m$이면 삼각부등식에 의해서

$$\left|\sum_{k=n}^{m} a_k\right| \le \sum_{k=n}^{m}|a_k|$$

이고, 따라서 코시 판정법(7.1절 정리 1)에 의해서 급수 $\sum_{k=1}^{\infty} a_k$는 수렴한다.

마지막으로, 위 부등식에서 $n=1$이라 하면

$$\left|\sum_{k=1}^{\infty} a_k\right| = \lim_{m\to\infty}\left|\sum_{k=1}^{m} a_k\right| \le \lim_{m\to\infty}\sum_{k=1}^{m}|a_k| = \sum_{k=1}^{\infty}|a_k|$$

이다. ◢

다음은 음수항을 갖는 일반적인 무한급수의 수렴여부를 결정하는 데 매우 유용한 판정법이다.

정리 02 일반적인 근호 판정법과 비율 판정법

무한급수 $\sum_{k=1}^{\infty} a_k$에 대하여

$$\alpha = \overline{\lim_{k\to\infty}} \sqrt[k]{|a_k|}$$

라 하자. 또한 모든 $k \in \mathbb{N}$에 대하여 $a_k \ne 0$이면

$$R = \overline{\lim_{k\to\infty}}\left|\frac{a_{k+1}}{a_k}\right| \text{이고 } r = \underline{\lim_{k\to\infty}}\left|\frac{a_{k+1}}{a_k}\right|$$

이라 하자.

(1) $\alpha < 1$이거나 $R < 1$이면 급수 $\sum_{k=1}^{\infty} a_k$는 절대수렴한다.

(2) $\alpha > 1$이거나 $r > 1$이면 급수 $\sum_{k=1}^{\infty} a_k$는 발산한다.

(3) $\alpha = 1$이거나 $r \le 1 \le R$이면 이 판정법으로 수렴 여부를 판정할 수 없다.

증명 (1)은 7.2절의 근호 판정법 또는 비율 판정법으로부터 자명하므로 여기서는 (2)만을 보이도록 하자.

[경우 1] $\alpha > 1$

근호 판정법에서처럼 무한히 많은 $k \in \mathbb{N}$ 에 대하여 $|a_k| > 1$ 이 성립하므로 수열 $\{a_k\}$는 0 으로 수렴하지 않는다. 그러므로 일반항 발산 판정법(7.1절 정리 2)에 의해서 $\sum_{k=1}^{\infty} a_k$ 는 발산한다.

[경우 2] $r > 1$

비율 판정법의 증명에서와 비슷하게 $r > 1$ 이면 $k \geq N$인 모든 $k \in \mathbb{N}$ 에 대하여 $|a_k| > |a_N| > 0$ 인 자연수 $N \in \mathbb{N}$ 이 존재한다.

그러므로 수열 $\{a_k\}$는 0 으로 수렴하지 않고, 따라서 $\sum_{k=1}^{\infty} a_k$는 발산한다. ◢

예제 2

$p(x)$가 임의의 차수의 다항식일 때 $|b| < 1$ 이면 급수 $\sum_{k=1}^{\infty} p(k)b^k$ 가 절대수렴함을 보이시오.

풀이 $a_k = p(k)b^k$ 라 하면

$$\left|\frac{a_{k+1}}{a_k}\right| = |b|\left|\frac{p(k+1)}{p(k)}\right|$$

이다. $\lim_{k\to\infty}\frac{p(k+1)}{p(k)} = 1$ 이므로 (이유는?)

$$\lim_{k\to\infty}\left|\frac{a_{k+1}}{a_k}\right| = |b| < 1$$

이다. 그러므로 일반적인 비율 판정법에 의해서 주어진 급수는 절대수렴한다. ◢

이제 급수의 재배열에 관하여 살펴보도록 하자.

정의 02

모든 $k \in \mathbb{N}$ 에 대하여 $a_k{}' = a_{j(k)}$ 인 일대일 대응 $j : \mathbb{N} \to \mathbb{N}$ 가 존재하면 급수 $\sum_{k=1}^{\infty} a_k{}'$은 급수 $\sum_{k=1}^{\infty} a_k$ 의 **재배열**(rearrangement)이라 한다.

다음 예제를 통하여 조건부수렴하는 급수 $\sum_{k=1}^{\infty} a_k$ 의 재배열된 급수는 발산하거나 또는 수렴하더라도 다른 값으로 수렴할 수 있음을 보인다.

예제 3

조건부수렴하는 급수 $\sum_{k=1}^{\infty}\frac{(-1)^{k+1}}{k}$의 합을 S라 하자.(예제 1 참고) 그러면 위 급수의 재배열된 다음 급수

$$1+\frac{1}{3}-\frac{1}{2}+\frac{1}{5}+\frac{1}{7}-\frac{1}{4}-\frac{1}{9}+\frac{1}{11}-\frac{1}{6}+\cdots \quad \cdots\cdots (7.1)$$

은 (1) 수렴하지만, (2) 그 합이 S가 아님을 보이시오.

풀이 (1) 7.3절 정리 4의 증명에서처럼 모든 $n\in\mathbb{N}$에 대하여 $S< S_{2n+1}$이고

$$S< S_3 = 1-\frac{1}{2}+\frac{1}{3}=\frac{5}{6} \quad \cdots\cdots (7.2)$$

이다. $S_n{}'$을 (7.1)에 주어진 급수의 제n번째 부분합이라 하면

$$S_{3n}'=\sum_{k=1}^{n}\left(\frac{1}{4k-3}+\frac{1}{4k-1}-\frac{1}{2k}\right)$$

이다. $\frac{1}{4k-3}+\frac{1}{4k-1}-\frac{1}{2k}=\frac{8k-3}{2k(4k-1)(4k-3)}$이므로 적당한 $M>0$에 대하여

$$0<\frac{1}{4k-3}+\frac{1}{4k-1}-\frac{1}{2k}\leq M\frac{1}{k^2}$$

이 성립한다. 따라서 $\{S_{3n}'\}$은 순증가수열이고, 비교 판정법에 의해서 수렴한다.

(2) $\lim_{n\to\infty}S_{3n}'=S'$이라 하자.

$$S_{3n+1}'=S_{3n}'+\frac{1}{4n+1}$$

$$S_{3n+2}'=S_{3n}'+\frac{1}{4n+1}+\frac{1}{4n+3}$$

이므로 $\lim_{n\to\infty}S_{3n+1}'=\lim_{n\to\infty}S_{3n+2}'=S'$이다.

그러므로 $\lim_{n\to\infty}S_n{}'=S'$ (이유는?), 즉 급수 (7.1)은 수렴한다. 그러나

$$\frac{5}{6}=S_3{}'<S_6{}'<S_9{}'<\cdots$$

이므로 $S'=\lim_{n\to\infty}S_n{}'>\frac{5}{6}$이다. 한편, 부등식 (7.2)에 의해서 $S<\frac{5}{6}$이므로 $S\neq S'$이다.

◢

다음 정리에서 알 수 있듯이, 조건부수렴하는 급수와는 다르게 절대수렴하는 급수의 재배열된 급수는 주어진 급수의 합과 같은 값으로 수렴한다.

정리 03

> $\sum_{k=1}^{\infty} a_k$ 가 S 로 절대수렴하면 $\sum_{k=1}^{\infty} a_k$ 의 재배열된 모든 급수도 S 로 절대수렴한다.

증명 $\sum_{k=1}^{\infty} a_k{}'$ 을 $\sum_{k=1}^{\infty} a_k$ 의 재배열된 급수라 하자. $\sum_{k=1}^{\infty} |a_k| < \infty$ 이므로 코시 판정법에 의해서 임의의 $\epsilon > 0$ 에 대하여

$$\sum_{k=N+1}^{\infty} |a_k| < \frac{\epsilon}{2}$$

인 $N \in \mathbb{N}$ 이 존재한다. $j: \mathbb{N} \to \mathbb{N}$ 를 $a_k{}' = a_{j(k)}$ 인 일대일 대응이라 하고

$$\{1, 2, \cdots, N\} \subset \{j(1), j(2), \cdots, j(p)\}$$

인 자연수 $p \geq N$ 를 택하자.($j: \mathbb{N} \to \mathbb{N}$ 가 일대일 대응이므로 자연수 p 가 존재한다) 이제

$$S_n = \sum_{k=1}^{n} a_k \text{ 이고 } S_n{}' = \sum_{k=1}^{n} a_k{}'$$

이라 하자. $n \geq p$ 이면 $\{a_1, a_2, \cdots, a_N\} \subset \{a_1{}', a_2{}', \cdots, a_n{}'\}$ 이므로

$$|S_N - S_n{}'| \leq \sum_{k=N+1}^{\infty} |a_k| < \frac{\epsilon}{2}$$

이고, 따라서 $n \geq p$ 이면

$$\begin{aligned} |S - S_n{}'| &\leq |S - S_N| + |S_N - S_n{}'| \\ &= \left| \sum_{k=N+1}^{\infty} a_k \right| + |S_N - S_n{}'| \\ &\leq \sum_{k=N+1}^{\infty} |a_k| + \frac{\epsilon}{2} \\ &< \frac{\epsilon}{2} + \frac{\epsilon}{2} = \epsilon \end{aligned}$$

이다. 그러므로 $\sum_{k=1}^{\infty} a_k{}' = S$ 이다. ◢

조건부수렴하는 급수에 대하여 리만이 의해 증명된 다음의 매우 흥미로운 정리를 소개하고 이 절을 마치도록 한다.

정리 04

$\sum_{k=1}^{\infty} a_k$ 가 조건부수렴하는 급수이면 임의의 실수 α 로 수렴하는 $\sum_{k=1}^{\infty} a_k$ 의 재배열된 급수 $\sum_{k=1}^{\infty} a_k{}'$ 이 존재한다.

증명 일반성을 잃지 않고, 모든 $k \in \mathbb{N}$ 에 다하여 $a_k \neq 0$ 이라 가정하자.

$$p_k = \frac{1}{2}(|a_{2k}| + a_k) \text{이고 } q_k = \frac{1}{2}(|a_{2k}| - a_k)$$

라 하면 $p_k - q_k = a_k$ 이고 $p_k + q_k = |a_k|$ 이다. 또한 $a_k > 0$ 이면 $q_k = 0$ 이고 $p_k = a_k$ 이다.

한편, $a_k < 0$ 이면 $p_k = 0$ 이고 $q_k = |a_k|$ 이다. 우선 $\sum_{k=1}^{\infty} p_k$ 와 $\sum_{k=1}^{\infty} q_k$ 가 모두 발산함을 보이자.

$$\sum_{k=1}^{\infty}(p_k + q_k) = \sum_{k=1}^{\infty}|a_k|$$

이므로 $\sum_{k=1}^{\infty} p_k$ 와 $\sum_{k=1}^{\infty} q_k$ 는 동시에 수렴할 수 없다. 또한

$$\sum_{k=1}^{n} a_k = \sum_{k=1}^{n} p_k - \sum_{k=1}^{n} q_k$$

이므로 둘 중 한 개의 급수가 수렴하면 다른 급수도 수렴하므로 두 급수 모두 발산하여야만 한다. $P_1, P_2, P_3, \cdots$을 원래 순서대로 $\sum_{k=1}^{\infty} a_k$ 의 양수인 항들이라 하고, $Q_1, Q_2, Q_3, \cdots$을 원래 순서대로 음수인 항들이라 하자. 그러면 $\sum_{k=1}^{\infty} P_k$, $\sum_{k=1}^{\infty} Q_k$ 는 단지 0 인 항들만 $\sum_{k=1}^{\infty} p_k$, $\sum_{k=1}^{\infty} q_k$ 와 다르므로 모두 발산한다.

이제 귀납적으로 급수

$$P_1 + \cdots + P_{m_1} - Q_1 - \cdots - Q_{n_1} + P_{m_1+1} + \cdots + P_{m_2} - Q_{n_1+1} - \cdots - Q_{n_2} + \cdots \quad \cdots\cdots (7.3)$$

가 원하는 성질을 갖도록 수열 $\{m_k\}$와 $\{n_k\}$를 만들자. 명백하게 급수 (7.3)은 처음 주어진 급수의 재배열이다.

m_1 을

$$X_1 = P_1 + \cdots + P_{m_1} > \alpha$$

인 최소의 자연수라 하자. 이러한 m_1 은 $\sum_{k=1}^{\infty} P_k = \infty$ 이므로 존재한다. 비슷하게, n_1 을

$$Y_1 = X_1 - Q_1 - \cdots - Q_{n_1} < \alpha$$

인 최소의 자연수라 하자.
이러한 방법으로 $\{m_1, \cdots, m_k\}$와 $\{n_1, \cdots, n_k\}$를 택하였다고 가정하자.
m_{k+1}과 n_{k+1}을 각각

$$X_{k+1} = Y_k + P_{m_{k+1}} + \cdots + P_{m_{k+1}} > \alpha$$
$$Y_{k+1} = X_{k+1} - Q_{n_{k+1}} - \cdots - Q_{n_{k+1}} < \alpha$$

인 m_k와 n_k보다 크거나 같은 최소의 자연수라 하자. 이러한 자연수들은 $\sum_{k=1}^{\infty} P_k$와 $\sum_{k=1}^{\infty} Q_k$가 모두 발산하므로 존재한다. m_{k+1}이 위 부등식을 만족시키는 최소의 자연수이므로

$$X_{k+1} - P_{m_{k+1}} \leq \alpha$$

이고, 따라서

$$0 < X_{k+1} - \alpha \leq P_{m_{k+1}}$$

이다. 비슷하게,

$$0 < \alpha - Y_{k+1} \leq Q_{n_{k+1}}$$

이다. $\sum_{k=1}^{\infty} a_k$가 수렴하므로 $\lim_{k\to\infty} P_k = \lim_{k\to\infty} Q_k = 0$이고, 따라서

$$\lim_{k\to\infty} X_k = \lim_{k\to\infty} Y_k = \alpha$$

이다.
S_n을 급수 (7.3)의 제n번째 부분합이라 하자. S_n의 마지막 항이 P_n이면

$$Y_k < S_n \leq X_{k+1}$$

인 적당한 $k \in \mathbb{N}$가 존재한다. 한편, S_n의 마지막 항이 $-Q_n$이면

$$Y_{k+1} < S_n \leq X_{k+1}$$

인 적당한 $k \in \mathbb{N}$가 존재한다. 어느 경우이든지,

$$\lim_{n\to\infty} S_n = \alpha$$

이다. 즉, 원하는 결과를 얻는다. ◢

7.4 연습문제

01 $\sum_{k=1}^{\infty} a_k^2 < \infty$ 이고 $\sum_{k=1}^{\infty} b_k^2 < \infty$ 이면 $\sum_{k=1}^{\infty} a_k b_k$ 가 절대수렴함을 보이시오.

02 $\sum_{k=1}^{\infty} a_k$ 가 수렴하고 $\sum_{k=1}^{\infty} b_k$ 가 절대수렴하면 $\sum_{k=1}^{\infty} a_k b_k$ 가 수렴함을 보이시오.

03 $\sum_{k=1}^{\infty} a_k$ 가 절대수렴하고 수열 $\{b_k\}$가 유계이면 $\sum_{k=1}^{\infty} a_k b_k$ 은 절대수렴함을 보이시오.

04 다음 각 급수가 절대수렴하는지 또는 조건부수렴하는지 판정하시오.

(1) $\displaystyle\sum_{k=1}^{\infty} \frac{(-1)^{k+1}}{\sqrt{k}}$

(2) $\displaystyle\sum_{k=3}^{\infty} \frac{(-1)^k}{\sqrt{k}\,\ln(\ln k)}$

(3) $\displaystyle\sum_{k=1}^{\infty} \frac{(-1)^{k+1}}{k^p}$, $p > 0$

(4) $\displaystyle\sum_{k=3}^{\infty} \frac{(-1)^k \ln(\ln k)}{\sqrt{\ln k}}$

(5) $\displaystyle\sum_{k=2}^{\infty} \frac{(-1)^k}{k(\ln k)^p}$, $p > 0$

(6) $\displaystyle\sum_{k=1}^{\infty} \frac{(-1)^{k+1} k^k}{(k+1)^{k+1}}$

(7) $\displaystyle\sum_{k=1}^{\infty} \frac{(-1)^{k+1} k^k}{(k+1)^k}$

(8) $\displaystyle\sum_{k=1}^{\infty} (-1)^{k+1} \sin\left(\frac{1}{k}\right)$

(9) $\displaystyle\sum_{k=2}^{\infty} \frac{(-1)^k}{k^2 + (-1)^k}$

(10) $\displaystyle\sum_{k=1}^{\infty} (-1)^k \frac{2^k k^2}{k!}$

05 급수 $1+\frac{1}{2}-\frac{1}{3}+\frac{1}{4}+\frac{1}{5}-\frac{1}{6}+\cdots$이 발산함을 보이시오.

06 급수 $1-\frac{1}{2}-\frac{1}{3}+\frac{1}{4}+\frac{1}{5}-\frac{1}{6}-\frac{1}{7}+\frac{1}{8}+\frac{1}{9}-\frac{1}{10}-\frac{1}{11}+\cdots$의 수렴여부를 조사하시오.

07 급수 $\sum_{k=1}^{\infty}\frac{\sin k}{k}$가 조건부수렴함을 보이시오.

08 $\sum_{k=1}^{\infty}a_k$가 조건부수렴하면 ∞로 발산하는 $\sum_{k=1}^{\infty}a_k$의 재배열된 급수가 존재함을 보이시오.

09 $\sum_{k=1}^{\infty}{a_k}^2<\infty$이고 $\sum_{k=1}^{\infty}{b_k}^2<\infty$일 때 다음을 보이시오.

(1) **(급수에 대한 코시-슈바르츠 부등식, Cauchy-Schwarz inequality for series)**

$\sum_{k=1}^{\infty}a_kb_k$는 절대수렴하고 $\sum_{k=1}^{\infty}|a_kb_k|\le\sqrt{\sum_{k=1}^{\infty}a_k^2}\sqrt{\sum_{k=1}^{\infty}b_k^2}$ 이 성립한다.

(도움말 : 먼저 $\sum_{k=1}^{n}|a_kb_k|\le\sqrt{\sum_{k=1}^{n}a_k^2}\sqrt{\sum_{k=1}^{n}b_k^2}$ 이 성립함을 보이시오)

(2) **(민카우스키 부등식, Minkowski's inequality)**

$$\sqrt{\sum_{k=1}^{\infty}(a_k+b_k)^2}\le\sqrt{\sum_{k=1}^{\infty}a_k^2}+\sqrt{\sum_{k=1}^{\infty}b_k^2}$$

8 함수열과 함수항 급수

이 장에서는 $\mathbb{R}$의 부분집합 E에서 정의된 함수들의 열과 급수의 수렴성질들에 관하여 살펴본다. 특히 극한함수의 연속성, 미분가능성 그리고 적분 가능성에 관하여 살펴본다.

8.1절에서는 함수열 또는 함수항 급수에 대한 점별수렴의 개념을 소개하고, 점별수렴하는 연속, 미분가능 또는 적분 가능한 함수열들의 극한함수는 일반적으로 연속성, 미분가능성 또는 적분 가능성이 보장되지 않는다는 것을 예를 들어 설명한다. 8.2절에서는 극한함수의 연속성, 미분가능성 또는 적분 가능성에 대한 충분조건을 제공해 주는 균등수렴의 개념을 소개하고, 함수열 또는 함수항 급수의 균등수렴을 보이는 데 매우 유용한 코시 판정법과 바이어슈트라스 M-판정법을 소개한다. 8.3절에서는 균등수렴의 중요성, 즉 균등수렴과 연속성, 미분가능성 그리고 적분 가능성과의 관계를 살펴본다. 마지막으로, 8.4절에서는 멱급수에 대하여 개념을 정의하고 함수들의 멱급수 전개에 관하여 다룬다.

8.1 점별수렴

이 절에서는 점별수렴의 개념을 소개하고, 함수열과 함수항 급수에 대한 세 가지 중요한 문제들에 관하여 살펴본다. 우선 함수열의 점별수렴에 관하여 정의하자.

정의 01

E는 $\mathbb{R}$의 공집합이 아닌 부분집합이다. 각 $n \in \mathbb{N}$에 대하여 f_n이 E에서 정의된 실숫값 함수이면 $\{f_n\}$을 E에서 정의된 **함수열**(a sequence of real-valued functions)이라 한다.

정의 02

$\{f_n \mid n \geq 1\}$이 공집합이 아닌 $\mathbb{R}$ 의 부분집합 E에서 정의된 함수열이다. 각 $x \in E$에 대하여 수열 $\{f_n(x)\}$가 수렴하면 함수열 $\{f_n\}$은 E에서 **점별수렴한다**(converge pointwise)고 하고, 이 경우 다음과 같이 자연스럽게 정의되는 함수 $f: E \to \mathbb{R}$ 를 **극한함수**(limit function)라 한다.

$$f(x) = \lim_{n \to \infty} f_n(x), \quad x \in E$$

참고 함수열 $\{f_n\}$이 E에서 f로 점별수렴한다는 것을 ϵ과 N을 사용하여 나타내면 다음과 동치이다.

각 $x \in E$와 임의의 $\epsilon > 0$에 대하여 $n \geq N$이면

$$|f_n(x) - f(x)| < \epsilon$$

인 x와 ϵ에 동시에 의존하는 적당한 자연수 $N = N(x, \epsilon)$이 존재한다. ◢

다음으로 함수항 급수에 관하여 정의하도록 하자.

정의 03

(1) $\{f_n\}$이 공집합이 아닌 $\mathbb{R}$ 의 부분집합 E에서 정의된 함수열일 때 각 $n \in \mathbb{N}$ 에 대하여 다음과 같이 정의된 함수 $S_n: E \to \mathbb{R}$ 을 **제n 번째 부분합**(n th partial sums)이라 한다.

$$S_n(x) = (f_1 + \cdots + f_n)(x) = \sum_{k=1}^{n} f_k(x)$$

(2) $\{S_n\}$을 E에서 정의된 **함수항 급수**(a series of functions)라 하고 기호로는

$$\sum_{k=1}^{\infty} f_k \text{ 또는 간단히 } \sum f_k$$

로 나타낸다.

(3) 각 $x \in E$에 대하여 함수열 $\{S_n(x)\}$가 수렴하면, 즉 각 $x \in E$에 대하여 급수 $\sum_{k=1}^{\infty} f_k(x)$가 수렴하면 급수 $\sum f_k$는 E에서 **점별수렴한다**(converge pointwise)고 한다. 이 경우 함수열 $\{S_n\}$의 극한함수 $S: E \to \mathbb{R}$ 를 함수항 급수 $\sum f_k$의 **합**(sum)이라 부르고, 기호로는

$$S(x) = \sum_{k=1}^{\infty} f_k(x) \quad (x \in E) \text{ 또는 간단히 } S = \sum_{k=1}^{\infty} f_k$$

로 나타낸다.

이제 함수열과 함수항 급수와 관련된 세 가지의 매우 중요한 문제들을 살펴보자. 다음에서 모든 $n \in \mathbb{N}$에 대하여 $f_n : [a, b] \to \mathbb{R}$ 이고, 각 $x \in [a, b]$에 대하여 $\lim_{n\to\infty} f_n(x) = f(x)$이다.

문제 01 각 f_n이 $p \in [a, b]$에서 연속이면 극한함수 f도 p에서 연속인가? 즉,

$$\lim_{x\to p}\left(\lim_{n\to\infty} f_n(x)\right) = \lim_{n\to\infty}\left(\lim_{x\to p} f_n(x)\right)$$

가 성립하는가?

문제 02 각 $n \in \mathbb{N}$에 대하여 $f_n \in \mathcal{R}[a, b]$이면 $f \in \mathcal{R}[a, b]$인가? 즉,

$$\int_a^b f(x)\,dx = \lim_{n\to\infty}\int_a^b f_n(x)\,dx$$

가 성립하는가?

문제 03 각 $n \in \mathbb{N}$에 대하여 f_n이 $p \in [a, b]$에서 미분가능하면 극한함수 f도 p에서 미분가능한가? 즉,

$$f'(p) = \lim_{n\to\infty} f_n{}'(p)$$

가 성립하는가?

다음 예제들을 통하여 차례로 위 세 가지 문제들의 답이 모두 일반적으로 '아니요'라는 것을 설명하고 이 절을 마치도록 하자.

예제 1

$E = [0, 1]$일 때 각 $x \in E$와 $n \in \mathbb{N}$에 대하여

$$f_n(x) = x^n$$

이라 하면 각 $n \in \mathbb{N}$에 대하여 f_n은 E에서 연속이다. 모든 $n \in \mathbb{N}$에 대하여 $f_n(1) = 1$이므로 $\lim_{n\to\infty} f_n(1) = 1$이다. $0 \le x < 1$이면 2.2절 정리 5의 (5)에 의해서 $\lim_{n\to\infty} f_n(x) = 0$이다. 그러므로

$$f(x) = \lim_{n\to\infty} f_n(x) = \begin{cases} 0, & 0 \le x < 1 \\ 1, & x = 1 \end{cases}$$

이다. 극한 함수 f는 각 $n \in \mathbb{N}$에 대하여 f_n이 $[0, 1]$에서 연속임에도 불구하고 $[0, 1]$에서 연속이 아니다. ◢

예제 2

$\{x_k\}$를 $[0,1]$에서 정의되는 서로 다른 모든 유리수들로 이루어진 유리수열이라 하고, 각 $n\in\mathbb{N}$에 대하여 $f_n:[0,1]\to\mathbb{R}$ 을 다음과 같이 정의하자.

$$f_n(x)=\begin{cases}1\ , & x=x_k\ (1\le k\le n)\\ 0\ , & \text{그렇지 않으면}\end{cases}$$

각 f_n이 $x_1,\cdots,x_n$을 제외한 $[0,1]$의 모든 점에서 연속이므로
르베그 정리에 의해서 $f_n\in\mathcal{R}[0,1]$이며, 이 경우

$$\int_0^1 f_n(x)\,dx=1$$

이다. 그렇지만

$$f(x)=\lim_{n\to\infty}f_n(x)=\begin{cases}1\ , & x\in\mathbb{Q}\cap[0,1]\\ 0\ , & x\in(\mathbb{R}\backslash\mathbb{Q})\cap[0,1]\end{cases}$$

이므로 6.1절의 예제 1에 의해서 $f\notin\mathcal{R}[0,1]$이다. ◢

참고 $[a,b]$에서 정의된 함수열 $\{f_n\}$의 극한함수 f가 $[a,b]$에서 리만 적분 가능하더라도

$$\int_a^b f(x)\,dx\neq\lim_{n\to\infty}\int_a^b f_n(x)\,dx$$

인 경우도 있다.(연습문제 3 참고) ◢

예제 3

각 $n\in\mathbb{N}$에 대하여 $f_n(x)=\dfrac{\sin nx}{n}$라 하자.

모든 $x\in\mathbb{R}$와 $n\in\mathbb{N}$에 대하여 $|\sin nx|\le 1$이므로 모든 $x\in\mathbb{R}$에 대하여

$$f(x)=\lim_{n\to\infty}f_n(x)=0$$

이다. 그러므로 모든 $x\in\mathbb{R}$에 대하여

$$f'(x)=0$$

이다. 한편, $f_n{}'(x)=\cos nx$이다. 특히 $f_n{}'(0)=1$이고, 그래서

$$\lim_{n\to\infty}f_n{}'(0)=1\neq f'(0)$$

이다. ◢

참고 각 $n\in\mathbb{N}$에 대하여 f_n이 $p\in E$에서 미분가능할지라도 함수열 $\{f_n\}$의 극한함수 f는 p에서 미분이 불가능한 경우도 있다.(연습문제 4 참고) ◢

8.1 연습문제

01 다음에 주어진 각 함수열들의 극한함수를 구하시오.

(1) $\left\{ \dfrac{n^2 x}{1+n^2 x} \right\}$, $x \geq 0$

(2) $\left\{ \dfrac{\sin nx}{1+nx} \right\}$, $x \geq 0$

(3) $\{ \sin^{2n} x \}$, $x \in \mathbb{R}$

(4) $\{ nxe^{-nx^2} \}$, $x \in \mathbb{R}$

02 각 $k = 0, 1, 2, \cdots$에 대하여 $f_k(x) = \dfrac{x^2}{(1+x^2)^k}$, $x \in \mathbb{R}$ 라 할 때 함수항 급수 $\displaystyle\sum_{k=0}^{\infty} f_k(x)$의 합을 구하고, 그 합이 $\mathbb{R}$에서 연속인지 조사하시오.

03 $[0, 1]$에서 다음과 같이 정의된 함수열 $\{f_n\}$에 대하여

$$\int_0^1 \left(\lim_{n \to \infty} f_n(x) \right) dx = \lim_{n \to \infty} \int_0^1 f_n(x)\, dx$$

가 성립하는지 조사하시오.

$$f_n(x) = \begin{cases} n - n^2 x, & 0 < x < \dfrac{1}{n} \\ 0, & x = 0 \text{ 또는 } \dfrac{1}{n} \leq x \leq 1 \end{cases}$$

04 각 $n \in \mathbb{N}$에 대하여 $f_n(x) = |x|^{1+\frac{1}{n}}$은 $[-1, 1]$에서 미분가능하지만 함수열 $\{f_n\}$의 극한함수는 $[-1, 1]$에서 미분이 불가능함을 보이시오.

05 각 $n \in \mathbb{N}$에 대하여 $g_n(x) = \dfrac{e^{-nx}}{n}$ $(x \geq 0)$일 때 $\lim\limits_{n \to \infty} g_n(x)$와 $\lim\limits_{n \to \infty} g_n{}'(x)$를 구하시오.

06 각 $n \in \mathbb{N}$에 대하여 $f_n(x) = \dfrac{x}{n} e^{-\frac{x}{n}}$ $(x \geq 0)$이다.

(1) 함수열 $\{f_n\}$의 극한함수를 구하시오.

(2) 임의의 $\epsilon > 0$에 대하여 다음을 만족시키는 자연수 N이 존재하는지 조사하시오.
(도움말 : f_n의 최댓값을 구하여 보라)

모든 $x \geq 0$와 $n \geq N$에 대하여 $|f_n(x)| < \epsilon$이다.

(3) $0 \leq x \leq a$, $a > 0$에 대하여 (2)를 조사하시오.

8.2 균등수렴

이 절에서는 8.1절에서 제시된 세 가지 문제가 성립하는 데 매우 중요한 충분조건이 되는 균등수렴의 개념을 소개하고, 주어진 함수열 또는 함수항 급수의 균등수렴 여부를 결정하는 데 매우 유용한 몇 가지 정리들을 살펴본다.

정의 01

$\mathbb{R}$의 공집합이 아닌 부분집합 E에서 정의되는 함수열 $\{f_n\}$이 다음을 만족시키면 함수열 $\{f_n\}$은 E에서 f로 **균등수렴한다**(converge uniformly)고 한다.

임의의 $\epsilon > 0$에 대하여 $x \in E$이고 $n \geq N$이면

$$|f_n(x) - f(x)| < \epsilon$$

인 ϵ에만 의존하는 적당한 자연수 $N = N(\epsilon)$이 존재한다.

비슷하게, 함수항 급수 $\sum_{k=1}^{\infty} f_k$의 제n번째 부분합으로 정의되는 함수열 $\{S_n\}$이 E에서 균등수렴하면, 그리고 그때에만 함수항 급수 $\sum_{k=1}^{\infty} f_k$가 E에서 **균등수렴한다**고 한다.

참고 (1) 균등수렴하는 함수열은 정의에 의하서 점별수렴한다.

(2) 점별수렴과는 다르게 균등수렴의 정의에서는 자연수 N이 ϵ에만 의존한다는 사실에 유의하라. 이러한 이유로 모든 $x \in E$와 $n \in \mathbb{N}$에 대하여

$$|f_n(x) - f(x)| < a_n$$

이고 $\lim_{n\to\infty} a_n = 0$인 수열 $\{a_n\}$이 존재하면 $\{f_n\}$은 f로 균등수렴함을 알 수 있다.(이유는?)

◢

예제 1 (Revisited)

각 $n \in \mathrm{N}$에 대하여 $f_n(x) = x^n$, $0 \leq x \leq 1$이라 할 때 다음을 보이시오.

(1) $\{f_n\}$은 $[0, 1]$에서 균등수렴하지 않는다.

(2) $0 < a < 1$일 때 $\{f_n\}$은 $[0, a]$에서 균등수렴한다.

풀이 8.1절의 예제 1에 의해서 함수열 $\{f_n\}$의 극한함수는

$$f(x)=\begin{cases} 0 \ , & 0 \le x < 1 \\ 1 \ , & x = 1 \end{cases}$$

이다.

(1) 결론을 부정하여 $\{f_n\}$이 f로 균등수렴한다고 가정하면 임의의 $\epsilon > 0$에 대하여 적당한 $N \in \mathbb{N}$이 존재하여 $n \ge N$이고 $x \in [0, 1]$이면

$$|f_n(x) - f(x)| < \epsilon$$

이다. 특히 모든 $x \in [0, 1)$에 대하여

$$x^N < \epsilon$$

이다. 그러나 위 부등식은 $\epsilon < 1$이면 모순이다. 그러므로 $\{f_n\}$은 f로 $[0, 1]$에서 균등수렴하지 않는다.

(2) 모든 $x \in [0, a]$에 대하여

$$|f_n(x) - f(x)| = |x|^n \le a^n$$

이고

$$\lim_{n \to \infty} a^n = 0$$

이므로 원하는 결과를 얻는다. ◢

예제 2

함수항 급수 $\sum_{k=1}^{\infty}\left[kxe^{-kx^2} - (k-1)xe^{-(k-1)x^2}\right]$은 $[0, \infty)$에서 균등수렴하지 않음을 보이시오.

풀이 제n번째 부분합을 구하면

$$S_n(x) = nxe^{-nx^2}$$

이다. 연습문제 8.1의 1(4)에 의해서 모든 $x \in [0, \infty)$에 대하여

$$S(x) = \lim_{n \to \infty} S_n(x) = 0$$

이다. 결론을 부정하여 $\{S_n\}$이 $[0, \infty)$에서 0으로 균등수렴한다고 가정하자. 그러면 $\epsilon = 1$에 대하여 적당한 $N \in \mathbb{N}$이 존재하여 $n \ge N$이고 $x \in [0, \infty)$이면

$$|S_n(x)-S(x)|=nxe^{-nx^2}<1$$

이다. 편의상, $f_n(x)=nxe^{-nx^2}$이라 하면 미분을 이용하여 각 $n\in\mathbb{N}$에 대하여 $f_n(x)$가 $x_n=\dfrac{1}{\sqrt{2n}}$에서 최댓값으로

$$M_n=f_n(x_n)=\sqrt{\frac{n}{2e}}$$

을 갖는다는 것을 쉽게 보일 수 있다. 그런데 $n\geq 6$이면 $M_n>1$이 되므로 모순이다. 그러므로 $\{S_n\}$은 $[0,\infty)$에서 0으로 균등수렴하지 않는다. ◢

다음으로 균등수렴에 대한 필요충분조건을 제시해 주는 코시 판정법을 소개한다.

정리 01 코시 판정법(Cauchy criterion)

E에서 정의된 함수열 $\{f_n\}$이 E에서 균등수렴할 필요충분조건은 임의의 $\epsilon>0$에 대하여 $x\in E$이고 $n, m\geq N$이면

$$|f_n(x)-f_m(x)|<\epsilon$$

이 성립하는 ϵ에만 의존하는 적당한 자연수 N이 존재하는 것이다.

증명 **충분성** : $\{f_n\}$이 E에서 f로 균등수렴한다고 가정하고 $\epsilon>0$이라 하자. 그러면 $n\geq N$인 모든 $n\in\mathbb{N}$과 모든 $x\in E$에 대하여

$$|f_n(x)-f(x)|<\frac{\epsilon}{2}$$

인 $N\in\mathbb{N}$이 존재한다. 그러므로 $n, m\geq N$이면 모든 $x\in E$에 대하여

$$\begin{aligned}|f_n(x)-f_m(x)| &\leq |f_n(x)-f(x)|+|f(x)-f_m(x)|\\ &< \frac{\epsilon}{2}+\frac{\epsilon}{2}=\epsilon\end{aligned}$$

이다.

필요성 : 가정으로부터, 각 $x\in E$에 대하여 $\{f_n(x)\}$가 $\mathbb{R}$에서 코시 수열이므로 수렴한다. 그러므로 각 $x\in E$에 대하여

$$f(x)=\lim_{n\to\infty}f_n(x)$$

가 존재한다. $\epsilon>0$이라 하면 가정에 의해서 적당한 자연수 N이 존재하여 $x\in E$이고

$n, m \ge N$이면

$$|f_n(x) - f_m(x)| < \frac{\epsilon}{2}$$

이다. 각 $x \in E$에 대하여 $\lim_{n\to\infty} f_n(x) = f(x)$이므로, 각 $x \in E$에 대하여

$$|f_{m_x}(x) - f(x)| < \frac{\epsilon}{2}$$

이고 $m_x \ge N$인 적당한 자연수 m_x가 존재한다. $n \ge N$이면 모든 $x \in E$에 대하여

$$|f_n(x) - f(x)| \le |f_n(x) - f_{m_x}(x)| + |f_{m_x}(x) - f(x)|$$

$$< \frac{\epsilon}{2} + \frac{\epsilon}{2} = \epsilon$$

이다. 그러므로 $\{f_n\}$은 E에서 f로 균등수렴한다. ◢

함수열에 대한 코시 판정법(정리 1)과 비슷하게 함수항 급수에 대하여 다음의 결과를 얻을 수 있다.

따름정리 01

E에서 정의된 함수항 급수 $\sum_{k=1}^{\infty} f_k(x)$가 E에서 균등수렴할 필요충분조건은 임의의 $\epsilon > 0$에 대하여 $x \in E$이고 $n > m \ge N$이면

$$\left| \sum_{k=m+1}^{n} f_k(x) \right| < \epsilon$$

이 성립하는 ϵ에만 의존하는 적당한 자연수 N이 존재한다.

증명 주어진 함수항 급수의 제n번째 부분합 $S_n(x)$에 코시 판정법(정리 1)을 적용하면 쉽게 원하는 결과를 얻는다. ◢

균등수렴의 정의나 코시 판정법을 이용하여 주어진 함수열이 균등수렴함을 보이는 것은 쉽지 않다. 그렇지만 다음 정리를 이용하면 경우에 따라서 쉽게 보일 수도 있다.

정리 02

E에서 정의된 함수열 $\{f_n\}$이 E에서 f로 점별수렴할 때 각 $n \in \mathbb{N}$에 대하여

$$T_n = \sup\{\, |f_n(x) - f(x)| \mid x \in E \,\}$$

라 하자. 그러면 $\{f_n\}$이 E에서 f로 균등수렴할 필요충분조건은

$$\lim_{n\to\infty} T_n = 0$$

이다.

증명 **충분성** : $\epsilon > 0$이라 하면 적당한 $N \in \mathbb{N}$이 존재하여 모든 $x \in E$와 $n \geq N$인 모든 $n \in \mathbb{N}$에 대하여

$$|f_n(x) - f(x)| < \frac{\epsilon}{2}$$

이고, 따라서 $n \geq N$이면

$$T_n = \sup\{|f_n(x) - f(x)| \mid x \in E\} \leq \frac{\epsilon}{2} < \epsilon$$

이다. 그러므로 $\lim_{n\to\infty} T_n = 0$이다.

필요성 : 임의의 $\epsilon > 0$에 대하여 적당한 자연수 N이 존재하여 $n \geq N$이면

$$T_n = \sup\{|f_n(x) - f(x)| \mid x \in E\} < \epsilon$$

이다. 따라서 $n \geq N$이면 모든 $x \in E$에 대하여

$$|f_n(x) - f(x)| \leq T_n < \epsilon$$

이다. 그러므로 $\{f_n\}$은 E에서 f로 균등수렴한다. ◢

예제 3 (Revisited)

예제 2에서 정의된 함수항 급수, 즉 제n번째 부분합이

$$S_n(x) = nxe^{-nx^2} \quad (x \geq 0)$$

이고 극한함수가 $S(x) = 0$인 함수열 $\{S_n\}$은

$$T_n = \sup\{S_n(x) \mid x \geq 0\} = \sqrt{\frac{n}{2e}}$$

이고 $\lim_{n\to\infty} T_n = \infty$이므로 정리 2에 의해서 $[0, \infty)$에서 균등수렴하지 않는다. ◢

예제 4

함수항 급수 $\sum_{n=1}^{\infty} x^{n-1}$ $(|x| < 1)$은 $(-1, 1)$에서 균등수렴하지 않음을 보이시오.

풀이 $|x| < 1$이면 제n번째 부분합은

$$S_n(x) = \frac{1-x^n}{1-x}$$

이다. 각 $x \in (-1, 1)$에 대하여

$$\lim_{n\to\infty} S_n(x) = \lim_{n\to\infty}\frac{1-x^n}{1-x} = \frac{1}{1-x}$$

이고, 따라서 함수열 $\{S_n\}$의 $(-1, 1)$에서 극한함수는 $S(x) = \dfrac{1}{1-x}$이다. 한편,

$$\begin{aligned} T_n &= \sup\{|S_n(x) - S(x)| \mid |x| < 1\} \\ &= \sup\left\{\frac{|x|^n}{1-x} \mid |x| < 1\right\} = \infty \end{aligned}$$

이므로 정리 2에 의해서 함수열 $\{S_n\}$, 즉 주어진 함수항 급수 $\sum_{n=1}^{\infty} x^{n-1}$은 $(-1, 1)$에서 균등수렴하지 않는다. ◢

다음으로 함수항 급수의 균등수렴을 판정하는 데 매우 유용한 바이어슈트라스에 의한 판정법을 소개한다.

정리 03 바이어슈트라스 M-판정법(Weierstrass M-test)

$\{f_k\}$는 E에서 정의된 함수열이고, $\{M_k\}$는 모든 $x \in E$와 $k \in \mathbb{N}$에 대하여

$$|f_k(x)| \le M_k$$

를 만족시키는 수열이다. 만약

$$\sum_{k=1}^{\infty} M_k < \infty$$

이면 함수항 급수 $\sum_{k=1}^{\infty} f_k(x)$는 E에서 균등수렴한다.

증명 $S_n(x) = \sum_{k=1}^{n} f_k(x)$ 라 하자. $n > m$이면

$$|S_n(x) - S_m(x)| = \left|\sum_{k=m+1}^{n} f_k(x)\right| \le \sum_{k=m+1}^{n} |f_k(x)| \le \sum_{k=m+1}^{n} M_k$$

이다. 그러므로 코시 판정법에 의해서 원하는 결과를 얻는다. ◢

참고 위 정리 3에서 함수항 급수 $\sum_{k=1}^{\infty} |f_k(x)|$도 역시 수렴함다. 그러므로 주어진 함수항 급수는 E에서 절대수렴함을 알 수 있다. ◢

예제 5

무한급수 $\sum_{k=1}^{\infty} a_k$ 가 절대수렴하면 모든 $x \in \mathbb{R}$ 에 대하여

$$|a_k \sin kx| \le |a_k| \text{이고 } |a_k \cos kx| \le |a_k|$$

이므로 바이어슈트라스 M-판정법에 의해서 함수항 급수 $\sum_{k=1}^{\infty} c_k \sin kx$ 와 $\sum_{k=1}^{\infty} a_k \cos kx$ 는 모두 $\mathbb{R}$ 에서 균등수렴한다. 특히 $p > 1$ 이면 함수항 급수

$$\sum_{k=1}^{\infty} \frac{\sin kx}{k^p} \text{ 와 } \sum_{k=1}^{\infty} \frac{\cos kx}{k^p}$$

는 $\mathbb{R}$ 에서 균등수렴한다. ◢

예제 6

함수항 급수 $\sum_{k=1}^{\infty} (xe^{-x})^k$ 는 $[0, \infty)$ 에서 균등수렴함을 보이시오.

풀이 1계도함수 판정법을 이용하면 모든 $x \ge 0$에 대하여

$$|xe^{-x}| \le \frac{1}{e}$$

임을 쉽게 보일 수 있다. 따라서 모든 $x \ge 0$에 대하여

$$(xe^{-x})^k \le \frac{1}{e^k}$$

이다. 기하급수 $\sum_{k=1}^{\infty} \frac{1}{e^k}$ 이 수렴하므로 바이어슈트라스 M-판정법에 의해서 주어진 함수항 급수 $\sum_{k=1}^{\infty} (xe^{-x})^k$ 는 $[0, \infty)$ 에서 균등수렴한다. ◢

8.2 연습문제

01 $\{f_n\}$과 $\{g_n\}$이 E에서 균등수렴할 때 다음 각 명제가 참이면 증명하고, 거짓이면 예를 들어 설명하시오.

(1) $\{f_n + g_n\}$이 E에서 균등수렴한다.

(2) 모든 $x \in E$와 $n \in \mathbb{N}$에 대하여

$$\max\{|f_n(x)|, |g_n(x)| \mid x \in E\} \le M$$

인 $M > 0$이 존재하면 $\{f_n g_n\}$은 E에서 균등수렴한다.

(3) $\{f_n g_n\}$은 E에서 균등수렴한다.

02 함수열 $\{f_n\}$이 (a, b)에서 균등수렴하고, 수열 $\{f_n(a)\}$와 $\{f_n(b)\}$가 수렴하면 $\{f_n\}$은 $[a, b]$에서 균등수렴함을 보이시오.

03 $f_n(x) = nx(1-x^2)^n$, $0 \le x \le 1$ 일 때 $\{f_n\}$은 $[0, 1]$에서 균등수렴하지 않음을 보이시오.

04 자연수 n에 대하여 $f_n : [0, 1] \to \mathbb{R}$을 $f_n(x) = n(1-x)x^n$으로 정의할 때 다음 물음에 답하시오.

(1) 함수열 $\{f_n\}$이 점별수렴하는 극한함수 f를 구하시오.

(2) 함수열 $\{f_n\}$이 f로 균등수렴하는지 조사하시오.

05 예제 1을 정리 2를 이용하여 보이시오.

06 모든 $n \in \mathbb{N}$에 대하여 함수 $f_n : [0, 2] \to \mathbb{R}$를 $f_n(x) = \dfrac{3x^n}{2x^n + 1}$으로 정의할 때 함수열 $\{f_n\}$의 극한함수 f를 구하고, $\{f_n\}$이 f로 균등수렴하는지 조사하시오.

07 $f_n(x) = |x|^{1+\frac{1}{n}}$ $(n \in \mathbb{N})$은 $[-1, 1]$에서 균등수렴함을 보이시오.

08 (1) 예제 2에서 정의된 함수항 급수는 모든 $a > 0$에 대하여 $[a, \infty)$에서 균등수렴함을 보이시오.

(2) 예제 4에서 정의된 함수항 급수는 임의의 $0 < a < 1$에 대하여 $[0, a]$에서 균등수렴함을 보이시오.

09 각 $n \in \mathbb{N}$에 대하여 $f_n(x) = x + \dfrac{x}{n} \sin nx$, $x \in \mathbb{R}$라 하자.

(1) $a > 0$일 때 $\{f_n\}$은 $[-a, a]$에서 균등수렴함을 보이시오.

(2) $\{f_n\}$이 $\mathbb{R}$에서 균등수렴하는지 조사하시오.

10 다음의 각 함수항 급수 $\sum_{k=1}^{\infty} f_k(x)$가 주어진 구간 I에서 균등수렴하는지 조사하시오.

(1) $f_k(x) = \dfrac{1}{k^p + x}$, $I = [0, \infty)$, $p > 1$

(2) $f_k(x) = ke^{-kx}$, $I = [1, \infty)$

(3) $\displaystyle\sum_{k=1}^{\infty}\left(\frac{1}{kx+1} - \frac{1}{(k+1)x+2}\right)$, $I = [0, 1]$

(4) $\displaystyle\sum_{k=1}^{\infty} \sin\left(\frac{x}{k^p}\right)$, $I = [-2, 2]$, $p > 1$

(5) $\displaystyle\sum_{k=1}^{\infty} \frac{(-1)^k}{k+x}$, $I = [0, \infty)$

11 함수항 급수 $\sum_{k=1}^{\infty}(-1)^{k+1}\dfrac{x^k}{k}$, $0 \le x \le 1$에 대하여 다음 명제가 참이면 증명하고, 거짓이면 예를 들어 설명하시오.(도움말 : 7.3절의 정리 3과 정리 4를 이용하여 보라)

(1) 주어진 함수항 급수는 $[0, 1]$에서 균등수렴한다.

(2) 주어진 함수항 급수는 $[0, 1]$에서 절대수렴한다.

12 $p > 1$일 때 함수항 급수 $\sum_{k=0}^{\infty} \dfrac{1}{1+k^p x}$에 대하여 다음을 보이시오.

(1) 주어진 함수항 급수는 임의의 $a > 0$에 대하여 $[a, \infty)$에서 균등수렴한다.

(2) 주어진 함수항 급수는 $(0, \infty)$에서 균등수렴하지 않는다.

13 함수항 급수 $\sum_{k=1}^{\infty}\left(\dfrac{x}{2}\right)^k$에 대하여 다음을 보이시오.

(1) 주어진 함수항 급수는 임의의 $0 < a < 2$에 대하여 $[-a, a]$에서 균등수렴한다.

(2) 주어진 함수항 급수는 $(-2, 2)$에서 균등수렴하지 않는다.

14 모든 $n\in\mathbb{N}$에 대하여 $f_n:[0,1]\to\mathbb{R}$를 $f_n(x)=\begin{cases}1, & \dfrac{1}{n+1}<x\le\dfrac{1}{n}\\ 0, & \text{그렇지 않은 경우}\end{cases}$ 라 정의할 때

함수항 급수 $\sum_{n=1}^{\infty}f_n(x)$가 $[0,1]$에서 점별수렴하지만 균등수렴하지 않음을 보이시오.

15 다음 각 명제가 참이면 증명하고, 거짓이면 예를 들어 설명하시오.

(1) $\sum_{k=1}^{\infty}a_k$가 절대수렴하면 $\sum_{k=1}^{\infty}a_k x^k$는 $[-1,1]$에서 균등수렴한다.

(2) $\sum_{k=1}^{\infty}a_k$가 수렴하면 $\sum_{k=1}^{\infty}a_k x^k$는 $[0,1]$에서 균등수렴한다.

16 $F_0\in\mathcal{R}[0,1]$일 때 각 $n\in\mathbb{N}$과 $x\in[0,1]$에 대하여

$$F_n(x)=\int_0^x F_{n-1}(t)\,dt$$

라 하자. $\sum_{k=0}^{\infty}F_k(x)$는 $[0,1]$에서 균등수렴함을 보이시오.

17 다음과 같이 정의된 함수항 급수 $\sum_{k=1}^{\infty}f_k(x)$가 $[0,1]$에서 균등수렴하도록 $\alpha\in\mathbb{R}$를 결정하시오.

$$f_k(x)=\begin{cases}\dfrac{1}{k^{\alpha}}, & \dfrac{1}{2^{k+1}}<x\le\dfrac{1}{2^k}\\ 0, & x\in\left[0,\dfrac{1}{2^{k+1}}\right]\cup\left(\dfrac{1}{2^k},1\right]\end{cases}$$

8.3 균등수렴의 중요성

이 절에서는 8.1절에서 제시한 세 가지 문제의 답이 '예'가 되도록 하는 충분조건들에 관하여 조사한다. 우선 균등연속인 함수열들의 극한함수 또는 함수항 급수의 합은 연속임을 보이도록 하자.

정리 01

E는 공집합이 아닌 $\mathbb{R}$의 부분집합이고, 각 $n \in \mathbb{N}$에 대하여 $f_n : E \to \mathbb{R}$는 연속함수이다.

(1) 함수열 $\{f_n\}$이 E에서 f로 균등수렴하면 극한함수 f는 E에서 연속이다.

(2) 함수항 급수 $\sum_{n=1}^{\infty} f_n(x)$가 E에서 $S(x)$로 균등수렴하면 $S(x)$는 E에서 연속이다.

증명 (1) $\epsilon > 0$이라 하면 함수열 $\{f_n\}$이 E에서 f로 균등수렴하므로 모든 $x \in E$에 대하여

$$|f_N(x) - f(x)| < \frac{\epsilon}{3}$$

인 적당한 $N \in \mathbb{N}$이 존재한다. 또한 $f_N(x)$가 임의의 점 $x_0 \in E$에서 연속이므로 $x \in E$이고 $|x - x_0| < \delta$이면

$$|f_N(x) - f_N(x_0)| < \frac{\epsilon}{3}$$

인 적당한 $\delta > 0$가 존재한다. 이제 $x \in E$이고 $|x - x_0| < \delta$이면

$$\begin{aligned} |f(x) - f(x_0)| &\le |f(x) - f_N(x)| + |f_N(x) - f_N(x_0)| + |f_N(x_0) - f(x_0)| \\ &< \frac{\epsilon}{3} + \frac{\epsilon}{3} + \frac{\epsilon}{3} = \epsilon \end{aligned}$$

이다. 그러므로 f는 $x_0 \in E$에서 연속이고, 따라서 E에서 연속이다.

(2) $S_n(x) = \sum_{k=1}^{n} f_k(x)$라 하면, 각 $n \in \mathbb{N}$에 대하여 $S_n(x)$는 E에서 연속이다.

$\{S_n\}$이 E에서 S로 균등수렴하므로 (1)에 의해서 S는 E에서 연속이다. ◢

참고 정리 1에 의해서, E에서 균등수렴하는 연속인 함수들의 함수열 $\{f_n\}$에 대하여 $p \in E$이면 다음이 성립함을 알 수 있다.

$$\lim_{x \to p}\left(\lim_{n \to \infty} f_n(x)\right) = \lim_{n \to \infty}\left(\lim_{x \to p} f_n(x)\right)$$

◢

위 정리를 이용하면 다음 예제와 같이 주어진 함수열 또는 함수항 급수가 균등수렴하지 않는다는 것을 경우에 따라서 쉽게 보일 수 있다.

예제 1 (Revisited)

(1) 각 $n \in \mathbb{N}$에 대하여 $f_n(x) = x^n \ (0 \le x \le 1)$이라 하면 8.2절의 예제 1에 의해서 함수열 $\{f_n\}$의 극한함수는

$$f(x) = \begin{cases} 0\ , & 0 \le x < 1 \\ 1\ , & x = 1 \end{cases}$$

이다. 그런데 극한함수 f는 $x=1$에서 연속이 아니므로 정리 1에 의해서 함수열 $\{f_n\}$은 $[0, 1]$에서 균등수렴하지 않는다.

(2) 연습문제 8.1의 2에 의해서 함수항 급수 $\sum_{k=0}^{\infty} \frac{x^2}{(1-x^2)^k}$은 $\mathbb{R}$에서 균등수렴하지 않는다. ◢

참고 예제 1의 (2)에 정의된 함수항 급수 $\sum_{k=0}^{\infty} \frac{x^2}{(1+x^2)^k}$은 적당한 함수로 $\mathbb{R}$에서 절대수렴한다.(이유는?) 이 결과를 연습문제 8.2의 11과 비교하여 보라. ◢

두 번째로, 리만 적분 가능한 함수열의 극한함수가 리만 적분 가능할 충분조건이 주어진 함수열이 균등수렴하는 것임을 보이자.

정리 02

모든 $n \in \mathbb{N}$에 대하여 $f_n \in \mathcal{R}[a, b]$일 때 함수열 $\{f_n\}$이 $[a, b]$에서 f로 균등수렴하면 $f \in \mathcal{R}[a, b]$이고

$$\int_a^b f(x)\,dx = \lim_{n\to\infty} \int_a^b f_n(x)\,dx$$

이다.

증명 각 $n \in \mathbb{N}$에 대하여

$$\epsilon_n = \sup\{|f_n(x) - f(x)| \mid x \in [a, b]\}$$

라 하자. $\{f_n\}$이 $[a, b]$에서 f로 균등수렴하므로 8.2절 정리 2에 의해서 $\lim_{n\to\infty} \epsilon_n = 0$이다.

또한 모든 $x \in [a, b]$에 대하여

$$f_n(x) - \epsilon_n \le f(x) \le f_n(x) + \epsilon_n$$

이다. 그러므로

$$\int_a^b (f_n - \epsilon_n) \le \underline{\int_a^b} f \le \overline{\int_a^b} f \le \int_a^b (f_n + \epsilon_n) \quad \cdots\cdots (8.1)$$

이고, 따라서

$$0 \le \overline{\int_a^b} f - \underline{\int_a^b} f \le 2\epsilon_n (b-a)$$

이다. $\lim_{n\to\infty} \epsilon_n = 0$ 이므로 $f \in \mathcal{R}[a,b]$이다. 또한 부등식 (8.1)로부터

$$\left| \int_a^b f(x)\,dx - \int_a^b f_n(x)\,dx \right| < \epsilon_n (b-a)$$

이고, 따라서

$$\lim_{n\to\infty} \int_a^b f_n(x)\,dx = \int_a^b f(x)\,dx$$

이다. ◢

따름정리 01 **함수항 급수의 항별 적분**

모든 $k \in \mathbb{N}$ 에 대하여 $f_k \in \mathcal{R}[a,b]$이고 함수항 급수 $\sum_{k=1}^{\infty} f_k(x)$가 $[a,b]$에서 f로 균등수렴하면 $f \in \mathcal{R}[a,b]$이고

$$\int_a^b f(x)\,dx = \sum_{k=1}^{\infty} \int_a^b f_k(x)\,dx$$

이다.

증명 6.2절 정리 2에 의해서 각 $n \in \mathbb{N}$에 대하여 $S_n(x) = \sum_{k=1}^{n} f_k(x)$가 $[a,b]$에서 리만 적분 가능하다. 그러므로 정리 2를 적용하면 원하는 결과를 얻는다. ◢

참고 정리 2의 결과가 성립하기 위하여 주어진 함수열의 균등수렴성은 충분조건이라는 사실에 주목하자. 예를 들어, $f_n(x) = x^n$, $0 \le x \le 1$ 일 때 함수열 $\{f_n\}$은 극한함수

$$f(x) = \begin{cases} 0, & 0 \le x < 1 \\ 1, & x = 1 \end{cases}$$

로 균등수렴하지는 않지만(예제 1 참고), $f \in \mathcal{R}[0,1]$이고

$$\lim_{n\to\infty}\int_0^1 x^n\,dx = \lim_{n\to\infty}\frac{1}{n+1} = 0 = \int_0^1 f(x)\,dx$$

가 성립한다. 실제로는 정리 2보다 훨씬 더 강력한 다음 정리가 성립한다. 여기서는 정리의 증명은 생략하고 내용만 기술하도록 한다. ◢

정리 03 **유계 수렴 정리(Bounded convergence theorem)**

모든 $n \in \mathbb{N}$에 대하여 $f_n \in \mathcal{R}[a,b]$이고 $f(x)$는 $[a,b]$에서 리만 적분 가능한 함수열 $\{f_n\}$의 극한함수이다. 모든 $n \in \mathbb{N}$과 $x \in [a,b]$에 대하여

$$|f_n(x)| \le M$$

인 적당한 $M > 0$이 존재하면

$$\lim_{n\to\infty}\int_a^b f_n(x)\,dx = \int_a^b f(x)\,dx$$

이다.

예제 2 (Revisited)

$[0,1]$에서 $f_n(x) = x^n$ $(n \in \mathbb{N})$인 함수열 $\{f_n\}$은 위 정리 3의 모든 가정을 만족시킨다. 또한 극한함수 f도 $x=1$을 제외한 모든 점에서 연속이므로 $f \in \mathcal{R}[0,1]$이다. 그러므로

$$\lim_{n\to\infty}\int_0^1 x^n\,dx = \int_0^1 f(x)\,dx = 0$$

이다. ◢

마지막으로, 미분가능한 함수열의 극한함수에 대한 미분가능성을 살펴보자. 아쉽게도 극한함수의 연속성과 적분 가능성에 관한 경우와는 다르게 주어진 함수열이 균등수렴한다는 가정만으로는 원하는 결과를 얻지 못한다.(연습문제 8.1의 4와 연습문제 8.2의 7 참고) 좀 더 자세히 말하면, 1계도함수들의 함수열 $\{f_n'\}$이 균등수렴한다는 가정이 부가적으로 필요하다.

정리 04

$\{f_n\}$은 $[a, b]$에서 미분가능한 함수들의 함수열이다. 만약

(a) $\{f_n'\}$이 $[a, b]$에서 균등수렴하고,
(b) 적당한 $x_0 \in [a, b]$에 대하여 $\{f_n(x_0)\}$가 수렴하면

함수열 $\{f_n\}$은 $[a, b]$에서 미분가능한 적당한 함수 f로 균등수렴하고

$$f'(x) = \lim_{n\to\infty} f_n'(x)$$

이다.

증명 $\epsilon > 0$이라 하자.
$\{f_n(x_0)\}$가 수렴하고 $\{f_n'\}$이 균등수렴하므로 적당한 $N \in \mathbb{N}$이 존재하여 $n, m \geq N$이면

$$|f_n(x_0) - f_m(x_0)| < \frac{\epsilon}{2} \quad \cdots\cdots (8.2)$$

이고, $x \in [a, b]$이고 $n, m \geq N$이면

$$|f_n'(x) - f_m'(x)| < \frac{\epsilon}{2(b-a)} \quad \cdots\cdots (8.3)$$

이다. $n, m \geq N$인 함수 $f_n - f_m$에 평균값 정리를 적용하면 $x, y \in [a, b]$에 대하여

$$|(f_n(x) - f_m(x)) - (f_n(y) - f_m(y))| = |(f_n'(t) - f_m'(t))(x-y)|$$

인 적당한 t가 x와 y 사이에 존재한다. 따라서 부등식 (8.3)에 의해서

$$|(f_n(x) - f_m(x)) - (f_n(y) - f_m(y))| \leq \frac{\epsilon}{2(b-a)}|x-y| < \frac{\epsilon}{2} \quad \cdots\cdots (8.4)$$

이다.
부등식 (8.4)에서 $y = x_0$으로 택하면 부등식 (8.2)와 (8.4)로부터 모든 $x \in [a, b]$와 $n, m \geq N$에 대하여

$$\begin{aligned} |f_n(x) - f_m(x)| &\leq |(f_n(x) - f_m(x)) - (f_n(x_0) - f_m(x_0))| + |f_n(x_0) - f_m(x_0)| \\ &< \frac{\epsilon}{2} + \frac{\epsilon}{2} = \epsilon \end{aligned}$$

이다. 그러므로 코시 판정법(8.2절 정리 1)에 의해서 함수열 $\{f_n\}$은 $[a, b]$에서 균등수렴한다.
이제 각 $x \in [a, b]$에 대하여

$$f(x) = \lim_{n\to\infty} f_n(x)$$

라 하고 $p \in [a, b]$라 하자. $x \neq p$인 $x \in [a, b]$에 대하여

$$g_n(x) = \frac{f_n(x) - f_n(p)}{x - p}, \quad g(x) = \frac{f(x) - f(p)}{x - p}$$

라 정의하면 $x \neq p$인 각 $x \in [a, b]$에 대하여 $\lim_{n \to \infty} g_n(x) = g(x)$이고, 각 $n \in \mathbb{N}$에 대하여

$$\lim_{x \to p} g_n(x) = f_n'(p)$$

이다.

$E = [a, b] \setminus \{p\}$라 하고, 부등식 (8.4)에서 $y = p$로 택하면 모든 $x \in E$에 대하여 $n, m \geq N$이면

$$|g_n(x) - g_m(x)| \leq \frac{\epsilon}{2(b-a)}$$

이다. 따라서 $\{g_n\}$은 E에서 g로 균등수렴하고, 따라서 정리 에 의해서

$$\lim_{x \to p} g(x) = \lim_{x \to p}\left(\lim_{n \to \infty} g_n(x)\right) = \lim_{n \to \infty}\left(\lim_{x \to p} g_n(x)\right) = \lim_{n \to \infty} f_n'(p)$$

이다. 그러므로 f는 p에서 미분가능하고

$$f'(p) = \lim_{n \to \infty} f_n'(p)$$

이다. ◢

참고 (1) 정리 4에서 적당한 $x_0 \in [a, b]$에서 $\{f_n(x_0)\}$의 수렴성은 반드시 필요한 가정이다. 왜냐하면, $g_n(x) = f_n(x) + n$을 생각하면 $g_n'(x) = f_n'(x)$이지만 $\{g_n(x)\}$는 임의의 $x \in [a, b]$에 대하여 반드시 수렴하지 않을 수 있다. 또한 연습문제 13에서 볼 수 있듯이 $\{f_n'\}$이 균등수렴한다는 가정도 반드시 필요하다.

(2) 정리 4에서 각 $n \in \mathbb{N}$에 대하여 f_n'이 $[a, b]$에서 연속이라고 부가적으로 가정하면 미적분학의 기본정리 II와 정리 1 그리고 정리 2를 이용하여 쉽게 정리의 결과를 증명할 수 있다. (연습문제 14) ◢

정리 4를 함수항 급수 $\sum_{k=1}^{\infty} f_k(x)$의 제 n번째 부분합 $S_n(x) = \sum_{k=1}^{n} f_k(x)$에 적용하면 다음의 따름정리를 쉽게 얻을 수 있다.

따름정리 02 **함수항 급수의 항별 미분**

각 $n \in \mathbb{N}$ 에 대하여 f_k는 $[a, b]$에서 미분가능하다. 만약

(a) $\{S_n'(x)\}$가 $[a, b]$에서 균등수렴하고,
(b) 적당한 점 $x_0 \in [a, b]$에 대하여 급수 $\{S_n(x_0)\}$가 수렴하면

함수항 급수 $\sum_{k=1}^{\infty} f_k(x)$는 $[a, b]$에서 균등수렴하고

$$\frac{d}{dx}\sum_{k=1}^{\infty} f_k(x) = \sum_{k=1}^{\infty}\frac{d}{dx} f_k(x)$$

가 성립한다.

예제 3

각 $k \in \mathbb{N}$ 에 대하여

$$f_k(x) = \frac{\sin kx}{2^k}$$

라 하자. 모든 $x \in \mathbb{R}$ 에 대하여 $|f_k(x)| \le \frac{1}{2^k}$이므로 바이어슈트라스 M-판정법에 의해서 함수항 급수 $\sum_{k=1}^{\infty}\frac{\sin kx}{2^k}$는 $\mathbb{R}$ 에서 적당한 함수 $S(x)$로 균등수렴한다. 각 $n \in \mathbb{N}$ 에 대하여

$$S_n(x) = \sum_{k=1}^{n}\frac{\sin kx}{2^k}$$

라 하면

$$S_n'(x) = \sum_{k=1}^{n}\frac{k\cos kx}{2^k}$$

이다. $\left|\frac{k\cos kx}{2^k}\right| \le \frac{k}{2^k}$이고 $\sum_{k=1}^{\infty}\frac{k}{2^k} < \infty$이므로 바이어슈트라스 M-판정법에 의해서 $\{S_n'(x)\}$는 $\mathbb{R}$ 에서 균등수렴한다. 그러므로 따름정리 2에 의해서

$$S'(x) = \lim_{n\to\infty} S_n'(x) = \sum_{k=1}^{\infty}\frac{k\cos kx}{2^k}$$

이다. ◢

8.3 연습문제

01 함수항 급수 $\sum_{k=0}^{\infty} x(1-x)^k$가 $[0, 1]$에서 균등수렴하는지 조사하시오.

02 각 $n \in \mathbb{N}$에 대하여 $f_n(x) = \dfrac{x^n}{1+x^n}$, $0 \le x \le 1$일 때 다음을 보이시오.

(1) $0 < a < 1$인 임의의 a에 대하여 $\{f_n\}$은 $[0, a]$에서 균등수렴한다.

(2) $\{f_n\}$은 $[0, 1]$에서 균등수렴하지 않는다.

03 각 f_n은 $[0, 1]$의 모든 점에서 불연속이지만 함수열 $\{f_n\}$은 $[0, 1]$에서 정의되는 적당한 연속함수 f로 균등수렴하는 함수열 $\{f_n\}$의 예를 들어 보시오.

04 f가 $\mathbb{R}$에서 균등연속인 함수일 때 각 $n \in \mathbb{N}$에 대하여 $f_n(x) = f\left(x + \dfrac{1}{n}\right)$이라 하자. 함수열 $\{f_n\}$이 $\mathbb{R}$에서 f로 균등수렴함을 보이시오.

05 무한급수 $\sum_{k=0}^{\infty} a_k$가 절대수렴할 때 $\int_0^1 \left(\sum_{k=1}^{\infty} a_k x^k\right) dx = \sum_{k=0}^{\infty} \dfrac{a_k}{k+1}$가 성립함을 보이시오.

06 모든 $k \in \mathbb{N}$ 에 대하여 $0 < r_k < 1$ 이고 함수 $f_n : [0, 1] \to \mathbb{R}$ 를

$$f_n(x) = \begin{cases} 0 \ , & 0 \le x \le r_n \\ \dfrac{1}{2^n} \ , & r_n < x \le 1 \end{cases}$$

로 정의하자.

(1) 함수항 급수 $\sum_{n=1}^{\infty} f_n(x)$가 $[0, 1]$에서 균등수렴함을 보이시오.

(2) 함수 $f : [0, 1] \to \mathbb{R}$ 를

$$f(x) = \sum_{n=1}^{\infty} f_n(x)$$

로 정의하면 f 는 $[0, 1] \setminus \{ r_k \mid k \in \mathbb{N} \}$에서 연속임을 보이시오.

07 α는 $[a, b]$에서 단조증가함수이고, 모든 $n \in \mathbb{N}$ 에 대하여 $f_n \in \mathcal{R}_\alpha[a, b]$ 이다. 함수열 $\{f_n\}$이 $[a, b]$에서 f 로 균등수렴하면 $f \in \mathcal{R}_\alpha[a, b]$이고 $\int_a^b f d\alpha = \lim_{n\to\infty} \int_a^b f_n d\alpha$가 성립함을 보이시오.

08 각 $n \in \mathbb{N}$ 에 대하여 $f_n(x) = \dfrac{nx}{1+nx}$ $(0 \le x \le 1)$라 할 때 함수열 $\{f_n\}$은 $[0, 1]$에서 리만 적분 가능한 적당한 함수 f 로 점별수렴하지만 균등수렴하지 않는다는 것을 보이시오. 그렇지만 $\lim_{n\to\infty} \int_0^1 f_n(x)\, dx = \int_0^1 f(x)\, dx$ 가 성립함을 보이시오.

09 다음의 각 함수열 $\{f_n\}$에 대하여 $\lim_{n\to\infty}\int_0^1 f_n(x)\,dx = \int_0^1 \lim_{n\to\infty} f_n(x)\,dx$가 성립하는지 조사하시오.

(1) $f_n(x) = nx(1-x^2)^n$

(2) $f_n(x) = \dfrac{x^n}{n}$

(3) $f_n(x) = x^n$

(4) $f_n(x) = \dfrac{\sin(nx^2)}{n}$

(5) $f_n(x) = \dfrac{nx}{1+n^2x^2}$

10 $f\in\mathcal{R}[0,1]$이면 $\lim_{n\to\infty}\int_0^1 x^n f(x)dx = 0$임을 보이시오.(도움말 : 유계 수렴정리를 이용하여 보시오)

11 모든 $n\in\mathbb{N}$에 대하여 $f_n\in\mathcal{R}[a,b]$인 함수열 $\{f_n\}$은 $[a,b]$에서 적당한 함수 $f\in\mathcal{R}[a,b]$로 균등수렴한다. 각 $n\in\mathbb{N}$과 $x\in[a,b]$에 대하여 $F_n(x)=\int_0^x f_n$이라 하고 $F(x)=\int_0^x f$라 하면 $\{F_n\}$은 $[a,b]$에서 F로 균등수렴함을 보이시오.

12 $f:[0,1]\to\mathbb{R}$가 연속함수이면 $\lim_{n\to\infty}\int_0^1 f(x^n)\,dx = f(0)$임을 보이시오.

13 각 $n\in\mathbb{N}$에 대하여 $f_n(x)=\dfrac{x^n}{n}(0\le x\le 1)$이다. 함수열 $\{f_n\}$이 $[0,1]$에서 $f(x)=0$으로 균등수렴하지만, $\{f_n{}'\}$은 $[0,1]$에서 균등수렴하지 않고 점별수렴함을 보이시오. 또한 $\{f_n{}'(1)\}$이 $f'(1)$로 수렴하지 않음을 보이시오.

14 정리 4에서 부가적으로 각 $n \in \mathbb{N}$에 대하여 $f_n{}'$이 $[a, b]$에서 연속이라 가정하자. 미적분학의 기본정리 II(6.3절 정리 2)를 이용하여 정리 4를 보이시오.

15 무한급수 $\sum_{k=0}^{\infty} k a_k$가 절대수렴할 때 함수항 급수 $\sum_{k=0}^{\infty} a_k x^k$는 $[-1, 1]$에서 적당한 함수 f로 균등수렴하고 모든 $x \in [-1, 1]$에 대하여 $f'(x) = \sum_{k=1}^{\infty} k a_k x^{k-1}$임을 보이시오.

16 모든 $k \in \mathbb{N}$에 대하여 함수 $f_n : [-1, 1] \to \mathbb{R}$를 $f_n(x) = e^{\frac{x}{n^2}} - \cos\frac{x}{n^2}$로 정의할 때 함수항 급수 $\sum_{n=1}^{\infty} f_n(x)$가 구간 $[-1, 1]$에서 미분 가능한 함수로 균등수렴함을 보이시오.

17 다음 각 함수항 급수가 주어진 구간 I에서 수렴함을 보이고 예제 3에서와 같이 주어진 급수의 미분이 항별 미분을 하여 얻을 수 있음을 보이시오.

(1) $\sum_{k=1}^{\infty} \frac{1}{(1+kx)^2}$, $I = (0, \infty)$

(2) $\sum_{k=1}^{\infty} e^{-kx}$, $I = (0, \infty)$

(3) $\sum_{k=0}^{\infty} x^k$, $I = (-1, 1)$

(4) $\sum_{k=0}^{\infty} \frac{x^k}{k!}$, $I = \mathbb{R}$

18 (1) 함수항 급수 $\sum_{k=0}^{\infty} \frac{1}{2^k} \cos(3^k x)$가 $\mathbb{R}$에서 균등수렴함을 보이시오.

(2) $f(x) = \sum_{k=0}^{\infty} \frac{1}{2^k} \cos(3^k x)$라 할 때 f의 리만 적분 가능성을 조사하고 $\int_0^{2\pi} f(x)dx$를 구하시오.

8.4 멱급수 전개

이 절에서는 멱급수를 정의하고 멱급수를 ㅇ 용한 함수들의 전개에 관하여 살펴본다.

정의 01

수열 $\{ a_k \mid k \geq 0 \}$와 $c \in \mathbb{R}$ 에 대하여

$$\sum_{k=0}^{\infty} a_k (x-c)^k = a_0 + a_1(x-c) + a_2(x-c)^2 + \cdots$$

을 $x = c$에 대한 **멱급수**(power series)라 하고, 실수 a_k를 멱급수의 **계수**(coefficient)라 부른다.

참고 멱급수 $\sum_{k=0}^{\infty} a_k (x-c)^k$에 대하여

$$\alpha = \overline{\lim_{k\to\infty}} \sqrt[k]{|a_k|}$$

라 하면 근호판정법에 의해서

$$\overline{\lim_{k\to\infty}} \sqrt[k]{|a_k||x-c|^k} = |x-c| \overline{\lim_{k\to\infty}} \sqrt[k]{|a_k|} = \alpha|x-c|$$

이다. 따라서 일반화된 근호 판정법(7.4절 정리 2)에 의해서 주어진 멱급수는 $\alpha|x-c| < 1$이면 수렴하고, $\alpha|x-c| > 1$이면 발산한다. ◢

정의 02

멱급수 $\sum_{k=0}^{\infty} a_k (x-c)^k$에 대하여

$$\frac{1}{R} = \overline{\lim_{k\to\infty}} \sqrt[k]{|a_k|}$$

인 R를 **수렴반경**(radius of convergence)이라 한다.
여기서 $\overline{\lim_{k\to\infty}} \sqrt[k]{|a_k|} = \infty$이면 $R = 0$으로, $\overline{\lim_{k\to\infty}} \sqrt[k]{|a_k|} = 0$이면 $R = \infty$로 정의한다.

참고 (1) $R = 0$이면 멱급수 $\sum_{k=0}^{\infty} a_k (x-c)^k$는 오직 $x = c$에서만 수렴한다. 반면, $R = \infty$이면 주어진 멱급수는 모든 $x \in \mathbb{R}$에 대하여 수렴한다.

(2) 모든 $k \geq 0$에 대하여 $a_k \neq 0$이고

$$\lim_{k\to\infty} \frac{|a_{k+1}|}{|a_k|}$$

이 존재하면 7.2절 정리 5에 의해서 멱급수 $\sum_{k=0}^{\infty} a_k(x-c)^k$의 수렴반경은

$$\frac{1}{R} = \lim_{k\to\infty} \frac{|a_{k+1}|}{|a_k|}$$

인 실수 R가 된다. ◢

정리 01

멱급수 $\sum_{k=0}^{\infty} a_k(x-c)^k$의 수렴반경을 R라 할 때 $0 < R \leq \infty$이면 다음이 성립한다.

(1) $|x-c| < R$인 모든 x에 대하여 $\sum_{k=0}^{\infty} a_k(x-c)^k$는 절대수렴한다.

(2) $|x-c| > R$인 모든 x에 대하여 $\sum_{k=0}^{\infty} a_k(x-c)^k$는 발산한다.

(3) $0 < \rho < R$이면 $|x-c| \leq \rho$인 모든 x에 대하여 $\sum_{k=0}^{\infty} a_k(x-c)^k$는 균등수렴한다.

증명 (1)과 (2)는 이미 정의 2의 앞에 있는 참고에서 증명하였으므로 여기서는 (3)만을 보이도록 하자. $0 < \rho < R$라 가정하고 $\rho < \beta < R$인 β를 택하자. 그러면

$$\overline{\lim_{k\to\infty}} \sqrt[k]{|a_k|} = \frac{1}{R} < \frac{1}{\beta}$$

이므로 적당한 $N \in \mathbb{N}$이 존재하여 $k \geq N$이면

$$\sqrt[k]{|a_k|} < \frac{1}{\beta}$$

이다. 따라서 $k \geq N$이고 $|x-c| \leq \rho$이면

$$|a_k(x-c)^k| \leq |a_k|\rho^k < \left(\frac{\rho}{\beta}\right)^k$$

이다. 그런데 $\frac{\rho}{\beta} < 1$이므로 $\sum_{k=0}^{\infty}\left(\frac{\rho}{\beta}\right)^k < \infty$이고, 따라서 바이어슈트라스 M-판정법에 의해서 $\sum_{k=0}^{\infty} a_k(x-c)^k$는 $[c-\rho, c+\rho]$에서 균등수렴한다. ◢

참고 정리 1에서 $|x-c|=R$ 인 경우에는 주어진 멱급수가 수렴하는지 또는 발산하는지 어떠한 결론도 내릴 수 없다. 그러므로 $x=c\pm R$ 에서는 주어진 멱급수에 실제로 이들의 값을 대입하여 수렴여부를 직접 확인하여야 한다. 이처럼 $x=c\pm R$ 에서 주어진 멱급수의 수렴 또는 발산 여부를 결정하여 멱급수가 수렴하는 모든 x 의 집합인 구간을 얻을 수 있는데 이를 **수렴구간**(interval of convergence)이라 부른다. 따라서 수렴구간은 다음 중 하나가 될 수 있다.

$$\{c\},\ (c-R,\ c+R),\ [c-R,\ c+R),\ (c-R,\ c+R],\ [c-R,\ c+\mathrm{R}],\ (-\infty,\ \infty)$$

◢

예제 1 (Revisited)

기하급수 $\sum_{k=1}^{\infty} x^k$가 수렴할 필요충분조건은 $|x|<1$ 이므로(7.1절의 예제 1 참고) 수렴반경은 $R=1$ 이고 수렴구간은 $(-1,\ 1)$ 이다. ◢

예제 2

$p>0$ 일 때 $\sum_{k=1}^{\infty} \frac{(-1)^{k+1}}{k^p} x^k$ 의 (1) 수렴반경과 (2) 수렴구간을 구하시오.

풀이 (1) $a_k = \frac{(-1)^{k+1}}{k^p} x^k$ 라 하면

$$\lim_{k\to\infty} \frac{|a_{k+1}|}{|a_k|} = \lim_{k\to\infty}\left(\frac{k}{k+1}\right)^p |x| = |x|$$

이므로 수렴반경은 $R=1$ 이다.

(2) $x=1$ 이면 주어진 급수는

$$\sum_{k=1}^{\infty} \frac{(-1)^{k+1}}{k^p}$$

이고, 이 급수는 교대급수 판정법(7.3절 정리 3)에 의해서 수렴한다. 한편, $x=-1$ 이면 주어진 급수는

$$-\sum_{k=1}^{\infty} \frac{1}{k^p}$$

이 되고, 7.2절의 예제 4에 의해서 $p>1$ 이면, 그리고 그때에만 수렴한다. 그러므로 주어진 급수의 수렴구간 I 는

$$I = \begin{cases} (-1, 1], & 0 < p \le 1 \\ [-1, 1], & p > 1 \end{cases}$$

이다. ◢

예제 3

$k \ge 0$에 대하여 $a_k = \begin{cases} 3^k, & k\text{가 짝수} \\ 2^k, & k\text{가 홀수} \end{cases}$ 라 할 때 $\sum_{k=0}^{\infty} a_k x^k$의 수렴 반경과 수렴구간을 구하시오.

풀이 $\sqrt[k]{|a_k|} = \begin{cases} 3, & k \text{ 가 짝수} \\ 2, & k \text{ 가 홀수} \end{cases}$ 이므로 $\overline{\lim_{k\to\infty}} \sqrt[k]{|a_k|} = 3$이고(이유는?), 따라서 수렴반경은 $R = \frac{1}{3}$이다.

한편, $x = \pm\frac{1}{3}$이면 주어진 급수는 발산하므로 (직접 증명하여 보라) 수렴구간은 $\left(-\frac{1}{3}, \frac{1}{3}\right)$이다.

◢

예제 4

$a_k = k!$ 이면

$$\lim_{k\to\infty} \frac{a_{k+1}}{a_k} = \lim_{k\to\infty} (k+1) = \infty$$

이므로 $\sum_{k=0}^{\infty} k!\, x^k$의 수렴반경은 $R = 0$이고, 따라서 수렴구간은 $\{0\}$이다. ◢

멱급수 $\sum_{k=0}^{\infty} a_k (x-c)^k$의 수렴반경이 $R > 0$일 때

$$f(x) = \sum_{k=0}^{\infty} a_k (x-c)^k, \quad |x-c| < R$$

라 하면 $0 < \rho < R$인 고정된 ρ에 대하여 주어진 급수가 $[c-\rho, c+\rho]$에서 f로 균등수렴하므로, 8.3절 정리 1에 의해서 f는 $[c-\rho, c+\rho]$에서 연속이다. 그런데 $0 < \rho < R$인 모든 ρ에 대하여 f가 $[c-\rho, c+\rho]$에서 연속이므로 f는 $(c-R, c+R)$에서 연속이다. 뿐만 아니라, 다음 정리를 통하여 주어진 급수가 끝점에서, 즉 $x = c+R$ 또는 $x = c-R$에서 수렴하면 f는 그런 끝점들을 포함하는 주어진 급수의 수렴구간에서 연속임을 알 수 있다.

정리 02 아벨의 정리(Abel's theorem)

$f(x)=\sum_{k=0}^{\infty} a_k(x-c)^k$ 는 수렴반경이 $R>0$ 이다.

(1) $\sum_{k=0}^{\infty} a_k R^k$ 가 수렴하면 $\lim_{x\to(c+R)-} f(x)=\sum_{k=0}^{\infty} a_k R^k$ 이다.

(2) $\sum_{k=0}^{\infty} a_k(-R)^k$ 가 수렴하면 $\lim_{x\to(c-R)+} f(x)=\sum_{k=0}^{\infty} a_k(-R)^k$ 이다.

증명 편의상, 여기서는 $c=0$ 이고 $R=1$ 인 경우에 (1)만을 증명하도록 하자. 즉, $\sum_{k=0}^{\infty} a_k$ 가 수렴하면 $\lim_{x\to 1-} f(x)=\sum_{k=0}^{\infty} a_k$ 임을 보이자.

$S_{-1}=0$ 이라 하고, 각 $n\ge 0$에 대하여 $S_n=\sum_{k=0}^{n} a_k$ 라 하면 아벨의 부분합 공식(7.3절 정리 1)에 의해서

$$\begin{aligned}\sum_{k=0}^{n} a_k x^k &= \sum_{k=0}^{n-1} S_k\left(x^k-x^{k+1}\right)+S_n x^n \\ &= (1-x)\sum_{k=0}^{n-1} S_k x^k + S_n x^n\end{aligned}$$

이다. 수열 $\{S_n\}$이 수렴하므로 $n\to\infty$ 인 극한을 취하면 모든 $|x|<1$ 에 대하여

$$f(x)=(1-x)\sum_{k=0}^{\infty} S_k x^k$$

이다.

$\lim_{n\to\infty} S_n=S$ 라 하고 $\epsilon>0$이라 하면 모든 $n\ge N$에 대하여 $|S_n-S|<\frac{\epsilon}{2}$ 인 $N\in\mathbb{N}$ 이 존재한다. $|x|<1$ 이면

$$(1-x)\sum_{k=0}^{\infty} x^k=1$$

이므로 모든 $0<x<1$ 에 대하여

$$\begin{aligned}|f(x)-S| &= \left|(1-x)\sum_{k=0}^{\infty}(S_k-S)x^k\right| \\ &\le (1-x)\sum_{k=0}^{\infty}|S_k-S|x^k \\ &< (1-x)\sum_{k=0}^{N}|S_k-S|+\frac{\epsilon}{2}(1-x)\sum_{k=N+1}^{\infty}x^k \\ &< (1-x)\sum_{k=0}^{N}|S_k-S|+\frac{\epsilon}{2}\end{aligned}$$

이다. 이제 $1-\delta < x < 1$ 인 모든 x 에 대하여

$$(1-x)\sum_{k=0}^{N}|S_k - S| < \frac{\epsilon}{2}$$

인 $\delta > 0$ 를 택하면, 모든 $1-\delta < x < 1$ 에 대하여

$$|f(x) - S| < \epsilon$$

이다. 그러므로 $\lim_{x\to 1-} f(x) = S$ 이다. ◢

예제 5

아벨의 정리를 이용하여

$$\ln 2 = \sum_{k=1}^{\infty}\frac{(-1)^{k+1}}{k} = 1 - \frac{1}{2} + \frac{1}{3} - \frac{1}{4} + \cdots$$

임을 보이시오.

풀이 기하급수 $\sum_{k=0}^{\infty}(-1)^k t^k$는 수렴구간이 $(-1, 1)$이고 $|t| < 1$ 인 모든 t에 대하여 $f(t) = \frac{1}{1+t}$로 수렴한다. 특히 $I = \begin{cases} [0,\ x], & x \ge 0 \\ [x,\ 0], & x < 0 \end{cases}$이라 하면 주어진 급수는 $|x| < 1$일 때 I에서 f로 균등수렴하므로 8.3절 따름정리 1에 의해서 $|x| < 1$ 이면

$$\begin{aligned}\ln(1+x) &= \int_0^x \frac{dt}{1+t} = \sum_{k=0}^{\infty}(-1)^k \int_0^x t^k\, dt \\ &= \sum_{k=0}^{\infty}\frac{(-1)^k}{k+1}x^{k+1} = \sum_{k=1}^{\infty}\frac{(-1)^{k+1}}{k}x^k\end{aligned}$$

이다. 예제 2에 의해서 급수

$$\sum_{k=1}^{\infty}\frac{(-1)^{k+1}}{k}x^k$$

의 수렴구간이 $(-1, 1]$이므로 아벨의 정리(8.4절 정리 2)에 의해서

$$\ln 2 = \sum_{k=1}^{\infty}\frac{(-1)^{k+1}}{k} = 1 - \frac{1}{2} + \frac{1}{3} - \frac{1}{4} + \cdots$$

이다. ◢

멱급수의 미분

다음은 멱급수의 항별 미분에 관한 중요한 결과이다.

정리 03 **멱급수의 항별 미분(term by term differentiation)**

수렴반경이 $R>0$ 인 멱급수 $\sum_{k=0}^{\infty} a_k(x-c)^k$ 에 대하여

$$f(x)=\sum_{k=0}^{\infty} a_k(x-c)^k\ ,\quad |x-c|<R$$

라 하면 다음이 성립한다.

(1) 주어진 급수를 항별 미분하여 얻어지는 멱급수 $\sum_{k=1}^{\infty} k a_k(x-c)^{k-1}$ 의 수렴반경은 R 이다.

(2) $|x-c|<R$ 이면 $f'(x)=\sum_{k=1}^{\infty} k a_k(x-c)^{k-1}$ 이다.

증명 편의상 $c=0$인 경우만 증명한다.

(1) 2.2절 정리 5의 (3)에 의해서 $\lim_{k\to\infty}\sqrt[k]{k}=1$ 이다. 그리고 $x\neq 0$이면

$$\lim_{k\to\infty}\sqrt[k]{|x|^{k-1}} = \lim_{k\to\infty}|x|^{1-\frac{1}{k}} = |x|$$

이므로

$$\lim_{k\to\infty}\sqrt[k]{k\ |x|^{k-1}}=|x|$$

이다. 따라서 연습문제 2.5의 10에 의해서, $x\neq 0$ 이면

$$\begin{aligned}\overline{\lim_{k\to\infty}}\sqrt[k]{|a_k|\cdot k\cdot|x|^{k-1}} &= \left(\overline{\lim_{k\to\infty}}\sqrt[k]{|a_k|}\right)\left(\lim_{k\to\infty}\sqrt[k]{k\,|x|^{k-1}}\right)\\ &= |x|\ \overline{\lim_{k\to\infty}}\sqrt[k]{|a_k|}\end{aligned}$$

이다. 그러므로 $R=\infty$ 이면 $\sum_{k=1}^{\infty} k a_k x^{k-1}$ 은 모든 $x\in\mathbb{R}$ 에 대하여 수렴한다.

또한 $0<R<\infty$ 이면 $\sum_{k=1}^{\infty} k a_k x^{k-1}$ 은 $|x|<R$ 인 모든 x 에 대하여 수렴하며, $|x|>R$ 인

모든 x 에 대하여 발산한다. 그러므로 $\sum_{k=1}^{\infty} k\, a_k\, x^{k-1}$ 의 수렴반경도 R 이다.

(2) 임의의 $0 < \rho < R$에 대하여 정리 1에 의해서 급수 $\sum_{k=1}^{\infty} k a_k x^{k-1}$은 $|x| \le \rho$에서 균등수렴한다. 그러므로 8.3절 정리 4에 의해서, 항별 미분에 의해 얻어진 급수 $\sum_{k=1}^{\infty} k\, a_k\, x^{k-1}$ 은 $f'(x)$로 수렴한다. 즉, $|x| < R$ 이면

$$f'(x) = \sum_{k=1}^{\infty} k\, a_k\, x^{k-1}$$

이다. ◢

정의 03

$I \subset \mathbb{R}$ 가 구간이고 함수 $f : I \to \mathbb{R}$ 이다. 모든 $n \in \mathbb{N}$ 에 대하여 I 에서 n계도함수 $f^{(n)}(x)$가 존재하면 함수 f는 구간 I 에서 **무한 번 미분가능하다**(infinitely differentiable)라고 하고, 기호로는

$$f \in C^{\infty}(I)$$

로 나타낸다.

정리 3을 연속적으로 적용하면 다음의 결과를 얻을 수 있다.

따름정리 01

수렴반경이 $R > 0$ 인 멱급수 $\sum_{k=0}^{\infty} a_k (x-c)^k$ 에 대하여

$$f(x) = \sum_{k=0}^{\infty} a_k (x-c)^k \ , \quad |x-c| < R$$

라 하면 $f \in C^{\infty}(c-R,\ c+R)$이고, 각 $n \in \mathbb{N}$ 에 대하여

$$f^{(n)}(x) = \sum_{k=n}^{\infty} k(k-1) \cdots (k-n+1)\, a_k\, (x-c)^{k-n}$$

이다. 특히

$$f^{(n)}(c) = n!\, a_n$$

이다.

예제 6

$|x|<1$ 이면 $\dfrac{1}{1-x} = \sum_{k=0}^{\infty} x^k$ 이므로 따름정리 1에 의해서

$$\frac{1}{(1-x)^2} = \sum_{k=1}^{\infty} kx^{k-1} = \sum_{k=0}^{\infty}(k+1)x^k$$

$$\frac{2}{(1-x)^3} = \sum_{k=2}^{\infty} k(k-1)x^{k-2} = \sum_{k=0}^{\infty}(k+2)(k+1)x^k$$

이고, 귀납적으로 임의의 $n \in \mathbb{N}$ 에 대하여

$$\frac{(n-1)!}{(1-x)^n} = \sum_{k=0}^{\infty}(k+n-1)\cdots(k+1)x^k$$

이다. ◢

참고 따름정리 1에 의해서 수렴 반경이 $R>0$인 멱급수 $\sum_{k=0}^{\infty} a_k(x-c)^k$는 $(c-R,\ c+R)$에서 무한 번 미분가능한 함수로 수렴함을 알 수 있다. 특히 $a_k = \dfrac{f^{(k)}(c)}{k!}$이다. 그렇지만 그 역은 일반적으로 참이 아니다. 즉, f가 $c \in I$인 적당한 열린 구간 I에서 무한 번 미분가능한 함수일지라도 f는 점 c의 적당한 근방에서 $a_k = \dfrac{f^{(k)}(c)}{k!}$ $(k \geq 0)$인 적당한 멱급수로 표현되지 않을 수도 있다.
(연습문제 19 참고) ◢

따름정리 1의 또 다른 결과로서 멱급수에 관한 다음의 유일성 정리를 얻을 수 있다. 자세한 증명은 독자들에게 연습문제(연습문제 8)로 남긴다.

따름정리 02

두 멱급수 $\sum_{k=0}^{\infty} a_k(x-c)^k$와 $\sum_{k=0}^{\infty} b_k(x-c)^k$는 적당한 $R>0$가 존재하여 $|x-c|<R$인 모든 x에 대하여 수렴한다. 그러면

$$\sum_{k=0}^{\infty} a_k(x-c)^k = \sum_{k=0}^{\infty} b_k(x-c)^k \ , \quad |x-c|<R$$

일 필요충분조건은 모든 $k \geq 0$에 대하여 $a_k = b_k$이다.

테일러 다항식과 테일러 급수

이제 함수 f 의 멱급수 전개에 관하여 살펴보도록 하자.

정의 04

$I \subset \mathbb{R}$ 는 $c \in I$ 인 구간이고 함수 $f: I \to \mathbb{R}$ 이다. 모든 $x \in I$ 에 대하여 n 계도함수 $f^{(n)}(x)$ 가 존재할 때 다항식

$$P_n(x) = \sum_{k=0}^{n} \frac{f^{(k)}(c)}{k!}(x-c)^k$$

를 점 c 에서 f 의 **n차 테일러 다항식**(Taylor polynomial of order n)이라 부른다. 만약 $f \in C^{\infty}(I)$ 이면 급수

$$\sum_{k=0}^{\infty} \frac{f^{(k)}(c)}{k!}(x-c)^k$$

를 점 c 에서 f 의 **테일러 급수**(Taylor series)라 한다.

참고 정의 4에서 $c=0$ 일 때 함수 f 의 테일러 급수를 **매클로린 급수**(Maclaurin series)라 부르기도 한다.

예제 7

$f(x) = e^x$ 이면 모든 $n \in \mathbb{N}$ 에 대하여 $f^{(n)}(x) = e^x$ 이고, 따라서 $f^{(n)}(0) = 1$ 이다.
그러므로 점 $c=0$ 에서 f 의 n차 테일러 다항식은

$$P_n(x) = \sum_{k=0}^{n} \frac{x^k}{k!} = 1 + x + \frac{x^2}{2!} + \frac{x^3}{3!} + \cdots + \frac{x^n}{n!}$$

이고, $c=0$ 에서 f 의 테일러 급수는

$$\sum_{k=0}^{\infty} \frac{x^k}{k!}$$

이다.

예제 8

$f(x) = \sin x$ 라 하면

$$f'(x) = \cos x = \sin\left(x + \frac{\pi}{2}\right)$$

$$f''(x) = -\sin x = \sin(x + \pi)$$

$$f'''(x) = -\cos x = \sin\left(x + \frac{3}{2}\pi\right)$$

$$f^{(4)}(x) = \sin x = \sin(x + 2\pi)$$

이다. 귀납적으로 모든 $n \geq 0$에 대하여

$$f^{(n)}(x) = \sin\left(x + \frac{n}{2}\pi\right)$$

이고, 따라서 $n \geq 0$이면

$$f^{(n)}(0) = \begin{cases} 0 & , \ n = 2k \\ (-1)^k & , \ n = 2k+1 \end{cases}$$

이다. 그러므로 $c = 0$ 에 대한 $f(x) = \sin x$ 의 n차 테일러 다항식은 $n = 2k+1$ 일 때

$$P_n(x) = P_{2k+1}(x) = \sum_{k=0}^{\frac{n-1}{2}} \frac{(-1)^k}{(2k+1)!} x^{2k+1}$$

이고, $f(x) = \sin x$ 의 매클로린 급수는

$$\sum_{k=0}^{\infty} \frac{(-1)^k}{(2k+1)!} x^{2k+1}$$

이다. ◢

예제 9

$|t| < 1$ 일 때 기하급수 $\sum_{k=0}^{\infty} t^k$ 의 합이 $\frac{1}{1-t}$ 임을 이용하여 $c = 2$ 에서 $f(x) = \frac{1}{x}$ 의 테일러 급수를 구하시오.

풀이 $f(x)=\dfrac{1}{x}=\dfrac{1}{2-(2-x)}=\dfrac{1}{2}\dfrac{1}{1-\dfrac{2-x}{2}}$ 이므로 $\left|\dfrac{2-x}{2}\right|<1$, 즉 $|x-2|<2$ 이면

$$\frac{1}{x}=\frac{1}{2}\sum_{k=0}^{\infty}\frac{(2-x)^k}{2^k}=\sum_{k=0}^{\infty}\frac{(-1)^k}{2^{k+1}}(x-2)^k$$

이다. 멱급수의 유일성에 의해서 위에 주어진 급수가 $f(x)=\dfrac{1}{x}$ 의 $c=2$ 에서의 테일러 급수이다. ◢

함수 f 의 테일러 급수가 $f(x)$로 수렴하는지를 조사하기 위하여

$$R_n(x)=f(x)-P_n(x)$$

라 정의하고, 함수 $R_n(x)$를 f 와 $P_n(x)$ 사이의 **나머지**(remainder) 또는 **오차함수**(error function)라 부른다. 만약, $\lim_{n\to\infty}R_n(x)=0$ 이면, 그리고 그때에만 $f(x)=\lim_{n\to\infty}P_n(x)$ 이므로 다음의 정리를 얻는다.

정리 04

I 가 c 를 포함하는 열린 구간이고 $f\in C^{\infty}(I)$ 이다. 그러면 $x\in I$ 에 대하여

$$f(x)=\sum_{k=0}^{\infty}\frac{f^{(k)}(c)}{k!}(x-c)^k$$

일 필요충분조건은 $\lim_{n\to\infty}R_n(x)=0$ 인 것이다.

정리 05 테일러 정리(Taylor's theorem)

I 는 c 를 포함하는 열린 구간이고 함수 $f: I\to\mathbb{R}$ 이다. f 가 모든 $x\in I$ 에 대하여 연속인 $(n+1)$계도함수 $f^{(n+1)}(x)$를 갖는다면 나머지는

$$R_n(x)=\frac{1}{n!}\int_c^x f^{(n+1)}(t)(x-t)^n\,dt$$

이다.

증명 $g(t)=f(x)-\sum_{k=0}^{n}\dfrac{f^{(k)}(t)}{k!}(x-t)^k$ 라 하면 $g(x)=0$ 이고 $g(c)=R_n(x)$ 이다.

곱의 미분법에 의해서

$$\begin{aligned} g'(t) &= -\sum_{k=0}^{n} \frac{f^{(k+1)}(t)}{k!}(x-t)^k + \sum_{k=1}^{n} \frac{f^{(k)}(t)}{(k-1)!}(x-t)^{k-1} \\ &= -\sum_{k=0}^{n} \frac{f^{(k+1)}(t)}{k!}(x-t)^k + \sum_{k=0}^{n-1} \frac{f^{(k+1)}(t)}{k!}(x-t)^k \\ &= -\frac{f^{(n+1)}(t)}{n!}(x-t)^n \end{aligned}$$

이다. 미적분학의 기본정리 II(6.3절 정리 2)에 의해서

$$g(x) - g(c) = \int_c^x g'(t)\, dt$$

이고, 따라서

$$0 - R_n(x) = -\int_c^x \frac{f^{(n+1)}(t)}{n!}(x-t)^n\, dt$$

이다. 그러므로 $R_n(x) = \dfrac{1}{n!}\displaystyle\int_c^x f^{(n+1)}(t)(x-t)^n\, dt$ 이다. ◢

다음 정리를 통하여 라그랑주(Joseph Louis Lagrange, 1736−1813)에 의해서 증명된 나머지 $R_n(x)$를 어림하는 데 경우에 따라서 매우 유용한 공식을 소개한다.

정리 06 나머지에 대한 라그랑주 공식(Lagrange formula for the remainder)

I는 c를 포함하는 열린 구간이고 함수 $f : I \to \mathbb{R}$ 이다.
f가 모든 $x \in I$에 대하여 연속인 $(n+1)$계도함수 $f^{(n+1)}(x)$를 갖는다면

$$R_n(x) = \frac{f^{(n+1)}(\xi)}{(n-1)!}(x-c)^{n+1}$$

인 적당한 ξ가 c와 x 사이에 존재한다.

증명 $I = \begin{cases} [c, x], & c < x \\ [x, c], & x < c \end{cases}$ 라 하면 $f^{(n+1)}(t)$와 $(x-t)^n$은 t에 관하여 연속함수이고 $(x-t)^n$은 I에서 부호가 바뀌지 않는다. 따라서 적분에 대한 일반화된 평균값 정리(연습문제 6.3의 3)에 의해서

$$\begin{aligned} R_n(x) &= \frac{1}{n!}\int_c^x f^{(n+1)}(t)\,(x-t)^n\, dt \\ &= \frac{1}{n!} f^{(n+1)}(\xi) \int_c^x (x-t)^n\, dt \\ &= \frac{1}{n!} f^{(n+1)}(\xi)\, \frac{(x-c)^{n+1}}{n+1} \\ &= \frac{f^{(n+1)}(\xi)}{(n+1)!}(x-c)^{n+1} \end{aligned}$$

인 적당한 ξ가 c와 x 사이에 존재한다. ◢

예제 10 (이항정리, Binomial theorem)

각 $n\in\mathbb{N}$에 대하여

$$(1+x)^n = \sum_{k=0}^{n} \frac{n!}{k!(n-k)!} x^k , \quad x\in\mathbb{R}$$

임을 보이시오.

풀이 각 $n\in\mathbb{N}$에 대하여 $f(x)=(1+x)^n$ ($x\in\mathbb{R}$)이라 하자.
f가 n차 다항식이므로 $k\geq n+1$이면 모든 $x\in\mathbb{R}$에 대하여 $f^{(k)}(x)=0$이다.
그러므로 정리 6에 의해서

$$f(x) = \sum_{k=0}^{n} \frac{f^{(k)}(0)}{k!} x^k$$

이다. 한편 계산에 의해서 $0\leq k\leq n$이면

$$f^{(k)}(0) = \frac{n!}{(n-k)!}$$

이므로(직접 확인하여 보라) 원하는 결과를 얻는다. ◢

예제 11

$f(x)=e^x$를 $c=0$에서 멱급수 전개하면

$$e^x = \sum_{k=0}^{\infty} \frac{x^k}{k!} = 1+x+\frac{x^2}{2!}+\frac{x^3}{3!}+\cdots$$

임을 보이시오.

풀이 예제 7에 의해서 모든 $n\in\mathbb{N}$에 대하여 $f^{(n)}(x)=e^x$이고 $f^{(n)}(0)=1$이다. 또한 $c=0$에서 $f(x)=e^x$의 테일러 급수는

$$\sum_{k=0}^{\infty} \frac{x^k}{k!} = 1+x+\frac{x^2}{2!}+\frac{x^3}{3!}+\cdots$$

이다. 위 급수가 e^x로 수렴함을 보이기 위해 나머지 $R_n(x)$를 생각하자.
정리 6에 의해서

$$R_n(x) = \frac{x^{n+1}}{(n+1)!} e^{\xi}$$

인 적당한 ξ가 0과 x 사이에 존재한다. 2.2절 정리 5의 (6)에 의해서 임의의 $x\in\mathbb{R}$에 대하여

$$\lim_{n\to\infty}|R_n(x)| = e^{\xi} \lim_{n\to\infty}\frac{|x|^{n+1}}{(n+1)!} = 0$$

이다.(여기서 $\sum_{n=0}^{\infty}\frac{|x|^{n+1}}{(n+1)!} < \infty$ 임을 보여서 $\lim_{n\to\infty}\frac{|x|^{n+1}}{(n+1)!} = 0$ 임을 보일 수도 있다)

그러므로 모든 $x \in \mathbb{R}$ 에 대하여 $\lim_{n\to\infty} R_n(x) = 0$ 이고, 따라서

$$e^x = \sum_{k=0}^{\infty}\frac{x^k}{k!} = 1 + x + \frac{x^2}{2!} + \frac{x^3}{3!} + \cdots$$

이다. ◢

예제 12

$c=0$ 에서 $f(x) = \sin x$ 를 멱급수 전개하여

$$\sin x = \sum_{k=0}^{\infty}\frac{(-1)^k}{(2k+1)!}x^{2k+1}\ ,\ x \in \mathbb{R}$$

임을 보이시오.

풀이 예제 8에 의해서, $n \geq 0$일 때 $f^{(n)}(x) = \sin\left(x + \frac{n}{2}\pi\right)$이고

$$f^{(n)}(0) = \begin{cases} 0 & , n = 2k \\ (-1)^k & , n = 2k+1 \end{cases}$$

이며 $c=0$ 에서 $f(x) = \sin x$ 의 테일러 급수는

$$\sum_{k=0}^{\infty}\frac{(-1)^k}{(2k-1)!}x^{2k+1}$$

이다. 정리 6에 의해서 $x \in \mathbb{R}$ 에 대하여 적당한 ξ가 0과 x 사이에 존재하여

$$R_n(x) = \frac{f^{(n+1)}(\xi)}{(n+1)!}x^{n+1}$$

이다. 모든 $x \in \mathbb{R}$ 에 대하여 $|f^{(n+1)}(\xi)| \leq 1$ 이고 $\lim_{n\to\infty}\frac{|x|^{n+1}}{(n+1)!} = 0$ 이므로 조임정리와 극한의 성질에 의해서 모든 $x \in \mathbb{R}$ 에 대하여

$$\lim_{n\to\infty} R_n(x) = 0$$

이다. 그러므로 원하는 결과를 얻는다. ◢

참고 예제 12와 같은 방법으로 $c=0$ 에서 $\cos x$ 를 멱급수 전개하면

$$\cos x = \sum_{k=0}^{\infty} \frac{(-1)^k}{(2k)!} x^{2k}, \quad x \in \mathbb{R}$$

임을 보일 수 있다. 뿐만 아니라, 8.4절 정리 3를 이용하여 $\sin x$ 의 멱급수를 항별 미분하여 얻을 수도 있다.(확인하여 보라) ◢

예제 13

$-1 < x \leq 1$ 일 때 $\ln(1+x)$ 를 멱급수 전개하면

$$\ln(1+x) = \sum_{k=1}^{\infty} \frac{(-1)^{k+1}}{k} x^k = x - \frac{x^2}{2} + \frac{x^3}{3} - \frac{x^4}{4} + \cdots$$

임을 보이시오.

풀이 아벨의 정리를 이용한 예제 5의 결과와 멱급수의 유일성에 의해서 원하는 결과가 성립함을 쉽게 알 수 있다. 그렇지만 여기서는 테일러 정리(정리 5)를 이용하여 $\lim_{n\to\infty} R_n(x) = 0$ 임을 보이도록 한다.

$f(x) = \ln(1+x)$ $(x > 0)$라 하면 $f(0) = 0$ 이고

$$f^{(k)}(x) = (-1)^{k+1} \frac{(k-1)!}{(1+x)^k}, \quad k \in \mathbb{N}$$

이다. 특히 $f^{(k)}(0) = (-1)^{k+1}(k-1)!$이고, 따라서 $c=0$ 에서 f 의 테일러 급수는

$$\sum_{k=1}^{\infty} \frac{(-1)^{k+1}}{k} x^k = x - \frac{x^2}{2} + \frac{x^3}{3} - \frac{x^4}{4} + \cdots$$

이다.

[경우 1] $0 \leq x \leq 1$

테일러 정리에 의해서

$$R_n(x) = \frac{1}{n!} \int_0^x f^{(n+1)}(t)(x-t)^n \, dt$$

이고, 따라서

$$\begin{aligned} R_n(x) &= \frac{1}{n!} \int_0^x (-1)^{n+2} \frac{n!}{(1+t)^{n+1}} (x-t)^n \, dt \\ &= (-1)^n \int_0^x \frac{(x-t)^n}{(1+t)^{n+1}} \, dt \end{aligned}$$

이다. $0 \leq x \leq 1$ 에 대하여 $t > 0$ 이므로

$$|R_n(x)| = \int_0^x \frac{(x-t)^n}{(1+t)^{n+1}}\,dt$$
$$\le \int_0^x (x-t)^n\,dt = \frac{x^{n+1}}{n+1}$$

이다. 그러므로 모든 $0 \le x \le 1$ 에 대하여 $\lim_{n\to\infty} \frac{x^{n+1}}{n+1} = 0$ 이므로

$$\lim_{n\to\infty} R_n(x) = 0$$

이다.

[경우 2] $-1 < x < 0$

이 경우

$$|R_n(x)| = \left|\int_0^x \frac{(x-t)^n}{(1+t)^{n+1}}\,dt\right| = \int_x^0 \left(\frac{t-x}{1-t}\right)^n \frac{1}{1+t}\,dt$$

이다. 적분에 대한 평균값 정리(6.3절 정리 3)에 의해서

$$\int_x^0 \left(\frac{t-x}{1+t}\right)^n \frac{1}{1+t}\,dt = \left(\frac{x_n - x}{1+x_n}\right)^n \left(\frac{1}{1+x_n}\right)(-x)$$

인 적당한 $x_n \in (x, 0)$ 이 존재한다. $-x = |x|$ 이고 $0 < 1+x < 1+x_n$ 이므로

$$|R_n(x)| < \left(\frac{x_n + |x|}{1+x_n}\right)^n \left(\frac{|x|}{1+x}\right)$$

이다. $|x| < 1$ 이고, $x_n < 0$ 이므로

$$x_n < |x|\,x_n,$$
$$x_n + |x| < |x|\,x_n + |x| = |x|(1+x_n)$$

이고, 따라서

$$\frac{x_n + |x|}{1+x_n} < |x|$$

이다. 그러므로

$$|R_n(x)| < |x|^n \left(\frac{|x|}{1+x}\right)$$

이고, $|x| < 1$ 이므로 조임정리와 극한의 성질에 의해서

$$\lim_{n\to\infty} R_n(x) = 0$$

이다. ◢

8.4 연습문제

01 다음 각 급수의 수렴반경을 구하시오.

(1) $\sum_{k=0}^{\infty} a^{k^2} x^k$, $0 < a < 1$

(2) $\sum_{k=1}^{\infty} \left(1 + \frac{1}{2} + \cdots + \frac{1}{k}\right) x^k$

(3) $\sum_{k=1}^{\infty} \left(1 + \frac{1}{2^2} + \cdots + \frac{1}{k^2}\right) x^k$

(4) $\sum_{k=0}^{\infty} \frac{k!}{a^{k^2}} x^k$, $a > 1$

(5) $\sum_{k=1}^{\infty} \frac{3^k + (-2)^k}{k} (x+1)^k$

(6) $\sum_{k=0}^{\infty} \left(1 + \frac{1}{k}\right)^{k^2} x^k$

(7) $\sum_{k=0}^{\infty} \frac{x^k}{a^{\sqrt{k}}}$, $a > 0$

(8) $\sum_{k=1}^{\infty} k\left(\frac{x}{3}\right)^{k^2}$

(9) $a_k = \begin{cases} \dfrac{1}{2^k}, & k\text{가 짝수} \\ \dfrac{1}{2^{k+2}}, & k\text{가 홀수} \end{cases}$ 일 때 $\sum_{k=0}^{\infty} a_k x^k$

(10) $\sum_{k=1}^{\infty} \frac{(-1)^k x^k}{5^k \sqrt{k}}$

02 멱급수 $\sum_{k=1}^{\infty} \frac{k!}{k^k} (x-3)^k$ 을 수렴하도록 하는 정수 x 의 개수를 구하시오.

03 다음 각 급수가 수렴하는 모든 x 의 값들을 구하시오.

(1) $\sum_{k=1}^{\infty} \frac{3^k x^k}{2^k (1-x)^k}$, $x \neq 1$

(2) $\sum_{k=1}^{\infty} \frac{k}{x^k}$, $x \neq 0$

04 $\dfrac{1}{1-x}$의 멱급수 전개와 미분을 이용하여 다음 각 급수의 합을 구하시오.

(1) $\displaystyle\sum_{k=1}^{\infty} k^2 x^k$, $|x|<1$

(2) $\displaystyle\sum_{k=1}^{\infty} \frac{k}{2^k}$

05 **(멱급수의 항별 적분, term by term integration)** 수렴반경이 $R>0$인 멱급수 $\displaystyle\sum_{k=0}^{\infty} a_k(x-c)^k$에 대하여 $|x-c|<R$일 때 $f(x)=\displaystyle\sum_{k=0}^{\infty} a_k(x-c)^k$이고 $F(x)=\displaystyle\int_c^x f(t)dt$라 하자. $|x-c|<R$에 대하여 $F(x)=\displaystyle\sum_{k=0}^{\infty}\frac{a_k}{k+1}(x-c)^{k+1}$임을 보이시오.

06 (1) 연습문제 5와 $(\tan^{-1}x)'=\dfrac{1}{1+x^2}$은을 이용하여 $x=0$에서 $\tan^{-1}x$의 테일러 급수를 구하시오.

(2) 아벨의 정리를 이용하여 $\displaystyle\sum_{k=0}^{\infty}\frac{(-1)^k}{2k+1}=\frac{\pi}{4}$임을 보이시오.

07 $|x|<1$일 때 $\dfrac{x}{(1+x)^2}$의 매클로린 급수를 구하시오.

08 따름정리 2를 보이시오.

09 매클로린 급수를 이용하여 다음 극한이 존재하는지 조사하시오.

(1) $\displaystyle\lim_{x\to 0}\frac{\cos x - e^{-\frac{x^2}{2}}}{x^4}$

(2) $\displaystyle\lim_{x\to 0}\frac{\sin x - x + \frac{x^3}{6}}{\left(x^2\cos x\right)^{\frac{5}{2}}}$

10 테일러 급수를 이용하여 $x=0$에서 $f(x)=x^4e^x$의 100계도함수를 구하시오.

11 테일러 급수를 이용하여 다음 각 값을 주어진 오차 범위 E 이내로 어림하시오.

(1) $\sin 0.5$, $E = 0.001$

(2) $\ln(1.4)$, $E = 0.01$

(3) $e^{0.2}$, $E = 0.0005$

(4) $\int_0^1 e^{-x^2} dx$, $E = 0.05$

12 주어진 점에서 다음 각 함수로 수렴하는 테일러 급수를 구하고, 구한 급수의 수렴구간을 결정하시오.

(1) $f(x) = \ln x$, $x = 1$

(2) $f(x) = \sin^{-1} x$, $x = 0$

(3) $f(x) = \ln\left(\dfrac{1+x}{1-x}\right)$, $x = 0$

(4) $f(x) = e^{\frac{x}{2}}$, $x = 3$

13 2.3절 예제 3에서 정의된 오일러 상수 e가 무리수임을 보이시오.

14 함수 $f : (a, b) \to \mathbb{R}$ 가 4계도함수를 갖고 각 도함수가 연속일 때 $c \in (a, b)$에 대하여 $f'(c) = f''(c) = f^{(3)}(c) = 0$이고 $f^{(4)}(c) > 0$이면 f 는 $x = c$ 에서 극솟값을 갖는다는 것을 보이시오.

15 함수 $f : (a, b) \to \mathbb{R}$ 가 (a, b)에서 2계도함수를 갖고 모든 $x \in (a, b)$에 대하여 $f''(x) \geq 0$이면, f 는 (a, b)에서 **볼록함수**(convex function)임을 보이시오.

16 함수 $f : (a, b) \to \mathbb{R}$ 가 (a, b)에서 무한 번 미분가능하고 $c \in (a, b)$이다. 임의의 $k \in \mathbb{N}$ 와 모든 $t \in (a, b)$에 대하여 $|f^{(k)}(t)| \leq 2^k$ 이면

$$f(x) = \sum_{k=0}^{\infty} \frac{f^{(k)}(c)}{k!}(x-c)^k, \ x \in (a, b)$$

임을 보이시오.

17 함수 $f:[0,1]\to\mathbb{R}$ 는 미분가능하고 $f(0)=f(1)=0$이다. 또한 f가 $(0,1)$에서 유계한 2계도함수를 가지면, 즉 모든 $0<x<1$에 대하여 $f''(x)$가 존재하고 $|f''(x)|\le A$인 상수 $A>0$가 존재하면 $|f'(x)|\le \dfrac{A}{2}\,(0\le x\le 1)$임을 보이시오.

18 함수 $f, g, h, s:\mathbb{R}\to\mathbb{R}$ 가 다음 네 조건을 만족시킨다.

(a) $f'(x)=g(x),\ g'(x)=-f(x)$
(b) $h'(x)=s(x),\ s'(x)=-h(x)$
(c) $f(0)=h(0)=0$
(d) $g(0)=s(0)=1$

이 경우 모든 $x\in\mathbb{R}$ 에 대하여 $f(x)=h(x)$ 이고 $g(x)=s(x)$ 임을 보이시오.

19 $f(x)=\begin{cases} e^{-\frac{1}{x^2}} &, x\ne 0 \\ 0 &, x=0\end{cases}$ 에 대하여 다음을 보이시오.

(1) 각 $n\in\mathbb{N}$ 에 대하여 $3n$차의 적당한 다항식 P가 존재하여

$$f^{(n)}(x)=\begin{cases} P\left(\dfrac{1}{x}\right)e^{-\frac{1}{x^2}} &, x\ne 0 \\ 0 &, x=0\end{cases}$$

이다.

(2) 0 의 근방에서 $a_k=\dfrac{f^{(k)}(0)}{k!}\ (k\ge 0)$이면서 f로 수렴하는 적당한 멱급수는 존재하지 않는다.

20 (이항급수, Binomial series) $\alpha\in\mathbb{R}$ 일 때 $f(x)=(1+x)^{\alpha},\quad |x|\le 1$을 멱급수 전개하면

$$f(x)=\sum_{k=0}^{\infty}\binom{\alpha}{k}x^k$$

임을 보이시오.(여기서 $\dbinom{\alpha}{k}=\dfrac{\alpha(\alpha-1)\cdots(\alpha-k+1)}{k!}$ 이다)

▍참고문헌 ▍

[1] 김동화, 길잡이 해석학, 교우사, 2005

[2] 노정학, 박상로, 이종근, 해석학 입문(제4판), 교우사, 2011

[3] 장건수, 김병수, 김봉진, 박연희, 유일, 조동현, 알기쉬운 해석학, 도서출판 대선, 2007

[4] 정동명, 조승제, 실해석학개론(제2판), 경문사, 2004

[5] T. M. Apostol, Mathematical Analysis(2nd Edition), Addison Wesley, 1974

[6] R. G. Bartle, D. R. Sherbert, Introduction to Real Analysis(3rd Edition), Wiley, 1999

[7] D. A. Brannan, A First Course in Mathematical Analysis(2nd Edition), Cambridge University Press, 2006

[8] J. E. Marsden, M. J. Hoffman, Elementary Classical Analysis(2nd Edition), W. H. Freeman, 1993

[9] W. R. Parzynski, P. W. Zipse, Introduction to Mathematical Analysis, Mcgraw-Hill, 1987

[10] M. H. Protter, Basic Elements of Real Analysis, Springer, 1998

[11] M. H. Protter, C. B. Jr. Morrey, A First Course in Real Analysis(2nd Edition), Springer, 1997

[12] K. A. Ross, Elementary Analysis: The Theory of Calculus, Springer, 2003

[13] W. Rudin, Principles of Mathematical Analysis(Third Edition), McGraw-Hill Science, 1976

[14] S. L. Salas, E. Hille, G. J. Etgen, Calculus: One and Several Variables(9th Edition), Wiley, 2002

[15] J. Stewart, Calculus(6th Edition), Brooks Cole, 2007

[16] M. Stoll, Introduction to Real Analysis(2nd Edition), Addison Wesley, 2000

[17] G. B. Thomas, M. D. Weir, J. Hass, F. R. Giordano, Thomas' Calculus(11th Edition), Addison Wesley, 2007

찾아보기

| 역자 소개 |

류기문

고려대학교 이학박사
University of Minnesota, Post Doctor
현재 청주대학교 수학교육과 부교수
e-mail: ryukm@cju.ac.kr
블로그: http://blog.naver.com/ryukm07

고원률

고려대학교 이학박사
University of New England, Post Doctor
현재 고려대학교 강사
현재 청주대학교 수학교육과 객원교수

임대성

고려대학교 이학석사
현재 서울G고시학원 전임교수

김병기

고려대학교 이학박사
Michigan State University, Visiting Professor
현재 청주대학교 수학교육과 교수
현재 청주대학교 총장

해석학 입문

2016년 3월 11일 초판 발행
2023년 7월 28일 초판 2쇄 발행

저 자 류기문, 고원률, 임대성, 김병기
발행자 오판근
발행처 교우사

주 소 서울특별시 동대문구 약령시로 8 교우빌딩 2층
전 화 925-2861~2, 편집부 / 925-2825, 홈쇼핑 / 969-5762
팩 스 070-7966-8610

E-mail kyowoo@kyowoo.co.kr
홈페이지 http://www.kyowoo.co.kr
북스토어(쇼핑몰) http://www.kyowoo.co.kr

등 록 1994. 3. 24 제6-0256호

ISBN 979-11-251-0159-8
값 27,000원